大学物理实验

赵 家 凤主编

科 学 出 版 社

北 京

内容简介

《大学物理实验》是全日制高等院校的普通物理实验教科书.

本书是四川大学(西区)应用物理系长期从事实验教学的教师和工程技术人员的教学实践经验的集成. 根据课程教学的基本要求，全书分为六章，即测量误差及数据处理、力学和热学实验、电磁测量、光学实验、综合性和近代物理实验、设计性实验. 书中列有31个实验项目，每个实验介绍有实验原理、实验仪器装置、实验内容（包括实验方法）以及实验结果的表示，并附有思考题. 为教学工作和学生学习提供了方便.

本书可作为高等院校各专业的普通物理实验教科书，电视大学、职工大学也适用，也可作为专科或其他从事物理实验的工作人员的参考读物.

图书在版编目(CIP)数据

大学物理实验/赵家凤主编. —北京:科学出版社,1999.1
ISBN 978-7-03-006985-6
Ⅰ.大… Ⅱ.赵… Ⅲ.物理-实验-高等学校 Ⅳ.O4-33

中国版本图书馆CIP数据核字(98)第25794号

责任编辑:方开文 林 鹏/责任校对:陈玉凤
责任印制:张克忠/封面设计:黄华斌

科学出版社 出版
北京东黄城根北街16号
邮政编码:100717
http://www.sciencep.com
双青印刷厂 印刷
科学出版社发行 各地新华书店经销
*
1999年1月第 一 版 开本:787×1092 1/16
2007年3月第十次印刷 印张:15 1/4
印数:29 501—31 500 字数:345 000

定价: 23.00元

(如有印装质量问题,我社负责调换〈环伟〉)

主　　编　赵家凤

编写人员（以姓氏笔画为序）

王广照　王恩宏　陈代平　张志芳

张勋友　张俊峰　饶大庆　钱定平

梁德富

前　言

《大学物理实验》一书，是根据高等工科院校物理实验课程教学基本要求的精神，结合我校现有仪器设备，在历届“物理实验”教材基础上，总结长期的教学实践，反复修改、编写而成. 它是我室长期从事实验教学的教师和工程技术人员辛勤劳动的成果，是集体智慧的结晶.

物理实验课是工科学生开设的一门独立的必修技术基础课. 本书按课程自身的体系和它所承担的任务，遵照循序渐进的原则，分为“测量误差及数据处理”、“力学和热学实验”、“电磁测量”、“光学实验”、“综合性和近代物理实验”、“设计性实验”六章，内容以加强基础训练为主，让学生在学习物理实验知识，掌握实验方法和实验技能等方面受到系统地基本训练. 同时，物理实验教材内容，应当体现学科发展的新动向，使教学更好地适应现代科技的发展，因而本书在“测量误差”中，引入了“不确定度”评定测量结果，改变了用传统的“算术平均误差”，这也是误差理论发展之所需. 按物理教学计划，本课为 60 学时，每个实验 3 学时. 书中安排有 31 个实验，可满足工科各个专业选择的需要.

教材编写过程中，力求结合学生实际，符合实验教学实际，使《大学物理实验》一书成为读者喜爱的教科书. 愿望是好的，但由于水平有限，难免有不妥之处，恳请读者批评指正.

在编写过程中，参考了许多兄弟院校的实验教材和有关著作，在此表示衷心感谢.

编写成员负责部分实验的编写和各个图示，主编除完成部分编写内容外，主要负责全书的审定、统稿和定稿工作.

1995 年 11 月

学生实验守则

一、做实验前要认真预习，没有预习不许做实验，上课不迟到不缺席．听好教师的讲课，服从实验工作安排．按时上交实验报告．

二、实验时严格遵守操作规程．任何仪器，未经许可不得动用．准许使用的仪器，必须严格按规程操作．严禁乱扳硬扭．仪器发生故障要立即报告指导教师．损坏仪器设备要填"仪器设备损坏报审表"，并按规定赔偿．注意安全，避免事故，电学实验联好电路后要经过教师检查同意后，方可接通电源．

三、树立良好学风．做实验一丝不苟，积极思维，仔细操作．原始数据记录务求真实、完整，每次实验结束后要请指导教师审阅签字．

四、讲文明、讲礼貌．不高声喧哗，不打闹、嬉戏，保持实验室安静．不随地吐痰，不乱扔纸屑，不乱涂乱画，严禁吸烟，保持实验室整洁．按指定位置做实验，不乱动别组仪器．做完实验，将仪器恢复原状．实验结束，值日生做好实验室清洁．

目　录

绪论…………………………………………………………………………（1）

第一章　测量误差及数据处理

第一节　测量与误差……………………………………………………（4）
第二节　测量结果的评定和不确定度…………………………………（8）
第三节　有效数字及其运算法则 ………………………………………（15）
第四节　数据处理 ………………………………………………………（17）
*函数计算器处理实验数据 …………………………………………（25）
附录Ⅰ　随机误差的补充知识 …………………………………………（29）
附录Ⅱ　标准合成与技术规范合成不确定度 …………………………（30）
附录Ⅲ　教学中常用仪器误差限 $\Delta_{仪}$……………………………………（32）
附录Ⅳ　数字修约的国家标准 GB1：1 ………………………………（33）

第二章　力学和热学实验

实验一　长度测量 ………………………………………………………（35）
　　（一）游标卡尺…………………………………………………………（35）
　　（二）螺旋测微计………………………………………………………（38）
实验二　物体的密度测定 ………………………………………………（42）
实验三　摆的研究 ………………………………………………………（48）
　　（一）单摆………………………………………………………………（48）
　　（二）复摆测重力加速度………………………………………………（51）
实验四　气垫导轨实验 …………………………………………………（57）
　　（一）速度和加速度的测量……………………………………………（57）
　　（二）验证动量守恒定律………………………………………………（60）
实验五　杨氏弹性模量的测定 …………………………………………（66）
实验六　转动惯量 ………………………………………………………（71）
　　（一）三线摆测刚体转动惯量…………………………………………（71）
　　（二）刚体转动实验仪测转动惯量……………………………………（77）
实验七　液体表面张力系数的测定 ……………………………………（80）
　　（一）用拉脱法测液体的表面张力系数………………………………（81）
　　（二）用毛细管升高法测水的表面张力系数…………………………（84）
实验八　液体粘滞系数的测定 …………………………………………（88）

第三章 电磁测量

实验九 电学实验基础 …………………………………………………… (95)
实验十 伏安法测非线性电阻 ……………………………………………… (106)
实验十一 电表的改装与校准 ……………………………………………… (109)
实验十二 静电场的描绘 …………………………………………………… (113)
实验十三 惠斯通电桥 ……………………………………………………… (115)
实验十四 电位差计 ………………………………………………………… (122)
实验十五 冲击电流计 ……………………………………………………… (127)
实验十六 双臂电桥 ………………………………………………………… (132)
实验十七 示波器原理及使用 ……………………………………………… (137)
实验十八 霍尔效应及磁场的测定 ………………………………………… (145)

第四章 光学实验

实验十九 薄透镜焦距的测定 ……………………………………………… (152)
实验二十 望远镜和显微镜的组装 ………………………………………… (157)
实验二十一 分光计的调节和使用 ………………………………………… (161)
实验二十二 等厚干涉——牛顿环、劈尖 ………………………………… (167)
实验二十三 光栅特性及光波波长的测定 ………………………………… (171)
实验二十四 光的偏振 ……………………………………………………… (176)
实验二十五 照相技术 ……………………………………………………… (181)

第五章 综合性和近代物理实验

实验二十六 弗兰克-赫兹实验 …………………………………………… (188)
实验二十七 普朗克常量的测定——光电效应 …………………………… (196)
实验二十八 用密立根油滴法测电子的电荷 ……………………………… (201)
实验二十九 迈克耳孙干涉仪测 He-Ne 激光的波长 ……………………… (208)
实验三十 全息照相 ………………………………………………………… (213)
实验三十一 不良导体导热系数的测定 …………………………………… (216)

第六章 设计性实验

实验一 弹簧振子的运动 …………………………………………………… (220)
实验二 多量程电表 ………………………………………………………… (221)
实验三 热电偶的校准 ……………………………………………………… (221)
实验四 测绘伏安特性曲线 ………………………………………………… (222)
实验五 单缝衍射的研究 …………………………………………………… (222)
实验六 全息光栅 …………………………………………………………… (223)

附表 ………………………………………………………………………… (224)

绪　论

物理实验的地位和作用

用人为的方法让自然现象再现，从而加以观察和研究，这就是实验. 实验是人们认识自然和改造客观世界的基本手段. 科学技术越进步，科学实验就显得越重要，任何一种新技术、新材料、新工艺、新产品都必须通过实验才能获得. 由实验观察到的现象和测出的数据，加以总结抽象，找出内在联系和规律，就得到理论，实验是理论的源泉. 理论一旦提出，又必须借助实验来检验其是否具有普遍意义，实验是验证理论的手段，是检验理论的裁判. 麦克斯韦提出的电磁理论（他预言电磁波的存在）只有当赫兹作出电磁波实验后才被人们公认；杨振宁、李政道提出基本粒子弱相互作用的领域内宇称不守恒理论，只有当吴健雄作出实验验证后，才被同行学者承认，从而才有可能获得诺贝尔奖，然而，人们掌握理论的目的，是在于应用它来指导生产实际，促进科学进步，推动社会前进，当理论付诸于实际的应用时，仍必须通过实验，实验是理论应用的桥梁. 任何一门科学的发展都离不开实验.

物理学是一门实验科学，物理学的形成和发展是以实验为基础的. 物理实验的重要性，不仅表现在通过实验发现物理定律，而且物理学中的每一项重要突破都与实验密切相关. 物理学史表明，经典物理学的形成，是伽俐略、牛顿、麦克斯韦等人通过观察自然现象，反复实验，运用抽象思维方法总结出来的. 近代物理的发展，是在某些实验基础上提出假设，例如普朗克根据黑体辐射提出“能量子假设”. 但还需要在假设基础上再经过大量的实验证实，假设才成为科学理论，实践证明物理实验是物理学发展的动力. 在物理学发展的进程中，物理实验和物理理论始终是相互促进、相互制约、相得益彰的，没有理论指导的实验是盲目的，实验必须总结抽象上升为理论，才有其存在的价值，而理论靠实验来检验，同时理论上的需要又促进实验的发展. 1752 年富兰克林利用风筝把云层的电引入室内，进行室内雷鸣闪电实验，证实了雷电与电火花放电具有同一本质，进而找出了雷电的成因，并且在此基础上发明了避雷针. 这个简单的实验事实，足以说明物理实验在物理学发展中所起的重要作用.

物理实验在探索和研究新科技领域，在推动其它自然科学和工程技术的发展中，同样起着重要的作用. 自然科学迅速发展，新的科学分支层出不穷，但基础学科就是数学和物理两门，物理实验是研究物理测量方法与实验方法的科学，物理实验的特点是在于它具有普遍性：力、热、电、光都有；具有基本性——它是其它一切实验的基础；同时它还具有通用性——实用于一切领域，把高、精、尖的实验拆成“零件”，绝大部分是常见的物理实验. 在工程技术领域中，研制、生产、加工、运输等都普遍涉及物理量的测量及物体运动状态的控制，这正是成熟的物理实验的推广和应用. 现代高科技发展，设计思想，方法和技术也来源于物理实验，因此，物理实验是工程技术和高科技发展的基础.

物理实验课的目的和任务

物理实验是基础实验学科.对理工科大学生,无论专业如何,物理实验能力的培养必不可少,物理实验是大学生进入大学后,受到系统的实验方法、实验技能训练的开始,是后续实验课入门的响导,因此"大学物理实验"课是理工科学生必修的一门独立的基础实验课程.

物理实验中有的属于定性实验,着重于弄清物理现象的成因和规律;有的属于定量实验,着重于各物理量、物理规律之间的数量关系的测量;也有的是验证某些物理现象与定律.不同种类的物理实验都与测量有关,但测量不仅限于获得数据,而应着重于物理思想,实验技能.大学物理实验课,使学生接受一系列科学实验的训练,学习物理实验知识,基本方法,了解科学实验的主要过程与基本技能;学会如何用实验的方法研究和解决问题.

大学物理实验课的具体任务是:

1. 通过对实验现象的观察、分析和对物理量的测量,学习物理知识,加深对物理学原理的理解.

2. 培养和提高学生的科学实验能力,其中包括:能够自行阅读实验教材,做好实验前的准备;能够借助教材与说明书,正确使用常用仪器;能够运用物理学理论对实验现象进行初步分析判断;能够正确记录和处理实验数据,绘制曲线,说明实验结果,撰写合格的实验报告;能够完成简单的设计性实验.

3. 培养和提高学生的科学实验素养,要求学生具有理论联系实际和实事求是的科学作风;勤奋工作,严肃认真的工作态度;主动研究和坚韧不拔的探索精神;遵守纪律,团结协作,爱护公物的优良品德.

大学物理实验课的三个教学环节及其基本要求:

物理实验课进行程序,大致分为:提出任务,确定方案,选择仪器设备,安装调试,观察测量,记录数据,总结分析写出科学论文(实验报告).每个实验环节都有一定的基本要求,基本技能训练.科学实验技能的训练贯穿于实验的全过程中,实验方法又各自分散在不同类型的实验中.因此,实验课有它自身的体系,要达到学会实验,掌握基本技能的目的,就要认真进行每个实验环节的训练,并且在不同实验内容中学习实验方法.

大学物理实验课的进行,分课前预习,课堂操作,课后写实验报告三个阶段,每个阶段的基本要求是:

1. 实验前要作好预习.预习时,主要阅读实验教材,了解实验目的,搞清楚实验内容,要测试什么量,使用什么方法,实验的理论依据(原理)是什么,使用什么仪器,其仪器性能是什么,如何使用,操作要点及注意事项等,在此基础上,回答好"预习思考题"草拟出操作步骤,设计好数据记录表格,准备好自备的物品(如坐标纸、三角板、计算器等).

只有在充分了解实验内容的基础上,才能在实验操作中从容地观察现象,思考问题,减少操作中的忙乱现象,提高学习的主动性,所以每次实验前,学生必须完成规定的预习内容,一般情况下,教师要检查学生的预习情况,并评定预习成绩,没有预习的学生不许做实验.

2. 课堂认真进行实验,实验课一般先由指导教师作重点讲解,交待有关注意事项,扼要、简短地讲授内容，具有指导性和启发性，学生要结合自己的预习逐一领会，特别要注意那些在操作中容易引起失误的地方.

实验进程，首先是布置、安装和调试仪器. 桌面上若干仪器的布置是否合理，读数是否方便，做到操作有序，需要动脑筋，使仪器设备尽可能为我所用. 为了使仪器装置达到最佳工作状态，必须细致、耐心地进行调试. 这样很可能要花去较多的时间，切忌急躁. 要合理选择仪器的量程，如果在调试中遇到了困难自己不能解决时，可以请教师指导.

调试准备就绪后，开始进行测量. 测量的原始数据要整齐地记录在自己准备好的表格中，读数一定要认真仔细，实验原始数据的优劣，决定实验的成败. 记录的数据一定要标明单位. 不要忘记记录有关的环境条件，如温度、压强等. 如果两个学生同做一个实验，既要分工又要协作，各自记录实验数据，共同完成实验.

在测量过程中要尽量保持实验条件不变，要注意操作姿势，身体不要靠着桌子，不要使仪器发生移动，或受到振动. 如果遇到仪器、装置出现故障，学生应力求自己动手解决，或留意观察教师怎样分析判断仪器的毛病，怎样修复(可能当场修复的仪器). 测完数据后，记录的数据要经指导教师审阅签字. 发现错误数据时，要重新进行测量.

3. 写实验报告

实验报告是实验工作的总结，是交流实验经验、推广实验成果的媒介. 学会编写实验报告是培养实验能力的一个方面. 写实验报告要用简明的形式将实验结果完整、准确地表达出来，要求文字通顺，字迹端正，图表规矩，结果正确，讨论认真. 实验报告要求在课后独立完成. 用学校统一印刷的“实验报告纸”来书写.

实验报告通常包括以下内容：

实验名称　　表示做什么实验.

实验目的　　说明为什么做这个实验，做该实验达到什么目的.

实验仪器　　列出主要仪器的名称、型号、规格、精度等.

实验原理　　阐明实验的理论依据，写出待测量计算公式的简要推导过程，画出有关的图(原理图或装置图)，如电路图、光路图等.

数据记录　　实验中所测得的原始数据要尽可能用表格的形式列出，正确表示有效位数和单位.

数据处理　　根据实验目的对测量结果进行计算或作图表示，并对测量结果进行评定，计算不确定度，计算要写出主要计算内容.

实验结果　　扼要写出实验结论.

问题讨论　　讨论实验中观察到的异常现象及其可能的解释，分析实验误差的主要来源，对实验仪器的选择和实验方法的改进提出建议，简述自己做实验的心得体会，回答实验思考题.

实验报告必须在做完实验一周之内完成，按时交报告. 实验报告是学生实验成绩考核的主要依据，学生必须认真进行实验总结，撰写合格的实验报告，努力提高科学实验的表达能力.

第一章　测量误差及数据处理

误差理论及数据处理，是一切实验结果中不可缺少的基本内容，是不可分割的两部分. 误差理论是一门独立的学科，随着科技事业的发展，近年来误差理论的基本概念和处理方法也有很大发展，误差理论以数理统计和概率论为其数学基础，研究误差性质、规律及如何消除误差. 实验中的误差分析，其目的是对测量结果作出评定，最大限度地减少测量误差，或指出减少测量误差的方向，提高测量质量，提高测量结果的可信赖程度. 对低年级学生，这部分内容难度较大，本课程仅限于介绍误差分析的初步知识，着重几个重要概念及最简单情况下的误差处理方法，不进行严密的数学论证.

第一节　测量与误差

物理实验主要是再现物体运动形态，探索物理量之间的关系，从而验证理论或发现规律.

进行物理实验，不仅要进行定性的观察，而且还要进行定量的测量，以取得物理量数量的表征. 测量就是将待测量与同类标准量（量具）进行比较，得出结果，这个比较的过程就叫测量，比较的结果记录下来就是实验数据. 测量数据应包含测量值的大小和单位，二者缺一不可.

根据测量方法可分为直接测量和间接测量. 直接测量就是把待测量与标准量直接比较得出结果. 如用米尺测物体的长，用天平称衡物体的质量，用电流表测电流等，都是直接测量. 间接测量借助函数关系由直接测量的结果计算出所要求的物理量. 例如钢球的直径 D 由直接测量测出，则由公式 $V=\frac{\pi}{6}D^3$ 求出钢球的体积就是间接测量.

物理实验中有直接测量，也有间接测量. 但大量的是间接测量，这是因为在某些情况实现直接测量比较复杂，或者直接测量精度不高.

此外，根据测量条件来分，有等精度测量和非等精度测量. 等精度测量是指在同一（相同）条件下进行的多次测量，如同一个人，用同一个仪器，每次测量时周围环境条件相同，等精度测量每次测量的可靠程度相同. 反之，若每次测量时的条件不同，或测量仪器改变，或测量方法、条件改变，这样所进行的一系列测量叫非等精度测量，非等精度测量的结果，其可靠程度自然也不相同. 物理实验中大多采用等精度测量.

误差与偏差

在任何测量过程中，由于测量仪器、实验条件及其他种种原因，测量是不能无限精确的，测量结果与客观存在的真值之间总有一定差异，测量值 N 与真值 N_0 之差定义为误差，即

$$\Delta N = N - N_0$$

显然误差 ΔN 有正负大小之分，因为它是指与真值的差值，常称为绝对误差. 注意，绝对误差不是误差的绝对值！

误差存在于测量之中，测量与误差形影不离，分析测量过程中产生的误差，将影响降低到最低程度，并对测量结果中未能消除的误差作出估计，是实验中的一项重要工作，也是实验的基本技能.

实验总是根据对测量结果误差限度的一定要求来制定方案和选用仪器的，不要以为仪器精度越高越好，因为测量的误差是各个因素所引起的误差的总合，要以最小的代价来取得最好的结果，要合理的设计实验方案，选择仪器，确定采用这种或那种测量方法. 如比较法、替代法、天平的复称法等，都是为了减少测量误差；对测量公式进行这种或那种的修正，也是为了减少某些误差的影响；在调节仪器时，如调铅直、水平，要考虑到什么程度才能使它的偏离对实验结果造成的影响可以忽略不计；电表接入电路和选择量程都要考虑到引起的误差大小. 在测量过程中某些对结果影响大的关键量，就要努力想办法将它测准；有的量测不太准对结果没有什么影响，就不必花太多的时间和精力去对待. 处理数据时，某个数据取到多少位，怎样使用近似公式，作图时坐标比例、尺寸大小怎样选取，如何求直线的斜率等，都要考虑到引入误差的大小.

由于客观条件所限、人的认识的局限性，测量不可能获得待测量的真值，只能是近似值. 设某物理量真值为 x_0，进行 n 次等精度测量，测量值分别为 $x_1, x_2, \cdots, x_n$，（测量过程无明显的系统误差）. 它们的误差为

$$\begin{aligned}
\Delta x_1 &= x_1 - x_0 \\
\Delta x_2 &= x_2 - x_0 \\
&\cdots\cdots \\
\Delta x_n &= x_n - x_0
\end{aligned}$$

求和

$$\sum_{i=1}^{n} \Delta x_i = \sum_{i=1}^{n} x_i - n x_0$$

即

$$\frac{\sum_{i=1}^{n} \Delta x_i}{n} = \frac{\sum_{i=1}^{n} x_i}{n} - x_0$$

当测量次数 $n \to \infty$，可以证明 $\frac{\sum_{i=1}^{n} \Delta x_i}{n} \to 0$，而且 $\frac{\sum_{i=1}^{n} x_i}{n} = \bar{x}$ 是 x_0 的最佳估计值，称 $\bar{x}$ 为近真值.

为了估计误差，定义测量值与近真值的差值为偏差：即　$\Delta x_i = x_i - \bar{x}$.

偏差又叫残差. 实验中真值得不到，因此误差也无法知道，而测量的偏差可以准确知道，实验误差分析中要经常计算这种偏差，用偏差来描述测量结果的精确程度.

相对误差

绝对误差与真值之比的百分数叫相对误差，用 E 表示：

$$E=\frac{\Delta N}{N_0}\times 100\%$$

由于真值无法知道，所以计算相对误差时常用 N 代替 N_0. 在这种情况下，N 可能是公认值，或高一级精密仪器的测量值，或测量值的平均值. 相对误差用来表示测量的相对精确度，其值用百分数表示，保留两位数.

系统误差与随机误差

根据误差的性质和产生的原因，可分为系统误差和随机误差.

系统误差　是指在一定条件下多次测量结果总是向一个方向偏离，其数值一定或按一定规律变化，系统误差的特征是它的规律的确定性. 系统误差的来源有以下几方面：

仪器误差 —— 由于仪器本身的缺陷或没有按规定条件使用仪器而造成的.

理论误差 —— 由于测量所依据的理论公式本身的近似性；或实验条件不能达到理论公式所规定的要求；或测量方法所带来的.

观测误差 —— 由于观测者本人生理或心理特点造成的.

例如，用落球法测量重力加速度，由于空气阻力的影响，多次测量的结果总是偏小，是测量方法不完善造成的；用停表测运动物体通过某段路程所需的时间，若停表走时太快，即使测量多次，测量的时间 t 总是偏大为一固定值，是仪器不准确造成的；在测量过程中，若环境温度升高或降低，使测量值按一定规律变化，是由于环境因素变化引起的，…….

在任何一项实验工作和具体测量中，首先必须要想办法，最大限度地消除或减少一切可能存在的系统误差. 消除系统误差，首先要找到引起系统误差的原因，针对性地采取措施才能消除它的影响，或者对测量结果进行修正. 发现系统误差需要改变实验条件和测量方法，反复进行对比，系统误差的减小或消除是比较复杂的问题.

随机误差　实验中即使采取了措施，对系统误差进行修正或消除，并且进行了精心观测，然而每次测量值仍会有差异，其误差值的大小和符号的正负，起伏不定，无确定性，这种误差是由于感官灵敏度和仪器精密度所限，周围环境的干扰以及随着测量而来的其他不可预测的随机因素的影响造成的，因而把它叫做随机误差. 当测量次数很多，随机误差就显示出明显的规律性. 实践和理论都证明，随机误差服从一定的统计规律（正态分布），其特点是：绝对值小的误差出现的概率比绝对值大的误差出现的概率大；绝对值相等的正负误差出现的概率相同；绝对值很大的误差出现的概率趋于零. 因此增加测量次数，可以减小随机误差，但不能完全消除.

由于测量者过失，如实验方法不合理，用错仪器，操作不当，读错刻度，记错数据等引起的误差，是一种人为的过失误差，不属于测量误差，只要测量者采取严肃认真的态度，过失误差是可以避免的.

实验中，精密度高是指随机误差小，而数据很集中；准确度高是指系统误差小，测量的平均值偏离真值小；精确度高是指测量的精密度和准确度都高，数据集中而且偏离真值小，即随机误差和系统误差都小.

随机误差的估算

关于随机误差的分布规律和处理方法，涉及较多的概率论和数理统计知识，这里只引用结论，不进行论证.

大量实践证明，对某一观测量进行多次重复测量，其结果服从一定的统计规律，也就是正态分布(或高斯分布)[见附录 I]. 我们用描述高斯分布的两个参数($\bar{x}$ 和 σ) 来估算随机误差.

设在一组测量值中，n 次测量的观测值分别为：$x_1, x_2, \cdots, x_n$

1. 根据最小二乘法原理证明，多次测量的算术平均值：

$$\bar{x} = \frac{1}{n}\sum_{i=1}^{n} x_i \tag{1-1}$$

是待测量真值 x_0 的最佳估计值. 称 $\bar{x}$ 为近真值，以后我们将用 $\bar{x}$ 来表示多次测量的近似真实值.

2. 标准偏差

$$S_x = \sigma_x = \sqrt{\frac{\sum_{i=1}^{n}(x_i - \bar{x})^2}{n-1}} \quad \text{(贝塞尔公式)} \tag{1-2}$$

其意义表示某次测量值的随机误差在 $-\sigma_x \sim +\sigma_x$ 之间的概率为 68.3%.

算术平均值的标准偏差

$$\sigma_{\bar{x}} = \frac{\sigma_x}{\sqrt{n}} = \sqrt{\frac{\sum_{i=1}^{n}(x_i - \bar{x})^2}{n(n-1)}} \tag{1-3}$$

其意义表示测量值的平均值的随机误差在 $-\sigma_{\bar{x}} \sim +\sigma_{\bar{x}}$ 之间的概率为 68.3%，或者说待测量的真值在 $(\bar{x} - \sigma_{\bar{x}}) \sim (\bar{x} + \sigma_{\bar{x}})$ 范围内的概率为 68.3%. 因此 $\sigma_{\bar{x}}$ 反映了平均值接近真值的程度.

标准偏差 σ_x

作为随机误差大小的描述，σ_x 小表示测量值密集，即测量的精密度高；σ_x 大表示测量值分散，即测量的精密度低.

估计随机误差还有用 $\frac{1}{n}\sum_{i=1}^{n}|x_i - \bar{x}|$ (算术平均误差)、$2\sigma_x$、$3\sigma_x$、或然误差等其他方法，本书采用"贝塞尔公式法"计算标准偏差，同时用它来表述 A 类不确定度 S_x.

异常数据的剔除

统计理论表明，测量值的偏差超过 $3\sigma_x$ 的概率已小于 1%，因而，可以认为偏差超过 $3\sigma_x$ 的测量值是其他因素或过失造成的，为异常数据，应当剔除. 剔除的方法是将多次测量所得的一系列数据，算出各测量值的偏差 Δx_i 和标准偏差 σ_x，把其中最大的 Δx_j 与 $3\sigma_x$ 比较，若 $\Delta x_j > 3\sigma_x$，则认为第 j 个测量值是异常数据，舍去不计. 剔除 x_j 后，对余下的各测量值重新计算偏差和标准偏差，并继续审查，直到各偏差均小于 $3\sigma_x$ 为止.

第二节　测量结果的评定和不确定度

测量的目的不但要得到待测量的近真值，而且要对近真值的可靠性作出评定(即指出误差范围).

(一) 不确定度的含义

不确定度是“误差可能数值的测度”，表征所得测量结果代表被测量的程度，也就是因测量误差存在而对被测量不能肯定的程度，因而是测量质量的表征.

具体说来，不确定度是指测量值(近真值)附近的一个范围，测量值与真值之差(误差)可能落于其中. 不确定度小，测量结果可信赖程度高；不确定度大，测量结果可信赖程度低。在实验和测量工作中，不确定度一词近似于不确知，不明确，不可靠，有质疑，是作为估计而言的；误差是未知的. 因此，不可能用指出误差的方法去说明可信赖程度，而只能用误差的某种可能值去说明可信赖程度，所以不确定度更能表示测量结果的性质和测量的质量. 此外，用不确定度评定实验结果的误差，其中包含了各种来源不同的误差对结果的影响，而它们的计算又反映了这些误差所服从的分布规律.

(二) 测量结果的表示和合成不确定度

科学实验中要求表示出的测量结果，既要包含待测量的近真值 $\bar{x}$，又要包含测量结果的不确定度 σ，并写成物理含意深刻的标准表达形式，即

$$x = \bar{x} \pm \sigma \quad (\text{单位})$$

式中 x 为待测量，$\bar{x}$ 是测量的近真值，σ 是合成不确定度，一般保留一位有效数.

直接测量时若不需要对被测量进行系统误差的修正，一般就取多次测量的算术平均值 $\bar{x}$ 作为近真值；实验中有时只需测一次或只能测一次，该次测量值就为被测量的近真值. 若要求对被测量进行已定系统误差的修正，通常是将已定系统误差(即绝对值和符号都确定的可估计出的误差分量)从算术平均值 $\bar{x}$ 或一次测量值中减去，从而求得被修正后的直接测量结果的近真值. 例如，螺旋测微计测长时，从被测量结果中减去螺旋测微计的零差. 在间接测量中，$\bar{x}$ 即为被测量的计算值.

测量结果的标准表达式，给出了一个范围 $(\bar{x}-\sigma) \sim (\bar{x}+\sigma)$，表示待测量的真值在 $(\bar{x}-\sigma) \sim (\bar{x}+\sigma)$ 之间的概率为 68.3%，不要误认为真值一定在 $(\bar{x}-\sigma) \sim (\bar{x}+\sigma)$ 之间. 认为误差在 $-\sigma \sim +\sigma$ 之间是错误的.

标准式中，近真值、不确定度、单位三要素缺一不可，否则就不能全面表达测量结果．同时近真值 $\overline{x}$ 的末尾数应与不确定度的所在位数对齐，近真值 $\overline{x}$ 与不确定度 σ 的数量级、单位要相同．

合成不确定度 σ 是由不确定度的两类分量（A 类和 B 类）求"方和根"计算而得．为使问题简化，本书只讨论简单情况下（即 A 类、B 类分量各自独立变化，互不相关）的合成不确定度．

A 类不确定度（统计不确定度）用 S_i 表示，B 类不确定度（非统计不确定度）用 σ_B 表示，合成不确定度为

$$\sigma = \sqrt{S_i^2 + \sigma_B^2}$$

（三）合成不确定度的两类分量

实验不确定度，一般来源于测量方法、测量人员、环境波动、测量对象变化……等．计算不确定度是将可修正的系统误差修正后，将各种来源的误差按计算方法分为两类，即用统计方法计算的不确定度（A 类）和非统计方法计算的不确定度（B 类）．

A 类　统计不确定度，是指可以采用统计方法（即具有随机误差性质）计算的不确定度，如测量读数具有分散性，测量时温度波动影响……等．这类不确定度被认为它是服从正态分布规律，因此可以像计算标准偏差那样，用贝塞尔公式计算被测量的 A 类不确定度［见附录 Ⅱ］．A 类不确定度 S_i 为

$$S_i = \sqrt{\frac{\sum_{i=1}^{n}(x_i - \overline{x})^2}{n-1}} = \sqrt{\frac{\sum_{i=1}^{n}\Delta x_i^2}{n-1}}$$

式中 $i = 1,2,3,\cdots,n$，表示测量次数．

计算 A 类不确定度，也可以用最大偏差法、极差法、最小二乘法等，本书只采用贝塞尔公式法，并且着重讨论读数分散对应的不确定度．用贝塞尔公式计算 A 类不确定度，可以用函数计算器直接读取，十分方便．

B 类　非统计不确定度，是指用非统计方法求出或评定的不确定度，如测量仪器不准确，标准不准确，量具量质老化……等．评定 B 类不确定度常用估计方法，要估计适当，需要确定分布规律，同时要参照标准，更需要估计者的实践经验、学识水平等．因此，往往是意见纷纭，争论颇多．本书对 B 类不确定度的估计同样只作简化处理，只讨论因仪器不准对应的不确定度．仪器不准确的程度主要用仪器误差来表示，所以因仪器不准对应的 B 类不确定度为

$$\sigma_B = \Delta_{仪}$$

$\Delta_{仪}$ 为仪器误差或仪器的基本误差，或允许误差，或示值误差．一般的仪器说明书中都以某种方式注明仪器误差，是制造厂或计量检定部门给定．物理实验教学中，由实验室提供［见附录 Ⅲ］．

（四）直接测量的不确定度

如前所述，对A类不确定度主要讨论多次等精度测量条件下，读数分散对应的不确定度，并且用贝塞尔公式计算A类不确定度. 对B类不确定度，主要讨论仪器不准对应的不确定度，并直接采用仪器误差. 然后将A、B两类不确定度求“方和根”，即得合成不确定度. 将测量结果写成标准形式.

因此，实验结果的获得，应包括待测量近真值的确定，A、B两类不确定度以及合成不确定度的计算，下面通过几个例子加以说明.

例 1. 用毫米刻度的米尺，测量物体长度十次，其测量值分别为

$$l(\text{cm}) = 53.27, 53.25, 53.23, 53.29, 53.24, 53.28, 53.26, 53.20, 53.24, 53.21$$

试计算合成不确定度，并写出测量结果.

[解]：

1. 计算l的近真值

$$\bar{l} = \frac{1}{n}\sum_{1}^{10} l_i = \frac{1}{10}(53.27 + 53.25 + 53.23 + \cdots + 53.21)$$
$$= 53.24(\text{cm})$$

2. 计算A类不确定度

$$S_l = \sqrt{\frac{\sum_{i=1}^{n}(x_i - \bar{x})^2}{n-1}}$$
$$= \sqrt{\frac{(53.27 - 53.24)^2 + (53.25 - 53.24)^2 + \cdots + (53.21 - 53.24)^2}{10-1}}$$
$$= 0.03(\text{cm})$$

3. 计算B类不确定度

米尺的仪器误差 $\Delta_{仪} = 0.05(\text{cm})$

$$\sigma_B = \sigma_{仪} = 0.05(\text{cm})$$

4. 合成不确定度

$$\sigma = \sqrt{S_l^2 + \sigma_B^2} = \sqrt{0.03^2 + 0.05^2} = 0.06(\text{cm})$$

5. 测量结果的标准式为

$$l = 53.24 \pm 0.06(\text{cm})$$

例 2. 用感量为 0.1g 的物理天平称衡物体质量，其读数值为 35.41g，求测量结果.

[解]：用物理天平称衡质量，重复测量读数值往往相同，故一般只须进行单次测量. 单次测量的读数值即为近真值，$m = 35.41\text{g}$.

物理天平的示值误差通常取感量的$\frac{1}{2}$，并且作为仪器误差，即

$$\sigma_B = \sigma_{仪} = 0.05(\text{g}) = \sigma$$

测量结果：

$$m = 35.41 \pm 0.05(\text{g})$$

本例中，因单次测量（$n=1$），合成不确定度 $\sigma = \sqrt{S_l^2 + \sigma_B^2}$ 中的 $S_l = 0$，所以 $\sigma = \sigma_B$，即单次测量的合成不确定度等于非统计（B 类）不确定度，但并不表明单次测量的 σ 就小，因为 $n=1$ 时，S_x 发散. 其随机分布特征是客观存在的，测量次数 n 愈大，置信概率就愈高，因而测量的平均值就愈接近真值.

例 3. 用螺旋测微器测量小钢球的直径，五次的测量值分别为

$$d_{(\text{mm})} = 11.922, 11.923, 11.922, 11.922, 11.922$$

螺旋测微器的最小分度值为 0.01mm，试写出测量结果的标准式.

[解]：1. 求直径 d 的算术平均值

$$\overline{d} = \frac{1}{n}\sum_{1}^{5} d_i = \frac{1}{5}(11.922 + 11.923 + 11.922 + 11.922 + 11.922)$$
$$= 11.922(\text{mm})$$

2. 计算 B 类不确定度

螺旋测微器的仪器误差为 $\Delta_{仪} = 0.005(\text{mm})$

$$\sigma_B = \Delta_{仪} = 0.005(\text{mm})$$

3. 计算 A 类不确定度

$$S_d = \sqrt{\frac{\sum_{1}^{5}(d_i - \overline{d})^2}{n-1}} = \sqrt{\frac{(11.922 - 11.922)^2 + (11.923 - 11.922)^2 + \cdots}{5-1}}$$
$$= 0.00088 = 0.0009(\text{mm})$$

4. 合成不确定度

$$\sigma = \sqrt{S_d^2 + \sigma_B^2} = \sqrt{0.0009^2 + 0.005^2}$$

式中，由于 $0.0009 < \frac{1}{3} \times 0.005$，故可略去 S_d，于是：

$$\sigma = 0.005(\text{mm})$$

5. 测量结果：

$$d = \overline{d} \pm \sigma = 11.922 \pm 0.005(\text{mm})$$

由例 3 可以看出，当有些不确定度分量的数值很小时，相对而言可以略去不计.

在计算合成不确定度，求“方和根”时，若某一平方值小于另一平方值的 $\frac{1}{9}$，则该项就可以略去不计. 这叫微小误差准则，利用微小误差准则可减少不必要的计算.

不确定度计算结果，一般保留一位数，多余的位数按有效数字的修约原则取舍[详见附录 Ⅳ].

评价测量结果，有时需引入相对不确定度，定义为：$E_\sigma = \frac{\sigma}{x} \times 100\%$，$E_\sigma$ 结果取 2 位数.

此外，有时需将测量结果的近真值 $\bar{x}$ 与公认值 $x_{公}$ 进行比较，得到测量结果的百分偏差 B. 定义为

$$B = \frac{|\bar{x} - x_{公}|}{x_{公}} \times 100\%$$

其结果取 2 位数.

（五）间接测量结果的合成不确定度

间接测量的近真值和合成不确定度是由直接测量结果通过函数式计算出来的，设间接测量的函数式为

$$N = F(x, y, z, \cdots)$$

N 为间接测量的量，它有 K 个直接观测量 $x, y, z, \cdots$，各直接观测量的测量结果分别为

$$x = \bar{x} \pm \sigma_x$$
$$y = \bar{y} \pm \sigma_y$$
$$z = \bar{z} \pm \sigma_z$$
$$\cdots\cdots$$

（1）若将各直接观测量的近真值代入函数式中，即得间接测量的近真值.

$$\bar{N} = F(\bar{x}, \bar{y}, \bar{z}, \cdots)$$

（2）求间接测量的合成不确定度，由于不确定度均为微小量，相似于数学中的微小增量. 对函数式 $N = F(x, y, z, \cdots)$ 求全微分，即得

$$dN = \frac{\partial F}{\partial x}dx + \frac{\partial F}{\partial y}dy + \frac{\partial F}{\partial z}dz + \cdots$$

式中 $dN, dx, dy, dz, \cdots$ 均为微小增量，代表各变量的微小变化，dN 的变化由各自变量的变化决定. $\frac{\partial F}{\partial x}, \frac{\partial F}{\partial y}, \frac{\partial F}{\partial z}, \cdots$ 为函数对自变量的偏导数，记为 $\frac{\partial F}{\partial A_K}$，将微分符号“$d$”改为不确定度符号 σ，并将微分式中的各项求“方和根”，即为间接测量的合成不确定度：

$$\sigma_N = \sqrt{\left(\frac{\partial F}{\partial x}\sigma_x\right)^2 + \left(\frac{\partial F}{\partial y}\sigma_y\right)^2 + \left(\frac{\partial F}{\partial z}\sigma_z\right)^2} = \sqrt{\sum_1^K \left(\frac{\partial F}{\partial A_K}\sigma_{AK}\right)^2} \qquad (1\text{-}4)$$

K 为直接观测量的个数，A 代表 $x, y, z, \cdots$ 各个自变量（直接观测量）.

上式表明，间接测量的函数式确定后，测出它所包含的直接观测量的结果，将各直接

观测量的不确定度 σ_{AK} 乘函数对各变量(直测量)的偏导数($\frac{\partial F}{\partial A_K}\sigma_{AK}$),求"方和根",即 $\sqrt{\sum_{i=1}^{K}(\frac{\partial F}{\partial A_K}\sigma_{AK})^2}$ 就是间接测量结果的不确定度.

当间接测量的函数式为积商(或含和差的积商形式),为使运算简便起见,可以先将函数式两边同时取自然对数,然后再求全微分.即

$$\frac{dN}{N}=\frac{\partial \ln F}{\partial x}dx+\frac{\partial \ln F}{\partial y}dy+\frac{\partial \ln F}{\partial z}dz+\cdots$$

同样改微分号为不确定度符号,求其"方和根",即为间接测量的相对不确定度 E_N,即

$$E_N=\frac{\sigma_N}{N}=\sqrt{(\frac{\partial \ln F}{\partial x}\sigma_x)^2+(\frac{\partial \ln F}{\partial y}\sigma_y)^2+(\frac{\partial \ln F}{\partial z}\sigma_z)^2}$$

$$=\sqrt{\sum_{1}^{K}(\frac{\partial \ln F}{\partial_{AK}}\sigma_{AK})^2} \qquad (1\text{-}5)$$

已知 E_N、$\overline{N}$,由定义式即可求出合成不确定度

$$\sigma_N=\overline{N}\cdot E_N \qquad (1\text{-}6)$$

这样计算 σ_N 较直接求全微分简便得多,特别对函数式很复杂的情况,尤其显示出它的优越性.

今后在计算间接测量的不确定度时,对函数式仅为"和差"形式,可以直接利用(1-4)式,求出间接测量的合成不确定度 σ_N,若函数式为积商(或积商和差混合)等较为复杂,可直接采用(1-5)式,先求出相对不确定度,再求合成不确定度 σ_N.

例 1. 已知电阻 $R_1=50.2\pm0.5(\Omega)$,$R_2=149.8\pm0.5(\Omega)$,求它们串联的电阻 R 和合成不确定度 σ_R.

[解]:串联电阻的阻值为

$$R=R_1+R_2=50.2+149.8=200.0(\Omega)$$

合成不确定度

$$\sigma_R=\sqrt{\sum_{1}^{2}(\frac{\partial R}{\partial_{Ri}}\sigma_{Ri})^2}=\sqrt{(\frac{\partial R}{\partial R_1}\sigma_1)^2+(\frac{\partial R}{\partial R_2}\sigma_2)^2}$$

$$=\sqrt{\sigma_1^2+\sigma_2^2}$$

$$=\sqrt{0.5^2+0.5^2}$$

$$=0.7(\Omega)$$

相对不确定度

$$E_R=\frac{\sigma_R}{R}=\frac{0.7}{200.0}\times100\%=3.5\%$$

测量结果

$$R = 200.0 \pm 0.7(\Omega)$$

例 1 中,由于$\frac{\partial R}{\partial R_1} = 1, \frac{\partial R}{\partial R_2} = 1$,$R$ 的总合成不确定度为各直接观测量的不确定度平方求和后开方.

间接测量的不确定度计算结果保留一位数,相对不确定度保留 2 位数.

例 2. 测量金属环的内径 $D_1 = 2.880 \pm 0.004(\text{cm})$,外径 $D_2 = 3.600 \pm 0.004(\text{cm})$,厚度 $h = 2.575 \pm 0.004(\text{cm})$,求环的体积 V 的测量结果.

[解]:环体积公式为 $V = \frac{\pi}{4}h(D_2^2 - D_1^2)$

(1) 环体积的近真值为

$$V = \frac{\pi}{4}h(D_2^2 - D_1^2)$$

$$= \frac{3.1416}{4} \times 2.575 \times (3.600^2 - 2.880^2)$$

$$= 9.436(\text{cm})^3$$

(2) 首先将环体积公式两边同时取自然对数后,再求全微分

$$\ln V = \ln(\frac{\pi}{4}) + \ln h + \ln(D_2^2 - D_1^2)$$

$$\frac{dV}{V} = 0 + \frac{dh}{h} + \frac{2D_2 dD_2 - 2D_1 dD_1}{D_2^2 - D_1^2}$$

则相对不确定度为

$$E_V = \frac{\sigma_V}{V} = \sqrt{(\frac{\sigma_h}{h})^2 + (\frac{2D_2\sigma_{D2}}{D_2^2 - D_1^2})^2 + (\frac{-2D_1\sigma_{D1}}{D_2^2 - D_1^2})^2}$$

$$= \left[(\frac{0.004}{2.575})^2 + (\frac{2 \times 3.600 \times 0.004}{3.600^2 - 2.880^2})^2 + (\frac{-2 \times 2.880 \times 0.004}{3.600^2 - 2.880^2})^2\right]^{1/2}$$

$$= 0.0081 = 0.81\%$$

(3) 总合成不确定度为

$$\sigma_V = V \cdot E_V = 9.436 \times 0.0081 = 0.08(\text{cm})^3$$

(4) 环体积的测量结果

$$V = 9.44 \pm 0.08(\text{cm})^3$$

V 的标准式中,$V = 9.436(\text{cm})^3$ 应与不确定度的位数取齐,因此将小数点后的第三位数“6”,按数字修约原则进到百分位,故为 $9.44(\text{cm})^3$.

例 3. 用物距像距法测凸透镜的焦距,测量时若固定物体和透镜的位置,移动像屏,反复测量成像位置,试求透镜焦距的测量结果.

已知:物体位置 $A = 170.15(\text{cm})$

透镜位置 $B = 130.03(\text{cm})$

像的位置重复测量五次的测量值为

$$C_{(\mathrm{cm})} = 61.95, 62.00, 61.90, 61.95, 62.00$$

A,B 为单次测量,刻度尺分度值为 0.1cm.

［解］:(1) 由已知条件求出物距 u 和像距 v 的结果.

$$u = 40.12 \pm 0.05(\mathrm{cm})$$

其中,0.05cm 为单次测量的仪器误差,也是单次测量物距的合成不确定度 σ_u.

由已知条件,成像位置 $\bar{c} = 61.96(\mathrm{cm})$

$$\sigma_v = \sqrt{S_v^2 + \Delta_{仪}^2}$$

其中,

$$S_v = \sqrt{\frac{\sum_1^5 \Delta C_1^2}{n-1}} = 0.04(\mathrm{cm}) \qquad (\text{由函数计算器直接读取})$$

$\Delta_{仪}^2 = 0.05^2(\mathrm{cm})$ (为 B 类不确定度)

$$\sigma_v = \sqrt{0.04^2 + 0.05^2} = 0.07(\mathrm{cm})$$

像距 $v = 68.07 \pm 0.07(\mathrm{cm})$

(2) 求焦距的近真值

$$f = \frac{uv}{u+v} = \frac{40.12 \times 68.07}{40.12 + 68.07} = 25.24(\mathrm{cm})$$

f 所取位数是根据有效数字的运算法则所决定.

$$E_f = \frac{\sigma_f}{f} = \left[\left(\frac{1}{u} - \frac{1}{u+v}\right)^2\sigma_u^2 + \left(\frac{1}{v} - \frac{1}{u+v}\right)^2\sigma_v^2\right]^{1/2}$$

$$= \left[\left(\frac{v\sigma_u}{u(u+v)}\right)^2 + \left(\frac{u\sigma_v}{v(u+v)}\right)^2\right]^{1/2}$$

$$= 8.7 \times 10^{-4}$$

$$\sigma_f = f \cdot E_f = 25.24 \times 8.5 \times 10^{-4} = 0.03(\mathrm{cm})$$

焦距的测量结果:$f = 25.24 \pm 0.03(\mathrm{cm})$

本例中将 $f = \frac{uv}{u+v}$ 微分后,σ_u,σ_v 均先后在不同的两项中出现,因此计算时应将相同的项(含 σ_u 或 σ_v) 合并后,再求“方和根”.

第三节 有效数字及其运算法则

前面已经指出,测量不可能得到被测量的真实值,只能是近似值. 实验数据的记录反映了近似值的大小,并且在某种程度上表明了误差,因此有效数字是测量结果的一种表示,它应当是有意义的数码,而不允许无意义的数存在,如果把测量结果写成 24.3839 ±

0.05(cm)是错误的，由不确定度0.05(cm)得知，数据的第二位小数0.08已不可靠，把它后面的数字写出来没有多大意义，正确的写法应当是：24.38 ± 0.05(cm).

(一) 有效数字的概念

若用最小分度值为1mm的米尺测量物体的长度，读数值为5.63cm. 其中“5”和“6”这两个数是从米尺上的刻度准确读出的，可以认为是准确的，叫可靠数. 末尾“3”是在米尺最小分度值的下一位上估计出来的，是不准确的，叫欠准数，虽然是欠准可疑，但不是无中生有，而是有根有据有意义的，显然有这位欠准数，就使测量值更接近真实值，更能反映客观实际，因此应当保留到这一位. 即使估计数是“0”，也不能舍去，测量结果应当而且也只能保留一位欠准数，故将测量数据定义，几位可靠数加上一位欠准数称为有效数字，有效数字数码的个数叫做有效位数，如上述的5.63cm称为三位有效数.

(二) 直接测量的有效数字记录

1. 测量值的最末一位一定是欠准数，这一位应与仪器误差位对齐，仪器误差在哪一位发生，测量数据的欠准位就记录到哪一位，不能多记，也不能少记，即使估计是“0”，也必须写上，例如，用米尺测量物长为25.4mm，仪器误差为十分之几毫米，改用游标卡尺测量，测得值为25.40mm，仪器误差为百分之几毫米，显然25.4mm与25.40mm是不同的，属于不同仪器测量的，误差位不同，不能将它们等同看待.

2. 凡是仪器上读出的，有效数字中间或末尾的“0”，均应算作有效位数. 例如2.004cm，2.200cm均是4位有效数；在记录数据中，有时因定位需要，而在小数点前添“0”，这不应算作有效位数，如0.0563m是三位数而不是4位数.

3. 在十进制单位换算中，其测量数据的有效位数不变，如5.63cm若以米或毫米为单位，0.0563m或56.3mm仍然是三位数，为避免单位换算中位数很多时写一长串，或计位时错位，常用科学表达式，通常在小数点前保留一位整数，用 10^n 表示，如 5.63×10^{-2}m，$5.63 \times 10^{4}\mu$m…… 等，这样既简单明了，又便于计算和定位.

4. 直接测量结果的有效位数，取决于被测物本身的大小和所使用的仪器精度，对同一个被测物，高精度的仪器，测量的有效位数多，低精度的仪器，测量的有效位数少，例如，长度约为2.5cm的物体，若用分度值为1mm的米尺测量，其数据为2.50cm，若用螺旋测微器测量(最小分度值为0.01mm)，其测量值为2.5000cm，显然螺旋测微器的精度较米尺高很多，所以测量结果的位数较米尺的测量结果多两位数，反之用同一精度的仪器，被测物大的物体测量结果的有效位数多；被测物小的物体，测量结果的有效位数少.

(三) 有效数字的运算法则

测量结果的有效数字，只能保留一位欠准数，直接测量是如此，间接测量的计算结果也是这样，根据这一原则，为了简化有效数字的运算，约定下列规则：

1. 加法或减法运算

例1. $14.6\underline{1} + 2.21\underline{6} + 0.0067\underline{2} = 16.8\underline{32}\ \underline{72} = 16.8\underline{3}$

↓ 4位数　↓ 4位数　↓ 3位数　↓ 4位数

有效数字下面加横线表示为欠准数.

根据保留一位欠准数原则，计算结果应为 $16.8\underline{3}$，其欠准位与参与求和运算的三个数中 $14.6\underline{1}$ 的欠准位最高者相同．

例 2.　$19.6\underline{8} - 5.84\underline{8} = 13.8\underline{32} = 13.8\underline{3}$

　　　4位数　　4位数　　　　　　4位数

保留一位欠准数，结果为 $13.8\underline{3}$，与其欠准位最高的 $19.6\underline{8}$ 的欠准位相同．

大量的计算表明，若干个数进行加法或减法运算，其和或差的结果的欠准位置与参与运算的各量中的欠准位置最高者相同．由此结论，当若干个数进行加法或减法运算时，可先将多余位数修约，较应保留的欠准位置多留一位进行运算，最后结果按保留一位欠准数进行取舍．这样可以减少繁杂的数字计算．

推论（1）　若干个直测量进行加法或减法计算时，选用精度相同的仪器最为合理．

2．乘法和除法运算

例 3.　$4.17\underline{8} \times 10.\underline{1} = 42.\underline{2978} = 42.\underline{2}$

　　　4位数　　3位数　　　　　　3位数

只保留一位欠准数，乘积结果应为 $42.\underline{2}$，即为三位数，与乘数中 $10.\underline{1}$ 的最少位数相同．

例 4.　$4\,812\underline{8} \div 12.\underline{3} = 39\underline{1}.1\cdots = 39\underline{1}$

　　　5位数　　3位数　　　　　　3位数

只保留一位欠准数，其结果应为 $39\underline{1}$．三位有效数，同样与除数的位数（最少）相同．

由此得出结论：有效数进行乘法或除法运算，乘积或商的结果的有效位数与参与运算的各量中有效位数最少者相同．

推论（2）　测量的若干个量，若是进行乘除法运算，应按有效位数相同的原则来选择不同精度的仪器．

3．乘方，开方运算的有效位数与其底的有效位数相同．

4．自然数 1，2，3，4，… 不是测量而得，不存在欠准数，因此可以视为无穷多位有效数，书写也不必写出后面的“0”，如 $D = 2R$，D 的位数仅由直测量 R 的位数决定．

5．无理常数 π，$\sqrt{2}$，$\sqrt{3}$ … 的位数也可以看成很多位，计算过程中这些常数项参加运算时，其取的位数应比测量数据中位数最少者多取一位．例如 $L = 2\pi R$，若测量值 $R = 2.35 \times 10^{-2}$ m 时，π 应取为 3.142．则 $L = 2 \times 3.142 \times 2.35 \times 10^{-2} = 1.48 \times 10^{-1}$ m．

6．有效数字的修约，根据有效数字的运算规则，为使计算简化，在不影响最后结果应保留的位数（或欠准位置）的前提下，可以在运算前、后对数据进行修约，其修约原则是“四舍六入五看左右”[详见附录 Ⅳ]，中间运算过程较结果要多保留一位数．

第四节　数据处理

用简明而严格的方法把实验数据所代表的事物内在规律性提炼出来就是数据处理．数据处理是指从获得数据起到得出结果止的加工过程，包括记录、整理、计算、分析等的处理方法，本章主要介绍列表法，作图法，最小二乘法．

(一) 列表法

列表法是记录数据的基本方法.欲使实验结果一目了然,避免混乱,避免丢失数据,便于查对,列表法是记录的最好方法.将数据中的自变量,因变量的各个数值一一对应排列出来,可以简单明确地表示出有关物理量之间的关系;检查测量结果是否合理,及时发现问题;有助于找出有关量之间的联系和建立经验公式,这就是列表法的优点.设计记录表格要求:

1. 利于记录、运算和检查,便于一目了然地看出有关量之间的关系.

2. 表中各栏要用符号标明,数据所代表物理量和单位要交代清楚.单位写在符号标题栏.

3. 表格记录的测量值和测量偏差,应正确反映所用仪器的精度.

4. 一般记录表格还有序号和名称.

例如:要求测量圆柱体的体积,圆柱体高 H 和直径 D 的记录如下:

测柱体高 H 和直径 D 记录表

测量次数 i	H_i(mm)	ΔH_i(mm)	D_i(mm)	ΔD_i(mm)
1	35.32	−0.004	8.135	−0.0003
2	35.30	0.016	8.137	−0.0023
3	35.32	−0.004	8.136	−0.0013
4	35.34	−0.024	8.133	0.0017
5	35.30	0.016	8.132	0.0027
6	35.34	−0.024	8.135	−0.0003
7	35.28	0.036	8.134	0.0007
8	35.30	0.016	8.136	−0.0013
9	35.34	−0.024	8.135	−0.0003
10	35.32	−0.004	8.134	0.0007
平均	35.316		8.1347	

说明:ΔH_i 是测量值 H_i 的偏差,ΔD_i 是测量值 D_i 的偏差;测 H_i 是用精度为 0.02mm 的游标卡尺,仪器误差限 $\Delta_{仪} = 0.02$mm;测 D_i 是用精度为 0.01mm 的螺旋测微器,其仪器误差 $\Delta_{仪} = 0.005$mm.

由表中所列数据,可计算出高、直径和圆柱体体积测量结果(近真值和合成不确定度):

$$H = 35.32 \pm 0.03(\text{mm})$$

$$D = 8.135 \pm 0.005(\text{mm})$$

$$V = (1.836 \pm 0.003) \times 10^3(\text{mm}^3)$$

（二）作图法

作图法是在坐标纸上用图形描述各物理量之间的关系，将实验数据用几何图形表示出来，这就叫作图法. 作图法的优点是直观、形象，便于比较研究实验结果，求某些物理量，建立关系式等. 作图要注意以下几点：

1. 作图一定要用坐标纸，根据函数关系选用直角坐标纸，单对数坐标纸，双对数坐标纸，极坐标纸等，本书主要采用直角坐标纸.

2. 坐标纸的大小及坐标轴的比例，应当根据所测得数据的有效数字和结果的需要来确 定，原则上数据中的可靠数字在图中应当为可靠的，数据中的欠准位在图中应是估计的，要适当选取 X 轴和 Y 轴的比例和坐标分度值，使图线充分占有图纸空间，不要缩在一边或一角；坐标轴分度值比例的选取一般选间隔 1，2，5，10 等，这便于读数或计算，除特殊需要外，分度值起点一般不必从零开始，X 轴 Y 轴比例可以采用不同的比例.

3. 标明坐标轴，一般是自变量为横轴，应变量为纵轴，采用粗实线描出坐标轴，并用箭头表示出方向，注明所示物理量的名称，单位. 坐标轴上标明分度值（注意有效位数）.

4. 描点，根据测量数据，用直尺笔尖使其函数对应点准确地落在相应的位置，一张图纸上画上几条实验曲线时，每条图线应用不同的标记如“×”“Θ”“Δ”等，以免混淆.

5. 连线，根据不同函数关系对应的实验数据点的分布，把点连成直线或光滑的曲线或折线，连线必须用直尺或曲线板，如校准曲线要连成折线，当连成直线或光滑曲线时，图线并不一定通过所有的点，而是使数据点均匀地分布在图线的两侧，个别偏离很大的点应当舍去，原始数据点应保留在图中.

6. 写图名，在图纸下方或空白位置处，写上图的名称，一般将纵轴代表的物理量写在前面，横轴代表的物理量写在后面，中间用“-”联接，图中附上适当的图注，如实验条件等.

7. 最后写明实验者姓名和实验日期，并将图纸贴在实验报告的适当位置.

（三）图解法

实验曲线作出后，可由曲线求经验公式，由曲线求经验公式的方法称为图解法，在物理实验中经常遇到的曲线是直线、抛物线、双曲线、指数曲线、对数曲线等，而其中以直线最简单.

1. 建立经验公式的一般步骤：

(1) 根据解析几何知识判断图线的类型；

(2) 由图线的类型判断公式的可能特点；

(3) 利用半对数、对数或倒数坐标纸，把原曲线改变为直线；

(4) 确定常数，建立起经验公式的形式，并用实验数据来检验所得公式的准确程度.

2. 直线方程的建立

如果作出实验曲线是一条直线，则经验公式为直线方程

$$y = kx + b \tag{1-7}$$

欲建立此方程，必须由实验直接求出 k 和 b，一般有两种方法.

(1) 斜率截距法

由解析几何知，k 为直线的斜率，b 为直线的截距. 求 k 时，在图线上选取两点 $P_1(x_1, y_1)$ 和 $P_2(x_2, y_2)$，则斜率为

$$k = \frac{y_2 - y_1}{x_2 - x_1} \tag{1-8}$$

要注意，所取两点不得为原实验数据点，并且所取的两点不要相距太近，以减小误差. 其截距 b 为 $x = 0$ 时的 y 值；若原实验图线并未给出 $x = 0$ 段直线，可将直线用虚线延长交 y 轴，则可量出截距.

(2) 端值求解法

在直线两端取两点(但不能取原始数据点)，分别得出它的坐标为 (x_1, y_1)，(x_2, y_2)，将坐标值代入(1-7)式得

$$\begin{cases} y_1 = kx_1 + b \\ y_2 = kx_2 + b \end{cases}$$

联立解两方程得 k 和 b.

经验公式得出之后还要进行校验，校验的方法是：对于一个测量值 x_i，由经验公式可写出一个 y_i 值，由实验测出一个 y'_i 值，其偏差 $\delta = y'_i - y_i$，若各个偏差之和 $\sum(y'_i - y_i)$ 趋于零，则经验公式就是正确的.

有的实验并不需要建立经验公式，而仅需要求出 k 和 b.

例 1. 一金属导体的电阻随温度变化的测量值为下表所示，试求经验公式 $R = f(T)$ 和电阻温度系数.

温度(℃)	19.1	25.0	30.1	36.0	40.0	45.1	50.0
电阻(μΩ)	76.30	77.80	79.75	80.80	82.35	83.90	85.10

根据所测数据绘出 R-T 图

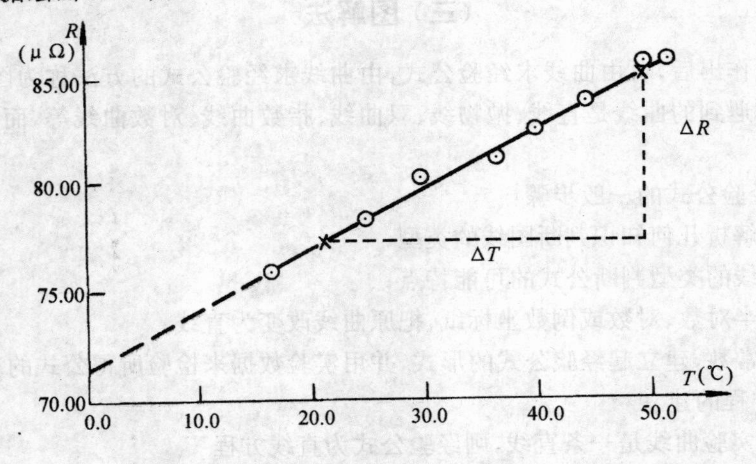

图 1-1　某金属丝电阻 - 温度曲线

求出直线的斜率：

$$k = \frac{8.00}{27.0} = 0.296(\mu\Omega/℃)$$

截距 $b = 72.00(\mu\Omega)$.

于是得经验公式

$$R = 72.00 + 0.296T$$

该金属的电阻温度系数为

$$\alpha = \frac{k}{b} = \frac{0.296}{72.00} = 4.11 \times 10^{-3}(1/℃)$$

3. 曲线改直,曲线方程的建立

由曲线图直接建立经验公式一般是困难的,但是我们可以用变数置换法把曲线图改为直线图,再利用建立直线方程的办法来解决问题.

例 2. 在恒定温度下,一定质量的气体的压强 P 随容积 V 而变,画 P-V 图,为一双曲线型如图 1-2 所示.

用变数 $\frac{1}{V}$ 置换 V,则 P-$\frac{1}{V}$ 图为一直线,如图 1-3 所示. 直线的斜率为 $PV = C$,即玻-马定律.

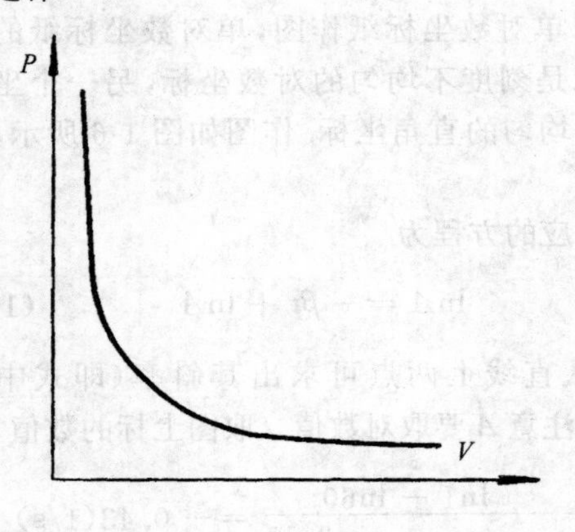

图 1-2 P-V 曲线

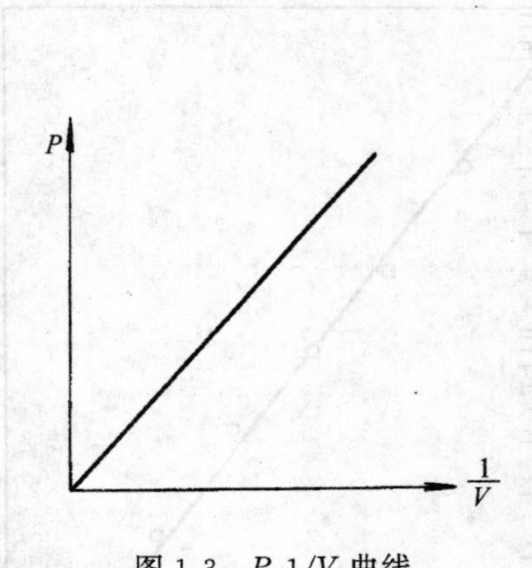

图 1-3 P-$1/V$ 曲线

例 3. 单摆的周期 T 随摆长 L 而变,绘出 T-L 实验曲线为抛物线型如图 1-4 所示.

若作 T^2-L 图则为一直线型,如图 1-5 所示. 斜率

$$K = \frac{T^2}{L} = \frac{4\pi^2}{g}$$

由此可写出单摆的周期公式

$$T = 2\pi\sqrt{\frac{L}{g}}$$

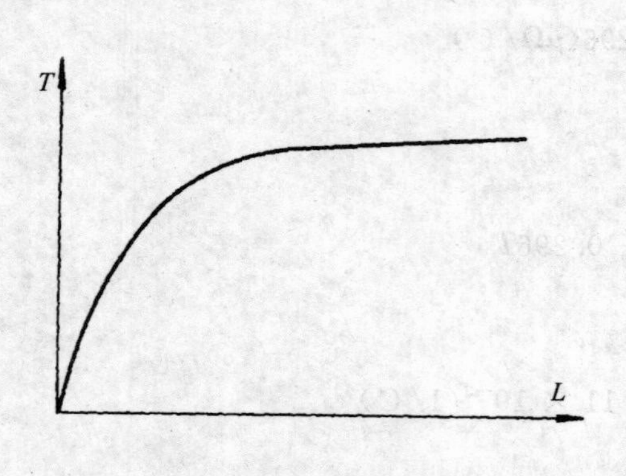

图 1-4　T-L 曲线

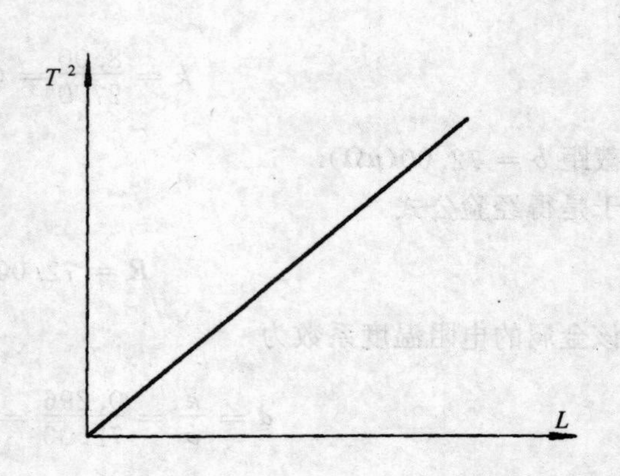

图 1-5　T^2-L 曲线

例 4. 阻尼振动实验中，测得每隔 1/2 周期($T=3.11$) 振幅 A 的数据如下：

$t(\frac{T}{2})$	0	1	2	3	4	5
A(格)	60.0	31.0	15.2	8.0	4.2	2.2

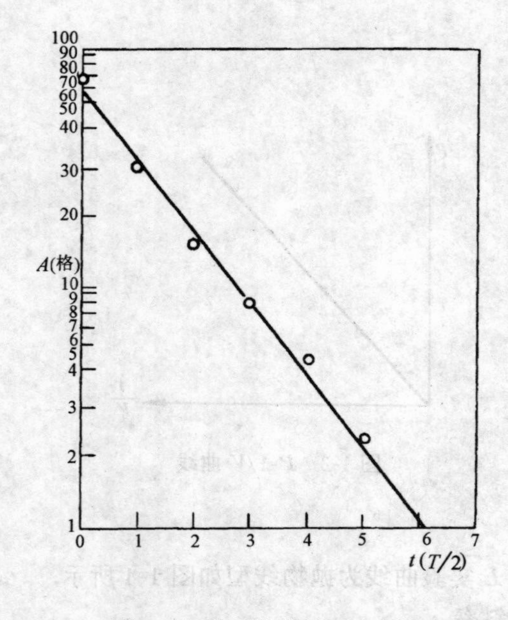

图 1-6　单对数坐标 A-t 曲线

用单对数坐标纸作图，单对数坐标纸的一个坐标是刻度不均匀的对数坐标，另一个坐标是刻度均匀的直角坐标. 作图如图 1-6 所示，得一直线.

对应的方程为

$$\ln A = -\beta t + \ln A_0 \tag{1-9}$$

从直线上两点可求出其斜率(即式中的 $-\beta$)，注意 A 要取对数值，t 取图上标的数值，即

$$\beta = \frac{\ln 1 - \ln 60}{(6.2-0)\times\frac{3.11}{2}} = -0.43(1/\mathrm{s})$$

(1-9) 式可改写为

$$A = A_0 e^{-\beta t}$$

这说明阻尼振动的振幅是按指数规律衰减的. 单对数坐标纸作图常用来检验函数是否服从指数关系.

(四) 用最小二乘法求经验方程

求经验公式除可采用上述图解法外，还可以从实验的数据求经验方程，这称为方程的回归问题.

方程的回归首先要确定函数的形式，一般要根据理论的推断或从实验数据变化的趋

势而推测出来.如果推断出物理量 y 和 x 之间的关系是线性关系,则函数的形式可写为

$$y = b_0 + b_1 x$$

如果推断出是指数关系,则写为

$$y = C_1 e^{C_2 x} + C_3$$

如果不能清楚判断出函数的形式,则可用多项式来表示：

$$y = b_0 + b_1 x + b_2 x^2 + \cdots + b_n x^n$$

式中 $b_0, b_1, b_2, \cdots, b_n, C_1, C_2, C_3$ 等均为参数.可以认为,方程的回归问题就是用实验的数据来求出方程的待定参数.

用最小二乘法处理实验数据,可以求出上述待定参数.设 y 是变量 $x_1, x_2, \cdots$ 的函数,有 m 个待定参数 $C_1, C_2, \cdots, C_m$,即

$$y = f(C_1, C_2, \cdots, C_m; x_1, x_2, \cdots)$$

今对各个自变量 $x_1, x_2, \cdots$ 和对应的应变量 y 作 n 次观测得

$$(x_{1i}, x_{2i}, \cdots, y_i) \qquad (i = 1, 2, \cdots, n)$$

于是 y 的观测值 y_i 与由方程所得计算值 y_{0i} 的偏差为

$$(y_i - y_{0i}) \qquad (i = 1, 2, \cdots, n)$$

所谓最小二乘法,就是要求上面的 n 个偏差在平方和最小的意义下,使得函数 $y = f(C_1, C_2, \cdots, C_m, x_1, x_2, \cdots)$ 与观测值 $y_1, y_2, \cdots, y_n$ 最佳拟合.也就是参数 $C_1, C_2, \cdots, C_m$ 应使

$$Q = \sum_{i=1}^{n} [y_i - f(C_1, C_2, \cdots, C_m, x_{1i}, x_{2i}, \cdots)]^2 = \text{最小值}$$

由微分学的求极值方法可知,$C_1, C_2, \cdots, C_m$ 应满足下列方程组：

$$\frac{\partial Q}{\partial C_i} = 0 \qquad (i = 1, 2, \cdots, n)$$

下面从一最简单的情况看怎样用最小二乘法确定参数.设已知函数形式是

$$y = a + bx \tag{1-10}$$

这是一个一元线性回归方程.由实验测得自变量 x 与变量 y 的数据是

$$x = x_1, x_2, \cdots, x_n$$
$$y = y_1, y_2, \cdots, y_n$$

由最小二乘法,a、b 应使

$$Q = \sum_{i=1}^{n} [y_i - (a + bx_i)]^2 = \text{最小值}$$

Q 对 a 和 b 求偏微商应等于零,即

$$
\begin{cases}
\dfrac{\partial Q}{\partial a} = -2\sum_{i=1}^{n}[y_i - (a + bx_i)] = 0 \\
\dfrac{\partial Q}{\partial b} = -2\sum_{i=1}^{n}[y_i - (a + bx_i)]x_i = 0
\end{cases} \tag{1-11}
$$

由上式可得

$$
\begin{aligned}
&\overline{y} - a - b\overline{x} = 0 \\
&\overline{xy} - a\overline{x} - b\,\overline{x^2} = 0
\end{aligned} \tag{1-12}
$$

式中$\overline{x}$ 表示 x 的平均值,即 $\overline{x} = \dfrac{1}{n}\sum_{i=1}^{n}x_i$

$\overline{y}$ 表示 y 的平均值,即 $\overline{y} = \dfrac{1}{n}\sum_{i=1}^{n}y_i$

$\overline{x^2}$ 表示 x^2 的平均值,即$\overline{x^2} = \dfrac{1}{n}\sum_{i=1}^{n}x_i^2$

$\overline{xy}$ 表示 xy 的平均值,即$\overline{xy} = \dfrac{1}{n}\sum_{i=1}^{n}x_iy_i$

解方程(1-12) 得

$$
b = \frac{\overline{x}\,\overline{y} - \overline{xy}}{\overline{x}^2 - \overline{x^2}} \tag{1-13}
$$

$$
a = \overline{y} - b\overline{x} \tag{1-14}
$$

在待定参数确定以后,为了判断所得的结果是否合理,还需要计算一下相关系数 r,对于一元线性回归,r 定义为

$$
r = \frac{\overline{xy} - \overline{x}\,\overline{y}}{\sqrt{(\overline{x^2} - \overline{x}^2)(\overline{y^2} - \overline{y}^2)}}
$$

可以证明,$|r|$ 的值是在 0 和 1 之间. $|r|$ 越接近于 1,说明实验数据能密集在求得的直线的近旁,用线性函数进行回归比较合理. 相反,如果 $|r|$ 值远小于 1 而接近于零,说明实验数据对求得的直线很分散,即用线性回归不妥当,必须用其他函数重新试探. 至于 $|r|$ 的起码值(当 $|r|$ 大于起码值,回归的线性方程才有意义),与实验观测次数 n 和置信度有关,可查阅有关手册.

非线性回归是一个很复杂的问题. 并无一定的解法. 但是通常遇到的非线性问题多数能够化为线性问题. 已知函数形式为

$$
y = C_1e^{C_2x}
$$

两边取对数得

$$
\ln y = \ln C_1 + C_2x
$$

令 $\ln y = z$, $\ln C_1 = a$, $C_2 = b$ 则上式变为

$$
z = a + bx
$$

这样就转化成一元线性回归.

[**练习题**]

1. 指出下列各量是几位有效数字,测量所选用的仪器及其精度是多少?

(1) 63.74 cm; (2) 0.302 cm;

(3) 0.0100 cm; (4) 1.0000 kg;

(5) 0.025 cm; (6) 1.35 ℃;

(7) 12.6 S; (8) 0.2030 S;

(9) 1.530×10^{-3} m.

2. 试用有效数字运算法则计算出下列结果:

(1) $107.50-2.5=$ (2) $273.5\div0.1=$

(3) $1.50\div0.500-2.97=$ (4) $\dfrac{8.0421}{6.038-6.034}+30.9=$

(5) $\dfrac{50.00\times(18.30-16.3)}{(103-3.0)\times(1.00+0.001)}=$

(6) $V=\dfrac{1}{4}\pi d^2h$,已知 $h=0.005\text{m}$,$d=13.984\times10^{-3}(\text{m})$ 计算 V.

3. 改正下列错误,写出正确答案

(1) $L=0.01040(\text{km})$ 的有效数字是五位.

(2) $d=12.435\pm0.02(\text{cm})$

(3) $h=27.3\times10^4\pm2\,000(\text{km})$

(4) $R=6\,371\text{km}=6\,371\,000\text{m}=637\,100\,000(\text{cm})$

(5) $\theta=60^\circ\pm2'$

4. 单位变换

(1) 将 $L=4.25\pm0.05(\text{cm})$ 的单位变换成 μm,mm,m,km.

(2) 将 $m=1.750\pm0.001(\text{kg})$ 的单位变成 g,mg,t.

5. 已知周期 $T=1.2566\pm0.0001(\text{s})$,计算角频率 ω 的测量结果,写出标准式.

6. 计算 $\rho=\dfrac{4m}{\pi D^2H}$ 的结果,其中

$m=236.124\pm0.002(\text{g})$; $D=2.345\pm0.005(\text{cm})$

$H=8.21\pm0.01(\text{cm})$

并且分析 m,D,H 对 σ_ρ 的合成不确定度的影响.

7. 利用单摆测重力加速度 g,当摆角 $\theta<5^\circ$ 时,$T=2\pi\sqrt{\dfrac{L}{g}}$,式中摆长 $L=97.69\pm0.02(\text{cm})$,周期 $T=1.9842\pm0.0002(\text{s})$,求 g 和 σ_g,并写出标准式.

* 函数计算器处理实验数据

在科学实验中使用函数计算器处理实验数据,目前已相当普遍.为方便计算,这里对算术平均值 $\bar{x}$、标准偏差 σ_{n-1}(即 S)的计算,最小二乘法一元线性拟合的 a、b、γ、σ_y、σ_a、σ_b 的计算作简要介绍.

1. 算术平均值 $\bar{x}$ 与标准偏差 $\sigma_{n-1}(S)$ 的计算.

直接采用测量值 x_i 来计算 σ_{n-1} 与 $\bar{x}$ 的根据是：在一般的函数计算说明书中，常用 σ_{n-1} 来表示标准误差，因为

$$\sigma_{n-1}{}^2 = \frac{\sum \Delta x_i^2}{n-1} = \frac{\sum (x_i - \bar{x})^2}{n-1},$$

而 $\bar{x} = \dfrac{\sum x_i}{n}$，将 $\bar{x}$ 表示式代入上式后可得：

$$\sigma_{n-1}{}^2 = \frac{\sum x_i^2 - 2\dfrac{(\sum x_i)^2}{n} - n\dfrac{(\sum x_i)^2}{n^2}}{n-1}$$

$$= \frac{\sum x_i^2 - \dfrac{(\sum x_i)^2}{n}}{n-1},$$

即

$$\sigma_{n-1} = \sqrt{\frac{\sum x_i^2 - (\sum x_i)^2/n}{n-1}}$$

该式是函数计算器说明书中所用的表示式，其优点是可以直接用测量值 x_i 来计算该组测量数据的算术平均值 $\bar{x}$ 及标准误差 σ_{n-1}. 一般函数计算器均已编入 $\bar{x}$ 与 σ_{n-1} 的计算程序，可按以下具体计算步骤和方法进行操作：

① 将函数模式选择开关置于“SD”(SD 是英文名词 standard deviation 的缩写)；

② 依次揿压“INV”和“AC”键，以清除“SD”中的所有内存，准备输入需要计算的测量数据；

③ 在键盘上每打入一个数据后，需揿压一次“M +”键，将所有的 x_i 数据依次输入计算器内；

④ 在所有数据全部输入后，揿压“$\bar{x}$”键，显示该组数据的算术平均值，揿压“σ_{n-1}”键，则显示该数据的标准误差；

⑤ 有错误数据输入而要删去时，可在键盘打入该错误数据后，揿压“INV”和“M +”两键，就可将该错误数据删去.

2. 最小二乘法一元线性拟合有关量的计算

在导出 $\sigma_{n-1} = \sqrt{\dfrac{\sum x_i^2 - (\sum x_i)^2/n}{n-1}}$ 表示式时，实际上也证明了：

$$S_{xx} = \sum (x_i - \bar{x})^2 = \sum x_i^2 - \frac{1}{n}(\sum x_i)^2$$

$$S_{yy} = \sum (y_i - \bar{y})^2 = \sum y_i^2 - \frac{1}{n}(\sum y_i)^2$$

$$S_{xy} = \sum (x_i - \bar{x})(y_i - \bar{y}) = \sum x_i y_i - \frac{1}{n^2}\sum x_i \sum y_i$$

这三个量中所涉及的$\sum x_i^2$、$\sum x_i \sum y_i$、$\sum y_i^2$及$\sum x_i y_i$. 均可由SD模式算得，由此可算出S_{xx},S_{yy},S_{xy}. 而此时a,b,γ可分别表示为

$$a = \bar{y} - b\bar{x}$$

$$b = \frac{S_{xy}}{S_{xx}}$$

$$\gamma = \frac{S_{xy}}{\sqrt{S_{xx} \cdot S_{yy}}}$$

由于在分别对x和y变量作SD计算时，$\bar{x}$、$\bar{y}$亦已算得，故a、b、γ三量能方便地算得. 由此可以证明：

$$\sum (y_i - a - bx_i)^2 = (1 - \gamma^2) S_{yy}$$

因此，σ_y可表示为

$$\sigma_y = \sqrt{\frac{(1 - \gamma^2) S_{yy}}{n - 2}}$$

此时σ_a和σ_b变换为

$$\sigma_a = \sqrt{\frac{1}{n} + \frac{\bar{x}^2}{S_{xx}}} \cdot \sqrt{\frac{(1 - \gamma^2) S_{yy}}{n - 2}}$$

$$\sigma_b = \sqrt{\frac{1}{S_{xx}}} \cdot \sqrt{\frac{(1 - \gamma^2) S_{yy}}{n - 2}}$$

由此可见，a、b、γ、σ_a、σ_b五个量的计算已归结为$\bar{x}$、$\bar{y}$、S_{xx}、S_{yy}和S_{xy}的计算问题.

具体计算步骤和方法是：

① 将函数模式选择开关置于“SD”位置；

② 依次揿压“INV”、“AC”键，接着在键盘上每打入一个x_i值，揿压一次“M＋”键，直到将n个x全部输入计算器为止；

③ 揿压“$\bar{x}$”键，读取和记录$\bar{x}$数值(注意此时的σ_{n-1}值是无意义的)；揿压“$\sum x$”键，读记$\sum x_i$数值；

④ 再依次揿压“$\sum x^2$”、“－”、“$\sum x$”、“INV”、“x^2”、“÷”、“n”、“＝”各键，完成S_{xx}的计算，读记S_{xx}数值；

⑤ 顺次揿压“INV”、“AC”键，清除“SD”中原有x值的内存，接着在键盘上每打入一个y_i值，揿压一次“M＋”键，直到将n个y_i全部输入计算器为止；

⑥ 揿压“$\bar{x}$”键，此时应将所显示的$\bar{y}$数值读记下；揿压“$\sum x$”键，读记$\sum y_i$数值；

⑦ 再依次揿压“$\sum x^2$”、“－”、“$\sum x$”、“INV”、“x^2”、“÷”、“n”、“＝”各键，便可完成S_{yy}的计算，读记下S_{yy}数值；

⑧ 顺次揿压“INV”、“AC”键，接着在键盘上将x_i“×”y_i“＝”的值用“M＋”键输入计算器中，直到n对(x_i, y_i)数据中每对数据的乘积$(x_i \cdot y_i)$全部输入计算器为止；

⑨ 揿压$\sum x_i$键便得$\sum x_i \cdot y_i$的值，然后用已经读得的$\sum x_i$和$\sum y_i$值作$\sum x_i \cdot y_i$－

$\frac{1}{n}\sum x_i \sum y_i$ 的算术运算，即可得到 S_{xy} 值；具体方法是顺次揿压"$\sum x$"、"$-$"、$\sum x_i$ 值、"$\times$"、$\sum y_i$ 值、"$\div$"、"n"、"$=$"，读取并记录 S_{xy} 值.

到此已经得到 $\bar{x}$，$\bar{y}$，S_{xx}，S_{yy}，S_{xy} 及 n 的数值，计算 a、b、γ、σ_a、σ_b 的必要数据已全部齐备，只要在计算器上作些简单的算术运算，就可求得全部解答.

要指出的是：函数计算器只能显示计算结果，无法判断有效数字的取舍，因此，读记时应注意按照有效数字运算法则和误差运算的有关规定，读记有效数字. 对中间过程的运算结果，可以多取一位数.

从上述最小二乘法一元线性拟合计算来看，采用袖珍计算器来处理已显得较麻烦. 若采用可编程序的计算器或者微机来处理就要方便一些，它们不仅可以完成计算工作，而且还可以打印出全部结果，绘制出拟合图线.

现以测量热敏电阻的阻值 R_T 随温度变化的关系为例，其函数关系为

$$R_T = ae^{\frac{b}{T}}$$

其中 a、b 为待定常数，T 为热力学温度，为了能变换成直线形式，将两边取对数得：

$$\ln R_T = \ln a + \frac{b}{T}$$

并作变换，令 $y = \ln R_T$，$a' = \ln a$，$x = \frac{1}{T}$，则得直线方程为 $y = a' + bx$. 实验时测得热敏电阻在不同温度下的阻值，以变量 x、y 分别为横纵坐标作图，若 y-x 图线为直线，就证明 R_T 与 T 的理论关系正确. 现将实验测量数据和变量变换值列于下表：

序号 i	T_c(℃)	T(K)	R_T(Ω)	$x=\frac{1}{T_i}$ 10^{-3}(K^{-1})	$y=\ln R_T$
1	27.0	300.2	3 427	3.331	8.139
2	29.5	302.7	3 124	3.304	8.047
3	32.0	305.2	2 824	3.277	7.946
4	36.0	309.2	2 494	3.234	7.822
5	38.0	311.2	2 261	3.213	7.724
6	42.0	315.2	2 000	3.173	7.601
7	44.5	317.7	1 826	3.148	7.510
8	48.0	321.2	1 634	3.113	7.399
9	53.5	326.7	1 353	3.061	7.210
10	57.5	330.7	1 193	3.024	7.084

对表中提供的 $\frac{1}{T_i}$ 和 $\ln R_T$ 数据，用最小二乘法拟合处理，按上述袖珍计算器运算步骤操作，可得：

直线斜率：$b = 3.429 \times 10^3$(K)

直线截距：$a' = -3.284a = 0.037\ 48(\Omega)$

相关系数：$\gamma = 0.999\ 78$

由相关系数值可知 $\ln R_T$-$\frac{1}{T}$ 的关系直线性很好，这说明热敏电阻阻值 R_T 和 $\frac{1}{T}$ 为严格的指数关系.

[以下各附录中的叙述符号，保持与函数计算器符号相同]

附录 I　随机误差的补充知识

(一) 随机误差的正态分布规律

大量的测量误差是服从正态分布(或称 Gauss 分布)规律的. 标准化的正态分布的曲线如图 1-7 所示. 图中的 x 代表某一物理量的实测值，$p(x)$ 为测量值的概率密度.

$$p(x) = \frac{1}{\sigma\sqrt{2\pi}}e^{-\frac{(x-\mu)^2}{2\sigma^2}}$$

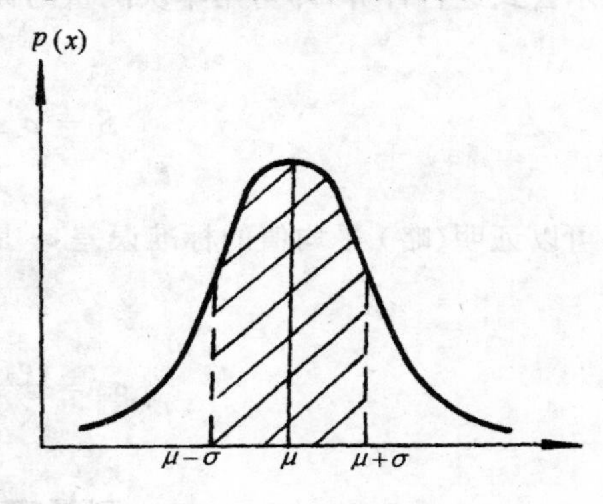

图 1-7　正态分布

其中 $\mu = \lim\limits_{n\to\infty}\frac{\sum x}{n}$，且 $\sigma = \lim\limits_{n\to\infty}\sqrt{\frac{\sum(x-\mu)^2}{n}}$，曲线峰值处的横坐标相应于测量次数 $n\to\infty$ 时测量的平均值，横坐标上任一点 x 到该值的距离 $(x-\mu)$ 即为测量值相应的随机误差分量，σ 为曲线上拐点处的横坐标与 μ 值之差，它是表征测量值分散性的重要参数，称为正态分布的标准误差. 该曲线是概率密度分布曲线，曲线和 x 轴间的面积为 1，可以用来表示随机误差在一定范围内的概率. 比如，图中阴影部分的面积就是随机误差在 $\pm\sigma$ 范围内的概率，即测量值落在 $(\mu-\sigma, \mu+\sigma)$ 区间中的概率 p，由定积分算得其值 $p = 68.3\%$. 如果将区间扩大到 2 或 3 倍，则 x 落在区间 $(\mu-2\sigma, \mu+2\sigma)$ 中的概率就提高到 95.4%，或 x 落在 $(\mu-3\sigma, \mu+3\sigma)$ 区间中的概率便提高到 99.7%(称为极限误差). 本附录只讨论随机误差服从正态分布规律的情况，其它分布规律可查有关专著.

(二) 最小二乘法原理推导

有限次测量的最佳估计值

实验中不可能进行无限多次测量，一般教学实验只能做 5 至 10 次有限次测量. 在无系统误差分量存在情况下，根据最小二乘法原理，一列等精度测量的最佳估计值是能使各次测量值与该值之差的平方和为最小的那个值. 设真值的最佳估计值为 x_0，其差值平方和为

$$f(x) = \sum_{i=1}^{n}(x_i - x_0)^2 = \text{mini}$$

$$\frac{df(x)}{dx_0} = -2\sum_{i=1}^{n}(x_i - x_0) = 0$$

则有

$$x_0=\frac{1}{n}\sum_{i=1}^{n}x_i=\bar{x}$$

可见,采用最小二乘法原理推导出有限次测量值的算术平均值 $\bar{x}$,可作为其真值的最佳估计值.

附录 Ⅱ　标准合成与技术规范合成不确定度

(一) 标准误差 σ_{n-1}

同一被测量进行 n 次等精度测量时,表征测量值分散性的参数 σ_{n-1} 可用下面的贝塞尔公式进行计算,即可用单次测量的标准误差来表征测量值的分散性:

$$S=\sigma_{n-1}=\sqrt{\frac{\sum(x_i-\bar{x})^2}{(n-1)}}$$

可以证明(略)平均值的标准误差 $\sigma_{\bar{x}}$ 是一列测量中单次测量的标准误差 σ_{n-1} 的 $\frac{1}{\sqrt{n}}$,即

$$\sigma_{\bar{x}}=\frac{\sigma_{n-1}}{\sqrt{n}}=\sqrt{\frac{\sum(x_i-\bar{x})^2}{n(n-1)}}$$

(二) 测量不确定度中的 A 类分量 S_x

在相同条件下对同一被测量作 n 次等精度测量,现若存在用统计方法计算的测量不确定度中的 A 类分量 S_x,它等于平均值的标准误差 $\sigma_{\bar{x}}$ 乘以一因子 $t_p(n-1)$,即

$$S_x=t_p(n-1)\cdot\sigma_{\bar{x}}$$

此时被测量的真值 x 落在 $\bar{x}\pm t_p(n-1)\sigma_{\bar{x}}$ 范围内的概率为 p(称置信概率). 从概率论和数理统计可知(略):当积分的上下限是 $\pm t_p(n-1)=\sqrt{n}$ 时,以 $(n-1)$ 为参量(称自由度)的 t 分布(称 Student 分布)函数的积分值为概率 p_0 因子 $t_p(n-1)$ 的值,可以从专门的数表中查得. 概率 p 及测量次数 n 确定后,$t_p(n-1)$ 也就确定了.

大学物理实验中的测量次数 n 一般是在 $6\leqslant n\leqslant 10$ 之间,如果取 $S_x=\sigma_{n-1}$,可由下式看出:

$$S_x=t_p(n-1)\cdot\sigma_{\bar{x}}=\sigma_{n-1}\frac{t_p(n-1)}{\sqrt{n}}=\sigma_{n-1}$$

就是说只有当 $t_p(n-1)=\sqrt{n}$ 时,假定才成立. 说明 S_x 取 σ_{n-1} 的值相当于取 $\sqrt{n}$ 作为因子 $t_p(n-1)$ 的值.

由 $t_p(n-1)$ 分布的数表可以算出 $n=2\rightarrow 11$ 时,$t_p(n-1)=\sqrt{n}$ 时相应的置信概率 p 的数值表:

测量次数 n	2	3	4	5	6	7	8	9	10	11
$t_p(n-1)=\sqrt{n}$	1.41	1.73	2.00	2.24	2.45	2.65	2.83	3.00	3.16	3.32
置信概率 p	0.610	0.775	0.861	0.911	0.942	0.962	0.974	0.983	0.988	0.992

从表中的数据看出：当 $6 \leqslant n \leqslant 10$ 时，取 $S_1 = \sigma_{n-1}$ 的另一原因是，$p > 0.94$，因子 $(t/\sqrt{n}) = 1$（将 $t_p(n-1)$ 简写为 t，以下同），因此根据国际标准 ISO2602 和国家标准 GB3362-82 介绍的精神有 $S_x = (t/\sqrt{n})\sigma_{n-1} = \sigma_{n-1}$.

（专业计量工作也允许将 $(t/\sqrt{n})$ 看成一个因子而绕开 $\sigma_{\bar{x}}$ 和 t 分布）

（三）测量不确定度中的 B 类分量 σ_B

测量不确定度中的 B 类分量 σ_B 要成为标准误差形式，一般是由估计出的仪器误差限值 $\Delta_{仪}$ 等，除以一个与分布有关的因子 K_B，即

$$\sigma_B = \frac{\Delta_{仪}}{K_B}$$

确定 K_B 已超出了课程的"基本要求". 在原理方法及一定的环境条件均符合要求，观测者的影响可以忽略情况下，可直接将 B 类不确定度分量 σ_B（视 $K_B = 1$）取为 $\Delta_{仪}$. $\Delta_{仪}$ 是由仪器结构、制造、使用精度下降等因素造成的，一般由实验室给出.

（四）简化的测量不确定度 σ

在未深入了解随机误差和未定系统误差的可能分布情况下，最简单的办法是假定它们均接近正态分布，则简化的测量不确定度 σ 可以采用"方和根"法合成，即有

$$\sigma = \sqrt{\sigma_A^2 + \sigma_B^2} = \sqrt{S^2 + \Delta_{仪}^2}$$

（五）标准合成不确定度与技术规范合成不确定度

1. 标准合成不确定度

在求出 σ_{n-1} 之后，再求 $\sigma_{\bar{x}} = \dfrac{\sigma_{n-1}}{\sqrt{n}}$，且应考虑自由度 $\gamma = n-1$，当 n 较小时，$\sigma_{\bar{x}}$ 是偏小的估计值，要求按 $[1 + 0.2545/(n-1)] \cdot \sigma_{\bar{x}}$ 进行修正后作为 S；此外，一般认为 x 与被测量真值之差的期望值为"0"，且在 $\Delta_{仪}$ 内概率相等，即均匀分布的因子 K_B 为 $\sqrt{3}$，则采取 $\sigma_B = \dfrac{\Delta_{仪}}{K_B} = \dfrac{\Delta_{仪}}{\sqrt{3}}$；最后应用"方和根"求标准合成不确定度为

$$\sigma_{标} = \sqrt{\sigma_A^2 + \sigma_B^2} = \sqrt{\{[1 + 0.2545/(n-1)] \cdot \sigma_{n-1}/\sqrt{n}\}^2 + (\Delta_{仪}/\sqrt{3})^2}$$

2. 技术规范合成不确定度

第一步仍是求 σ_{n-1}，$\sigma_{\bar{x}} = \sigma_{n-1}/\sqrt{n}$，…，同上进行修正后定为 σ_{Ai}；同上将 $\Delta_{仪}/\sqrt{3}$

定为 σ_{Bj}；从而就可以求出它们的"方和根"为 $\sigma_0 = \sqrt{\sum\sigma_{Ai}^2 + \sum\sigma_{Bj}^2} = \sqrt{\sum\sigma_{Ai}^2 + \sum(\Delta_{仪j}/\sqrt{3})^2}$.

第二步是按下式求自由度

$$\gamma_0 = \sigma_0^4/[\sum(\sigma_{\bar{x}}^4/\gamma) + \sum\sigma_{Bj}^4]$$

第三步是查 $p = 0.95$ 的 t 分布表，得到 $t_p(\gamma_0)$ 值，则技术规范合成不确定度为

$$\begin{aligned}\sigma &= t_p(\gamma_0)\sigma_0 \\ &= t_p(\gamma_0)\sqrt{\sum\sigma_{Ai}^2 + \sum\sigma_{Bj}^2} \\ &= t_p(\gamma_0)\sqrt{\sum\sigma_{Ai}^2 + \sum(\Delta_{仪j}/\sqrt{3})^2}\end{aligned}$$

由此可见，科技界使用的这两种合成不确定度，跟我们在教学中采用的简化合成不确定度有许多"共同点"：

① 它们的基础都是"测量误差"、"标准误差"和"不确定度"概念；

② 既考虑遵守统计规律的 A 类不确定度 σ_A 分量，又考虑不遵守统计规律的 B 类不确定度 σ_B 分量(不同点在是否要进行 σ_A 与 σ_B 的修正)；

③ 总的合成不确定度 σ 均采用"方和根"合成法；

④ 它们的标准形式均为

$$x = \bar{x} \pm \sigma(\text{单位}).$$

附录 Ⅲ　教学中常用仪器误差限 $\Delta_{仪}$

(一) 为什么 σ_B 取成 $\Delta_{仪}$ 呢？

在有限次直接测量结果的不确定度评定中，如何分析"仪器误差"的影响，是大学物理实验教学中的一个较难的问题，也是一个重要的问题. 所谓较难是指其理论和实践还处于发展阶段，不够成熟. 所谓重要是指 σ_B 取成 $\Delta_{仪}$ 具有一定的合理性，使 σ 的估计趋于正确和全面.

评定 B 类标准不确定度，以数字电压表制造说明为例："仪器检定 1 至 2 年间，其 1V 内精度：$(1.4\times10^{-6}\times$ 读数$) + 2\times10^{-6}\times$ 测量范围". 设检定 20 个月后仪器在 2V 内测量电压 V，V 的重复观测值平均为 $\bar{V} = 0.928571\text{V}$，其 A 类标准不确定度 $u(\bar{V}) = 12\mu\text{V}$；$B$ 类标准不确定度可以由制造厂商说明书评定，并认为所得值使 $\bar{V}$ 的附加修正 $\Delta\bar{V}$ 产生一对称信赖限，$\Delta\bar{V}$ 期望值为 0(即 $\Delta\bar{V} = 0$)，在限内以等概率在任何处出现，值 ΔV 的对称矩形概率分布半宽 a 为

$$a = 1.4\times10^{-6}\times0.928571\text{V} + 2\times10^{-6}\times1\text{V} = 15\mu\text{V}$$

$$u^2(\Delta\bar{V}) = 75\mu\text{V}^2,\qquad u(\Delta\bar{V}) = 8.7\mu\text{V}\cdots$$

上例说明：一定条件下完全可以把"高精度"仪器的误差限值基本上当作非随机分量，进而评定 B 类分量不确定度 σ_B，将 B 类与 A 类合成.

在《互换性与技术测量》和《实用计量全书》等测量专论中，也有类似将计量器具的总不确定度（相当于器具误差限 $\Delta_{仪}$）与其它测量不确定度分量“方和根”合成，以求得测量结果的总不确定度（测量极限误差）的典型例子.

由类似的典型事例说明：$\Delta_{仪}$ 不是以随机分量为主，非随机分量占的比重较大，将 $\Delta_{仪}$ 简化、纯化为非随机分量的 B 类不确定度 σ_B 是符合情理的；在有限次等精度测量中，那种只估计不确定度的 A 类分量 σ_A，而将 $\Delta_{仪}$ 因素等的 B 类分量 σ_B 完全抛开不计的做法是不可取的. 由此可见“方和根”式中的 σ_B 取成 $\Delta_{仪}$ 是比较全面、合理的.

（二）约定正确使用仪器时的 $\Delta_{仪}$ 值

米尺： $\Delta_{仪} = 0.5\text{mm}$

游标卡尺（二十、五十分度）： $\Delta_{仪} =$ 最小分度值（0.05mm 或 0.02mm）

千分尺： $\Delta_{仪} = 0.004\text{mm}$ 或 0.005mm

分光计（杭光、上机厂）： $\Delta_{仪} =$ 最小分度值（$1'$ 或 $30''$）

读数显微镜： $\Delta_{仪} = 0.005\text{mm}$

各类数字式仪表： $\Delta_{仪} =$ 仪器最小读数

记时器（1s、0.1s、0.01s）： $\Delta_{仪} =$ 仪器最小分度（1s、0.1s、0.01s）

物理天平（0.1g）： $\Delta_{仪} = 0.05\text{g}$

电桥（QJ24 型）： $\Delta_{仪} = K\% \cdot R$（K 是准确度或级别，R 为示值）

电位差计（UJ37 型）： $\Delta_{仪} = K\% \cdot V$（K 是准确度或级别，V 为示值）

转柄电阻箱： $\Delta_{仪} = K\% \cdot R$（K 是准确度或级别，R 为示值）

电表： $\Delta_{仪} = K\% \cdot M$（K 是准确度或级别，M 为量程）

其它仪器、量具： $\Delta_{仪}$ 是根据实际情况由实验室给出示值误差限

附录 Ⅳ　数字修约的国家标准 GB1：1

在 1981 年的国家标准 GB1：1 中，对需要修约的各种测量、计算的数值，已有明确的规定：

1. 原文“在拟舍弃的数字中，若左边第一个数字小于 5（不包括 5）时，则舍去，即所拟保留的末位数字不变”. 例如：在 36056 43 数字中拟舍去“43”时，$4 < 5$，则应为 36056，我们简称为“四舍”.

2. 原文“在拟舍弃的数字中，若左边第一个数字大于 5（不包括 5）时，则进一，即所拟保留的末位数字加一”. 例如：在 3605 623 数字中拟舍去“623”时，$6 > 5$，则应为 3606，我们简称为“六入”.

3. 原文“在拟舍弃的数字中，若左边第一个数字等于 5，其右边的数字并非全部为零时，则进一，即所拟保留的末位数字加一”. 例如：在 360 5123 数字中拟舍去“5123”时，$5 = 5$，其右边的数字为非零的数，则应为 361，我们简称为“五看右”.

4. 原文“在拟舍弃的数字中，若左边第一个数字等于 5，其右边的数字皆为零时，所拟保留的末位数字若为奇数则进一，若为偶数（包括“0”）则不进”. 例如：在 360 50 数字中拟舍去“50”时，$5 = 5$，其右边的数字皆为零，而拟保留的末位数字为偶数（含“0”）时则不

进，故此时应为 360，简称为“五看右左”.

上述规定可概述为：舍弃数字中最左边一位数为小于四（含四）舍、为大于六（含六）入、为五时则看五后若为非零的数则入、若为零则往左看拟留数的末数为奇数则入为偶数则舍. 可简述为“四舍六入五看右左”.

可见，采取惯用的“四舍五入”法进行数字修约，既粗糙又不符合国标的科学规定. 类似的不严谨、甚至是错误的提法和作法有：“大于5入，小于5舍，等于5保留位凑偶”；尾数“小于5舍，大于5入，等于5则把尾数凑成偶数”；“若舍去部分的数值，大于所保留的末位0.5，则末位加1，若舍去部分的数值，小于所保留的末位0.5，则末位不变……”等.

还要指出，在修约最后结果的不确定度时，为确保其可信性，还往往根据实际情况执行“宁大勿小”原则.

参 考 文 献

[1] 刘智敏等编译，ISO/TAG4/WG3 物理测量中的不确定度表示指南，北京，中国计量出版社，1989.

[2] 张兆奎等，大学物理实验，武汉，华东化工学院出版社，1990.

[3] 国家标准计量局，国家计量技术规范 JJG1027-91 测量误差及数据处理（试行），北京，中国计量出版社，1992.

[4] 丁慎训等，物理实验教程 普通物理实验部分，北京，清华大学出版社，1992.

第二章　力学和热学实验

学生学习大学物理实验是一个逐步深入的过程,首先要注意培养实验习惯,了解实验进程和实验方法.对实验的兴趣和重视程度,主要取决于学生的态度,他必须自始至终持有耐心,并且认识到每一个实验都是用来达到某些实验目的的.本单元要求学生掌握力、热基本物理量的测量,如长度、质量、时间、力、温度等,了解常用仪器如游标卡尺、螺旋测微计、物理天平、计时仪、温度计、气压计等的性能,并掌握使用方法.力、热实验常用仪器的构造原理、性能和操作方法,分散到有关实验的正文或附录中介绍,在使用仪器之前,必须查阅对它们的介绍.上一章讨论了不确定度的基本概念,简单的不确定度的计算和有效数字运算,在本章的力、热实验中要巩固不确定度和有效数字的应用.

学习列表和作图,练习数据处理,学会写实验报告.

尽管大部分实验工作都是进行定量测量,但是定性观察的重要性是不容忽视的.定性观察,往往会加深你所研究问题的物理过程的直觉的认识和获得新的见解.在实验过程中不但要记录所测到的数据,还应该记录下这些定性观察的结果,对今后是有参考价值的.在本章实验中,将观察到经典力学和热学中的一些基本现象.通过各种实验,将获得不少知识,知道如何把力学、热学的基本概念、基本原理用于分析所观察、测量的那些现象.

实验一　长度测量

长度是一个基本物理量.长度测量不仅在生产和科学实验中被广泛的使用,而且许多其他物理量也常常化为长度量进行测量,除数字显示仪器外,几乎所有测量仪器最终将转换为长度进行读数.例如,水银温度计是用水银柱面的位置来读取温度的;电压表或电流表是利用指针在表面刻度盘上移过的弧长来读数的.因此,长度测量是一切测量的基础.掌握长度测量方法显得十分重要.物理实验中常用的长度测量仪器是米尺、游标卡尺、螺旋测微计(千分尺)、读数显微镜等.通常用量程和分度值表示这些仪器的规格.量程是测量范围,分度值是仪器所标示的最小分划单位,仪器的最小读数.分度值的大小反映仪器的精密程度,分度值越小,仪器越精密,仪器的误差相应也越小.学习使用这些仪器,应该掌握它们的构造原理、规格性能、读数方法、使用规则及维护知识等.

在精度要求不太高的情况下,通常用木质米尺或塑料米尺来测量长度.米尺的分度值为1mm.因此,用米尺测量长度时,可以准确读到毫米这一位,毫米以下的一位要凭视力估计.

(一) 游标卡尺

在测量微小长度或精度要求较高的情况下,米尺不能满足要求,一般采用游标卡尺.游标卡尺是常用的测量仪器,它可以测量物体的长度、深度、圆环的内径和外径等.

它的游标读数方法，被其他许多非长度测量的仪器所采用，如福廷气压计、电位差计、分光计等.

［**学习要求**］

1. 了解游标的读数原理；
2. 学会使用游标卡尺；
3. 练习有效数字的运算和不确定度的计算.

［**实验目的**］

测空心圆柱体的体积.

［**实验原理**］

游标卡尺由主尺和游标组成，外形如图 2-1 所示. 主尺 D 与量爪 A、A' 相联，游标 E 与量爪 B、B' 及深度尺 C 相联，游标可紧贴着主尺滑动. 量爪 A、B 用来测量厚度和外径，量爪 A'、B' 用来测量内径，深度尺 C 用来测量槽或孔的深度. 当 A 和 B、A' 和 B' 靠扰时（此时深度尺恰被主尺端遮住），游标 0 线与主尺 0 线对齐，这时的读数是“0”. 测量时，两个 0 线之间的距离等于所测的长度. F 为固定螺钉.

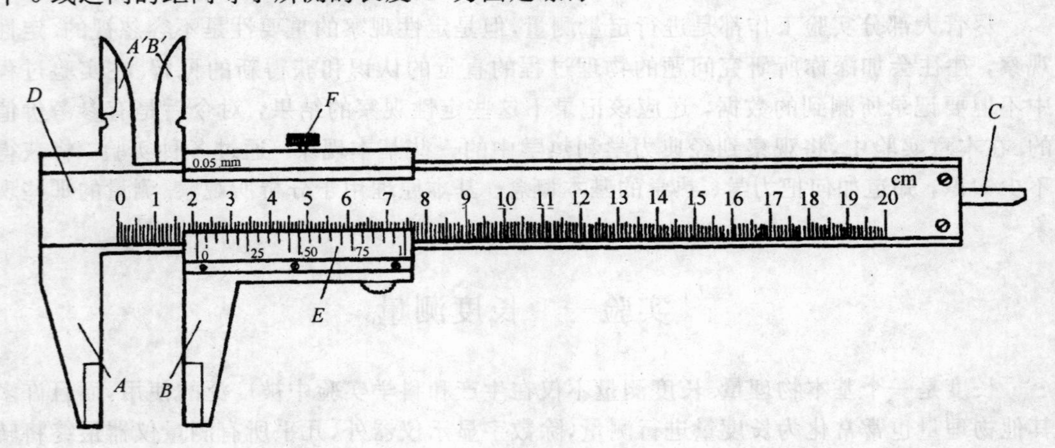

图 2-1 游标卡尺

下面介绍游标尺的读数原理. 游标的分度对不同的游标可能不相同，但是有其共同的特点：游标上 m 个分度的总长与主尺上 $(vm-1)$ 个分度的总长相等. 即

$$mb=(vm-1)a \tag{2-1}$$

式中 a 代表主尺上一个分度的长度. b 代表游标上一个分度的长度，v 代表模数；有的游标尺 $v=1$，表示主尺上一个分度与游标上一个分度相当；有的游尺 $v=2$，表示主尺上两个分度与游标上一个分度相当. 由(2-1)式可得

$$\delta=va-b=\frac{a}{m} \tag{2-2}$$

δ 称为游标的最小读数，即准确度，它是主尺上一个(或两个)分度与游标上一个分度的长度差，这个差值刚好等于游标的分度数 m 除主尺一个分度的长度 a，主尺的一个分度

的长度为 1mm，如果游标的分度数 $m=10$，则游标的最小读数(分度值)为 1/10 mm，这种游标卡尺称十分游标卡尺. 如果 $m=20$，则最小读数为 1/20 mm＝0.05 mm，称为 20 分游标卡尺. 还有一种常用的 50 分游标卡尺，$m=50$，最小读数为 1/50 mm＝0.02 mm.

测量时，根据游标"0"线所对主尺的位置，如图 2-2 所示，可在主尺上读出毫米位的准确数，毫米以下的尾数由游标读出. 用游标卡尺测长度 L 的普遍表达式为

$$L=Ka+n\delta \tag{2-3}$$

式中 K 是游标的 "0" 线所在处主尺上刻度的整毫米数，n 是游标的第 n 条线与主尺的某一条线重合. 第二项 $n\delta$ 就是从游标读出的毫米以下的尾数. 图中所示读数为 4.040cm.

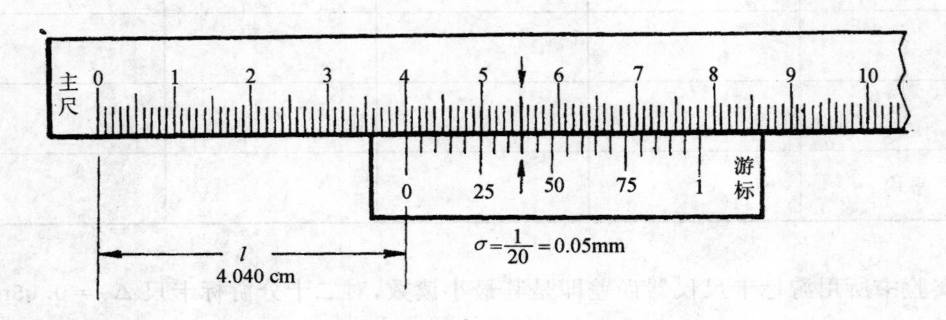

图 2-2 读数原理

用游标卡尺测量之前，应先把量爪 A、B 合拢，检查游标的"0"线和主尺的"0"线是否重合. 如果不重合，应记下零点读数，予以修正.

游标卡尺是常用的精密量具，使用时要注意维护. 测量时轻轻把物体卡住即可读数，切忌被夹紧的物体在卡口内拉动，要保护量爪不被磨损. 用完以后，应立即放回盒内，保持它的准确度，延长使用的期限.

用游标卡尺测出空心圆柱体的外径 D、内径 d、高 H、孔深 h(图 2-3).

空心圆柱体的体积为

$$V=\frac{\pi}{4}(D^2H-d^2h) \tag{2-4}$$

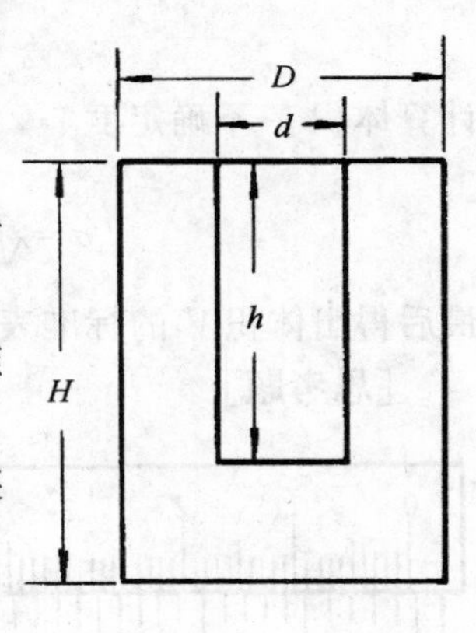

图 2-3 空心圆柱体

［**实验内容**］

1. 检查游标尺，看游标尺是否有不妥之处. 调整游标尺使其能顺利工作. 如果有零差，必须记下零差，游标的读数应减去此零差.

2. 测样品的外径 D、内径 d、高 H、孔深 h 各 10 次以上，记入表中.

3. 严格按有效数字运算，计算出样品的体积，计算出体积的不确定度，写出体积的标准形式，主要计算过程要写入实验报告.

［记录与计算］

测量样品：　　　　　　　　　　　　　　游标最小读数：

次数	外径 D (cm)	内径 d (cm)	柱高 H (cm)	孔深 h (cm)
1				
2				
3				
⋮				
平均				

实验中所用游标卡尺仪器误差即是其最小读数，对二十分游标卡尺 $\Delta_{仪}=0.05\text{mm}$，对五十分游标卡尺 $\Delta_{仪}=0.02\text{mm}$. D,d,H,h 的不确定度 $\sigma_D=\sqrt{S_D^2+\Delta_{仪}^2}$，$\sigma_d=\sqrt{S_d^2+\Delta_{仪}^2}$，$\sigma_H=\sqrt{S_H^2+\Delta_{仪}^2}$，$\sigma_h=\sqrt{S_h^2+\Delta_{仪}^2}$，$D=\bar{D}\pm\sigma_D,d=\bar{d}\pm\sigma_d,H=\bar{H}\pm\sigma_H,h=\bar{h}\pm\sigma_h$

$$V=\frac{\pi}{4}(D^2H-d^2h)$$

计算体积 V 不确定度

$$\sigma=\sqrt{\left(\frac{\partial V}{\partial D}\right)^2\sigma_D^2+\left(\frac{\partial V}{\partial H}\right)^2\sigma_H^2+\left(\frac{\partial V}{\partial d}\right)^2\sigma_d^2+\left(\frac{\partial V}{\partial h}\right)^2\sigma_h^2}$$

最后得出体积 V 的标准表达式 $V=\bar{V}\pm\sigma$

［思考题］

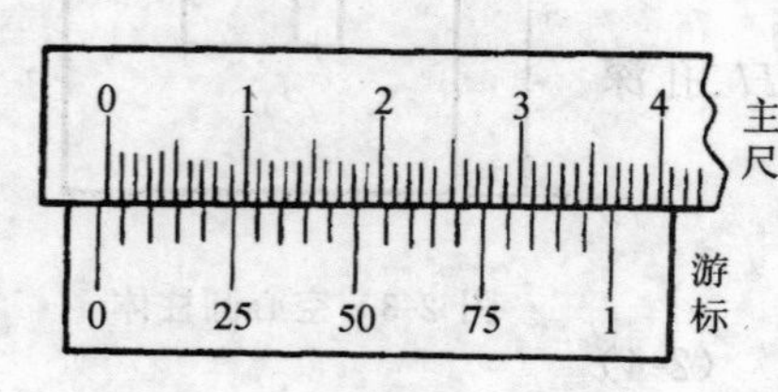

图 2-4　游标的零差数

1. 游标卡尺的精度未变，但 A、B 刀口合拢时，游标的“0”线与主尺的“0”线没有对齐，如图 2-4 所示. 当测量某物体长度的读数为 125.20mm 时，其实际长度为多少？

2. 已知游标卡尺的最小分度值为 0.01mm，其主尺的最小分度为 0.5mm，试问游标的分度数（格数）为多少，以毫米为单位，游标的总长度可能取哪些值？

3. 量角器的最小刻度只有半度，现在打算用游标将其精度提高到 1 分，问游标应该怎样刻度？画出示意图说明刻度情况.

（二）螺旋测微计

螺旋测微计，又称千分尺，它是比游标卡尺更精密的长度测量仪器.

［学习要求］

1. 了解螺旋测微原理；

2. 掌握螺旋测微计的读数方法；

3. 进一步熟悉有效数字的运算和不确定度的计算.

［实验目的］

测小球和圆柱体的体积.

［实验原理］

螺旋测微计(千分尺)结构的主要部分是一个装在架子上的精密螺杆，如图 2-5 所示，测微螺杆在主尺 A 的内部，套筒 D 套在主尺 A 外与测微螺杆相连. D 转一圈，测微螺杆也转一周，前进或后退一个螺距(0.5 mm). 套筒边缘 d 均匀刻成 50 分格，称为螺尺. 螺尺每转过一个分格，螺杆就前进或后退 $\delta=\frac{0.5}{50}$ mm $=0.01$ mm，即螺旋测微计的准确度(最小读数)为 0.01 mm，测量时可估计$\frac{1}{10}$分度值，即$\frac{1}{1000}$ mm，K 是制动开关，可使螺杆制动. 一般螺旋测微计的量程为 0～50 mm.

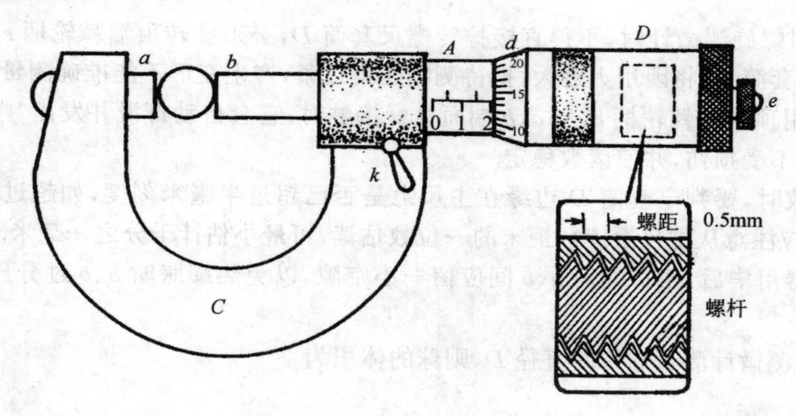

图 2-5　螺旋测微计

测量时，应轻轻转动棘轮旋柄 e(也叫摩擦帽)，推动螺旋杆前进，把待测物体刚好夹住. 读数时，先由主尺毫米刻度线读出毫米读数，若露出半毫米刻度线，应增加 0.5 mm，剩余尾数由螺尺读出. 如图 2-6(a)和(b)，其读数分别为 5.740 mm，3.019 mm.

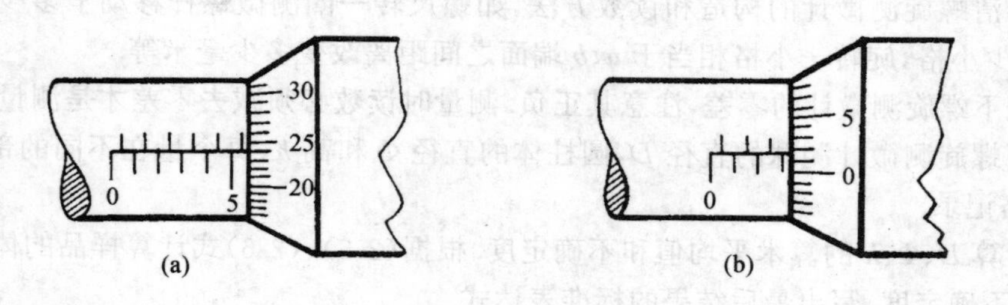

图 2-6　螺旋测微计读数

螺旋测微计是精密仪器，使用时必须注意以下几点：

1. 测量前，记录螺旋测微计的零点读数(零差). 零点读数就是 a、b 端面刚好接触时，螺尺的“0”线一般没有与主尺的横线对齐，而显示某一读数，这个读数称为零点读数(或零差). 如图 2-7 所示，顺刻度序列的零差为正值，逆刻度线序列的零差为负值. 测量时，螺旋测微计的读数减去零差，即得测量的长度.

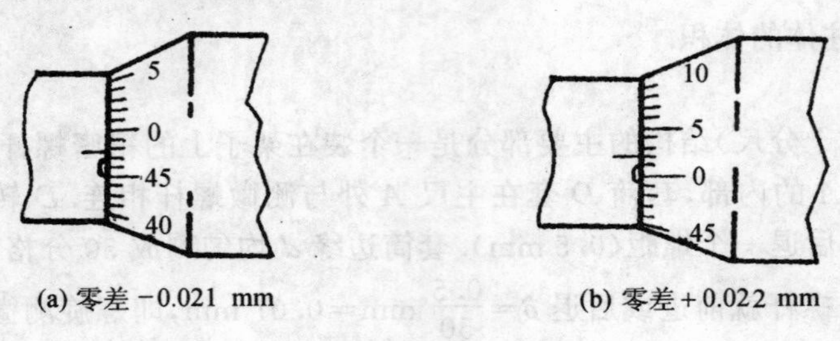

图 2-7 螺旋测微计零差读数

2. 使用螺旋测微计时，不得直接拧转螺尺套筒 D，必须旋转顶端棘轮柄 e(摩擦帽)：若直接拧转套筒 D，将因用力过大，把待测物压得过紧，产生变形不能准确测量，损坏精密的螺纹. 利用顶端的棘轮柄 e，当 a、b 端面良好接触时，它会自动打滑并发出“啪啪”声音，以保护螺纹不受损伤，并使读数稳定.

3. 读数时，要判定套筒 D 边缘在主尺上是否已超过半毫米刻度，如超过，读数应加 0.5mm. 还应注意从螺尺上读数最末的一位数估读，可最小估计千分之一毫米.

4. 仪器用毕后，钳口端面 a、b 间应留一小空隙，以免热膨胀时 a、b 过分压紧而损坏螺纹.

用螺旋测微计测量球体的直径 D，则球的体积为

$$V_{球}=\frac{\pi}{6}D^3 \tag{2-5}$$

测得圆柱体的直径 Φ 和高 h，则其体积为

$$V_{柱}=\frac{\pi}{4}\Phi^2 h \tag{2-6}$$

[实验内容]

1. 弄清螺旋测微计的构造和读数方法，如螺尺转一圈测微螺杆移动了多少毫米，螺尺上有多少小格，旋转一小格相当于 a、b 端面之间距离改变多少毫米等.

2. 记下螺旋测微计的零差，注意其正负. 测量时读数必须减去零差才是测量的长度.

3. 用螺旋测微计测球的直径 D，圆柱体的直径 Φ 和高 h，每个量在不同的部位测 10 次，用表格记录.

4. 计算 D、Φ、h 的算术平均值和不确定度. 根据(2-5)、(2-6)式计算样品的体积，并计算出体积不确定度，写出最后结果的标准表达式.

[记录与计算]

螺旋测微计零差=　　　　　　　　　　　　　　mm

次 数	钢　球		圆　柱			
	直径 D (mm)	ΔD_i (mm)	直径 Φ (mm)	$\Delta\Phi_i$ (mm)	高 h (mm)	Δh (mm)
1						
2						
3						
4						
5						
6						
7						
8						
9						
10						
平均						

千分尺仪器误差为 0.005mm，即 $\Delta_{仪}=0.005\text{mm}$

$\sigma_D=\sqrt{S_D^2+\Delta_{仪}^2}$，　　　　则　$D=(\overline{D}-零差)\pm\sigma_D$

$\sigma_\Phi=\sqrt{S_\Phi^2+\Delta_{仪}^2}$，　　　　则　$\Phi=(\overline{\Phi}-零差)\pm\sigma_\Phi$

$\sigma_h=\sqrt{S_h^2+\Delta_{仪}^2}$，　　　　则　$D=(\overline{h}-零差)\pm\sigma_h$

球体体积及其不确定度的计算

$$V_{球}=\frac{\pi}{6}D^3$$

$$\sigma_{球}=\left|\frac{dV}{dD}\right|\sigma_D=\frac{\pi}{2}D^2\sigma_D$$

$$V_{球}=V_{球}\pm\sigma_{球}$$

或者先算出相对不确定度　$E_{球}=3E_D=3\,\dfrac{\sigma_D}{D}$

则

$$\sigma_{球}=VE_{球}=\frac{\pi}{6}D^3\times3\,\frac{\sigma_D}{D}=\frac{\pi}{2}D^2\sigma_D$$

$$V_{球}=V_{球}\pm\sigma_{球}$$

圆柱体积及其不确定度的计算

$$V_{柱}=\frac{\pi}{4}\Phi^2 h$$

$$V_{柱}=\sqrt{\left(\frac{\partial V_{柱}}{\partial \Phi}\right)^2\sigma_{\Phi}^2+\left(\frac{\partial V_{柱}}{\partial h}\right)^2\sigma_h^2}$$

$$V_{柱}=V_{柱}\pm\sigma_{柱}$$

或者先算出相对不确定度 $E_{柱}=\sqrt{(2E_{\Phi})^2+E_h^2}$

$$\sigma_{柱}=V_{柱}E_{柱}$$

$$V_{柱}=V_{柱}\pm\sigma_{柱}$$

[思考题]

1. 使用螺旋测微计时，为什么不可直接转动套筒 D？摩擦帽(棘轮)是作什么用的？

2. 如果一螺旋测微计，螺距为 0.5 mm，螺尺上刻有 100 个分格，问这个螺旋测微计的准确度是多少？

3. 一个物体长度约 2 cm，若用米尺、游标卡尺、螺旋测微计测量，问分别能读出几位有效数字？

4. 测定一块长约 30 cm、宽约 5 cm、厚约 2 mm 的金属板的体积，欲使测量结果为 4 位有效数，应当如何选择测量仪器，为什么？

实验二　物体的密度测定

密度是物体的基本属性之一，各种物质具有确定的密度值，它与物质的纯度有关. 工业上常通过物质的密度测定来作成份分析和纯度鉴定. 本实验使用流体静力称衡法来测量物体的密度.

[学习要求]

1. 了解物理天平的构造，掌握物理天平的调节使用方法；
2. 掌握用流体静力称衡法测定固体的密度；
3. 理解如何用易测量代替不易测准的量.

[实验目的]

1. 测定规则物体的密度；
2. 用流体静力称衡法测量形状不规则固体的密度；
3. 测定液体(酒精)的密度.

[实验仪器]

物理天平，温度计，比重瓶，烧杯，小毛巾，游标卡尺，螺旋测微计和待测样品.

[实验原理]

若物体的质量是 m，体积是 V，密度为 ρ 则有

$$\rho=\frac{m}{V} \tag{2-7}$$

1. 物理天平测量规则形状物体的密度.

先用量具测量规则形状物体(铜柱)的体积 V,再用天平测量该物体的质量 m. 利用密度定义式:$\rho=\frac{m}{V}$计算出密度. 试样为规则的铜柱体,体积可由公式 $V=\frac{1}{4}\pi d^2\cdot h$ 算出.

2. 物理天平测量不规则形状物体的密度,主要是利用流体静力称衡原理.

测不规则形状物体的密度(密度大于水),首先在空气中称得物体质量为 m_1,浸没在水中质量为 m_2,如图 2-8(a)所示.

根据阿基米德浮力原理,物体受到的浮力等于物体完全浸没于水中所减轻的重量,即

$$V\rho_0 g=m_1 g-m_2 g$$

式中 ρ_0 为水的密度,V 为物体排开水的体积,也即是待测物体的体积,由此可得

$$V=\frac{m_1-m_2}{\rho_0}$$

因此可以导出不规则形状物体的密度计算公式:

$$\rho=\frac{m_1}{V}=\frac{m_1}{m_1-m_2}\rho_0 \tag{2-8}$$

这种方法实质上是用易测的质量代替体积的测量.

3. 测量不规则形状物体(密度小于水)的密度.

仍然根据流体静力称衡原理. 关键问题是解决测量过程中,如何使物体保持完全浸没于水中. 按照图 2-8(b)所示,先将物体悬挂于空气中称衡得质量为 m_1,然后将该物体与配重金属物拴在一起,使配重物完全浸没于水中称得质量为 m_2,最后将配重物和待测物一道完全浸没于水中,称衡得 m_3. 待测物(如石蜡)浸没于水中所受到的浮力为 $V\rho_0 g=m_2 g-m_3 g$.

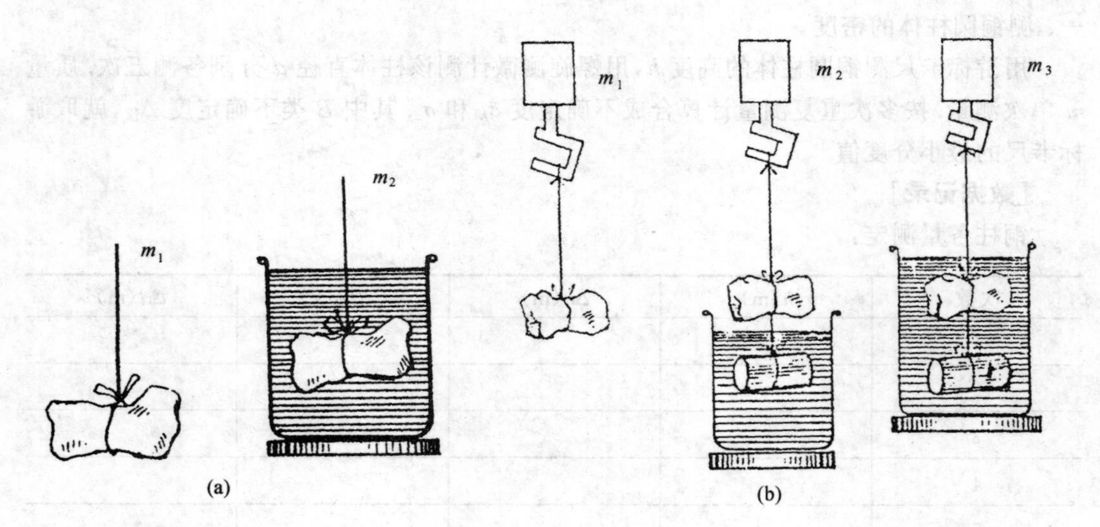

图 2-8 流体静力称衡

同上原理，待测物体体积 V 为 $V=\frac{m_2-m_3}{\rho_0}$，待测物体密度 $\rho=\frac{m_1}{m_2-m_3}\rho_0$.

4. 用比重瓶法测液体的密度.

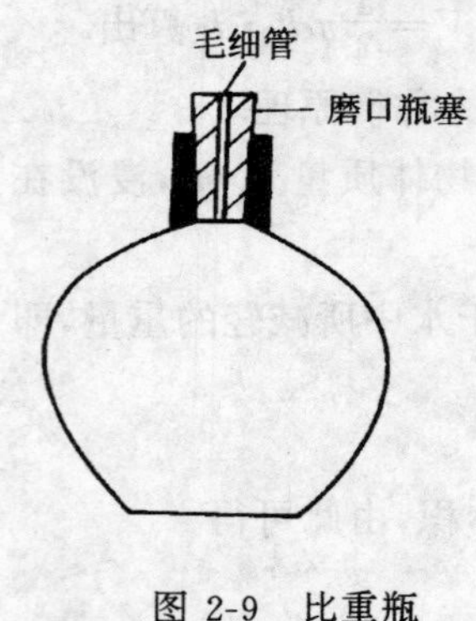

图 2-9 比重瓶

实验所用比重瓶如图 2-9 所示，在比重瓶注满液体后，用中间有毛细管的玻璃塞子塞住，则多余的液体就会通过毛细管流出来，这时瓶内盛有固定体积的液体.

若用比重瓶法测量液体的密度，先把比重瓶洗干净，烘干，称出空瓶质量 m_0，再分两次将同温度的待测液体和纯水注满比重瓶，分别称出待测液体和比重瓶的总质量 m_2'，以及纯水和比重瓶的总质量 m_1'，因此，待测液体的质量为 $m_2'-m_0$，同体积纯水的质量为 $m_1'-m_0$，而待测液体的体积为 $V=\frac{m_1'-m_0}{\rho_水}$，由定义待测液体的密度为

$$\rho'=\frac{m_2'-m_0}{V}=\frac{m_2'-m_0}{m_1'-m_0}\rho_水 \tag{2-9}$$

比重瓶法也可以测量不溶于水的小颗粒固体的密度 ρ，可以依次称出小颗粒固体的质量 m_3，盛纯水后比重瓶和纯水的总质量为 m_1，以及在装满纯水的瓶内投入小颗粒固体后的总质量为 m_4，显然被测小颗粒固体排出比重瓶的水的质量为 $m_1+m_3-m_4$，排出水的体积就是质量为 m_3 的小颗粒固体的体积，所以，被测小颗粒固体的密度为

$$\rho=\frac{m_3}{m_1+m_3-m_4}\cdot\rho_水 \tag{2-10}$$

[实验内容]

首先熟悉物理天平的结构(见附录)按操作步骤调节好天平，按天平的使用方法称出物体的质量.

一、测铜圆柱体的密度

用游标卡尺测铜圆柱体的高度 h，用螺旋测微计测该柱体直径 d 分别各测五次. 质量 m 单次测量. 按多次重复测量计算合成不确定度 σ_h 和 σ_d. 其中 B 类不确定度 $\Delta_仪$，就取游标卡尺的最小分度值.

[数据记录]

铜柱各量测定：

次数	h(m)	Δh(m)	d(m)	Δd(m)
1				
2				
3				
4				
5				
平均				

$m=(\quad)\pm 0.05\ (10^{-3}\mathrm{kg})$

$S_h=\sqrt{\dfrac{\sum\limits_{i=1}^{n}\Delta h_i^2}{n-1}}$ $\qquad\Delta_h=0.05\times 10^{-3}(\mathrm{m})$

$\sigma_h=\sqrt{S_h^2+\Delta_h^2}$ $\qquad h\pm\sigma_h=$

$S_d=\sqrt{\dfrac{\sum\limits_{i=1}^{n}(d_i-\overline{d})^2}{n-1}}$ $\qquad\Delta_d=0.005\times 10^{-3}(\mathrm{m})$

$\sigma_d=\sqrt{S_d^2+\Delta_d^2}$ $\qquad d\pm\sigma_d=$

$\rho=\dfrac{4m}{\pi d^2 h}=$ $\qquad(\mathrm{kg/m^3})$

密度的相对不确定度：

$$E_\rho=\sqrt{\left(\frac{\sigma_m}{m}\right)^2+\left(\frac{2\sigma_d}{d}\right)^2+\left(\frac{\sigma_h}{h}\right)^2}$$

密度间接测量结果的合成不确定度：

$$\sigma_\rho=\rho\cdot E_\rho \qquad (\mathrm{kg/m^3})$$

密度测量结果标准表达式：

$$\rho\pm\sigma_\rho= \qquad (\mathrm{kg/m^3})$$

二、测不规则物体玻璃块的密度

用天平分别称出玻璃块在空气中的质量 m_1 浸没水中后的质量 m_2 代入(2-8)式算出玻璃块的密度.

三、测液体酒精的密度

1. 用静力称衡法

将(二)中的玻璃块(已分别在空气中和水中称得质量为 m_1 和 m_2，$V=\dfrac{m_1-m_2}{\rho_{水}}$)再浸入酒精中称得质量为 m_3，则有：$V=\dfrac{m_1-m_3}{\rho_{酒}}=\dfrac{m_1-m_2}{\rho_{水}}$(玻璃块体积相等). 所以 $\rho_{酒}=\dfrac{m_1-m_3}{m_1-m_2}\rho_{水}$，将数据代入即可求得酒精的密度.

2. 用比重瓶法

用天平分别称出空比重瓶的质量 m_0，瓶和纯水的质量 m_1' 以及瓶和酒精的质量 m_2'，将数据代入(2-9)式可算出酒精的密度. 以上质量均作单次测量并用仪器误差作为测量误差.

［数据记录］

质量测定　　　　单位：kg

玻璃块			比重瓶		
空气中 m_1	水中 m_2	酒精中 m_3	空瓶 m_0	瓶＋水　m_1'	酒精＋瓶　m_2'

天平感量______ kg　　　　天平最大称量______ kg

环境温度______℃　　　　水的密度：$\rho_0=$______ kg/m^3

$m_1 \pm 0.05=$　　　　$m_0 \pm 0.05=$

$m_2 \pm 0.05=$　　　　$m_1' \pm 0.05=$

$m_3 \pm 0.05=$　　　　$m_2' \pm 0.05=$

不规则固体（玻璃块）密度测定

$$\rho=\frac{m_1}{m_1-m_2}\rho_0=(\quad)kg/m^3$$

相对合成不确定度：

$$E_\rho=\sqrt{\left(\frac{1}{m_1}-\frac{1}{m_1-m_2}\right)^2\sigma_{m_1}^2+\left(\frac{1}{m_1-m_2}\right)^2\sigma_{m_2}^2}$$

总量的合成不确定度：

$$\sigma_\rho=\rho\cdot E_\rho \qquad kg/m^3$$

测量结果的标准式：

$$\rho\pm\sigma_\rho= \qquad kg/m^3$$

用比重瓶法测酒精的密度

$$\rho_{酒}=\frac{m_2'-m_0}{m_1'-m_0}\rho_{水} \qquad kg/m^3$$

酒精间接测量相对合成不确定度：

$$E_\rho=\sqrt{\left(\frac{1}{m_2'-m_0}\right)^2\sigma_{m_2'}^2+\left(\frac{1}{m_1'-m_0}\right)^2\sigma_{m_1'}^2+\left(\frac{1}{m_2'-m_0}-\frac{1}{m_1'-m_0}\right)^2\sigma_{m_0}^2}$$

总量的合成不确定度：

$$\sigma_\rho=\rho_{酒}\cdot E_\rho$$

写出测量结果的标准表达式：$\rho_{酒}\pm\sigma_\rho$

[思考题]

物理天平的两臂如果不相等，砝码是标准的，应该怎样称衡才能消除不等臂对测量结果的影响？

[附录] 物理天平的使用介绍

物理天平的构造如图 2-10 所示，在横梁上装有三角刀口 A、F_1、F_2，中间刀口 A 置于支柱顶端的玛瑙刀垫上. 作为横梁的支点. 两边刀口各悬挂秤盘 P_1、P_2. 横梁的下方固定一个指针，当横梁摆动时，指针尖端就在支柱的下方标尺前摆动. 制动旋钮可以使横梁上升或下降. 当横梁下降时，制动架就会把它托住，以免刀口磨损. 横梁两端各有一平衡螺母 B_1、B_2，用于空载调节平衡. 横梁上装有游码 D，用于 1g 以下的称衡.

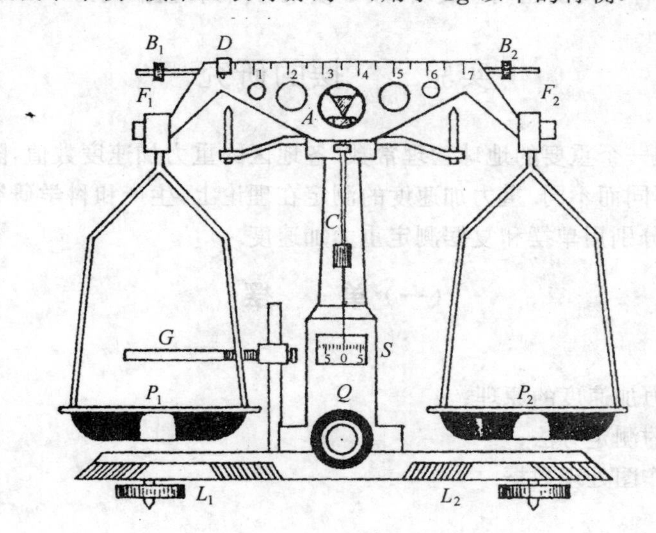

图 2-10 物理天平

物理天平的规格由最大称量和感量(或灵敏度)来表示. 最大称量是天平允许称量的最大质量. 感量就是天平的指针从标度口上零点平衡位置转过一个最小分格时，天平两秤盘上的质量差，灵敏度是感量的倒数，感量越小灵敏度就越高. 物理天平的操作步骤：

(1) 水平调节：使用天平时，首先调节天平底座下两个螺钉 L_1、L_2，使水准仪中的气泡位于圆圈线的中央位置(或使悬挂的锥尖与底座锥尖对齐).

(2) 零点调节：天平空载时，将游码拨到左端，与 0 刻度线对齐. 两端秤盘悬挂在刀口上顺时针方向旋制动旋钮 Q，启动天平，观察天平是否平衡. 当指针在刻度尺 S 上来回摆动，左右摆幅近似相等，便可认为天平达到了平衡. 如果不平衡，反时针方向旋制动旋钮 Q，使天平制动，调节横梁两端的平衡螺母 B_1、B_2，再用前法判断平衡，直至达到空载平衡为止.

(3) 称衡：把待测物体放置左盘中，右盘中放置砝码，轻轻右旋制动旋钮使天平启动，观察天平向哪边倾斜；立即反向旋转制动旋钮，使天平制动，酌情增减砝码，再启动，观察天平倾斜情况. 如此反复调整，直到天平能够左右对称摆动. 然后调节游码，使天平达到平衡，此时砝码的质量就是待测物体的质量. 称衡时选用砝码应由大到小，逐个试用，直到最后利用游码使天平平衡.

天平的维护方法：

(1) 天平的负载量不得超过其最大称量，以免损坏刀口或压弯横梁.

(2) 为了避免刀口受冲击而损坏，在取放物体、取放砝码、调节平衡螺母以及不使用天平时，都必须使天平制动. 只是在判断天平是否平衡时才将天平启动. 天平启动或制动时，旋转制动旋钮动作要轻.

(3) 砝码不能用手拿取，只能用镊子夹取. 从秤盘上取下砝码后应立即放入砝码盒中.

(4) 天平的各部分以及砝码都要防锈、防腐蚀，高温物体以及腐蚀性的化学药品不得直接放在盘内称衡.

(5) 称衡完毕将制动旋钮向左旋转，放下横梁，并将秤盘摘离刀口.

实验三　摆的研究

重力加速度是一个重要的地球物理常数. 各地区的重力加速度数值，随该地区的地理纬度和海拔高度不同而不同. 重力加速度的测定在理论上，生产和科学研究中都具有很重要的意义，本实验分别用单摆和复摆测定重力加速度.

(一) 单　摆

[**学习要求**]

1. 了解测重力加速度的原理；
2. 掌握周期的测定方法；
3. 练习坐标作图处理数据.

[**实验目的**]

1. 利用单摆测重力加速度；
2. 验证单摆的摆长与周期的关系.

[**实验仪器**]

单摆实验装置一套，米尺，游标卡尺，电子秒表(或数字毫秒计).

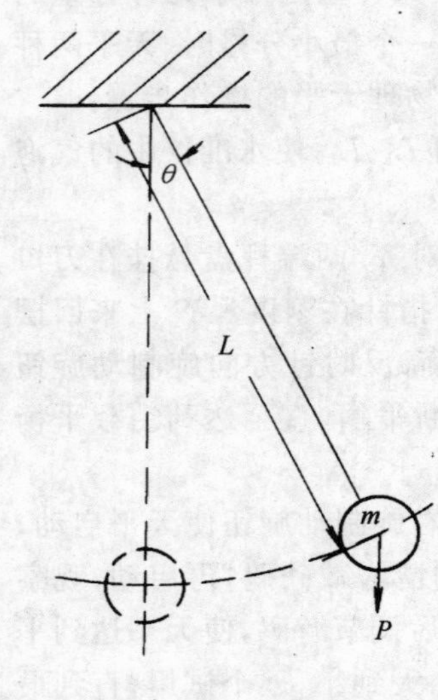

图 2-11　单摆

[**实验原理**]

一根长为 L 不能伸缩的细线，上端固定，下端悬挂一质量为 m 的小球，设细线质量比小球质量小很多，可以将小球当作质点，将小球略微推动后，小球在重力作用下可在竖直平面内来回摆动，这种装置称为单摆，如图 2-11 所示.

单摆往返摆动一次所需要的时间称为单摆的周期，可以证明，当摆幅很小时，单摆周期 T 满足以下公式：

$$T=2\pi\sqrt{\frac{L}{g}} \tag{2-11}$$

式中单摆的摆长 L 是从上端悬点到小球球心的距离，g 是当地的重力加速度. 如果我们测出单摆的摆长和周期 T，根据(2-

11)式可导得：

$$g=\frac{4\pi^2}{T^2}\cdot L \tag{2-12}$$

就可以计算出重力加速度 g. 这是粗略测量重力加速度的一个简便方法.

上述单摆测量 g 的方法依据的理论公式是(2-11)式. 这个公式的成立是有条件的，否则将使测量产生如下系统误差：

(1) 单摆的摆角应很小，如果摆角 $\theta>5°$，根据振动理论，周期不仅与摆长 L 有关，而且与摆动的角振幅 θ_m 有关，其公式为

$$T=2\pi\sqrt{\frac{L}{g}}\left(1+\frac{1}{4}\sin^2\frac{\theta_m}{2}+\cdots\right) \tag{2-13}$$

(2) 悬线质量 m_0 应远小于摆球的质量 m，摆球的半径 r 应远小于摆长 L，实际上任何一个单摆都不是理想的，由理论可以证明，此时考虑上述因素的影响，其摆动周期为

$$T=2\pi\sqrt{\frac{L}{g}}\cdot\left[\frac{1+\frac{2r^2}{5L^2}+\frac{m_0}{3m}\left(1-\frac{2r}{L}+\frac{r^2}{L^2}\right)}{1+\frac{m_0}{2m}\left(1-\frac{r}{L}\right)}\right]^{1/2} \tag{2-14}$$

(3) 如果考虑空气的浮力，则周期应为

$$T=T_0\left(1+\frac{\rho_{空气}}{2\rho_{摆球}}\right) \tag{2-15}$$

式中 T_0 是同一单摆在真空中的摆动周期，$\rho_{空气}$是空气的密度，$\rho_{摆球}$是摆球的密度，由(2-15)式可知单摆周期并非与摆球材料无关，当摆球密度很小时影响较大.

(4) 忽略了空气的粘滞阻力及其他因素引起的摩擦力，实际上单摆摆动时，由于存在这些摩擦阻力，使单摆不是作简谐振动而是作阻尼振动，使周期增大.

上述四种因素带来的误差都是系统误差，均来自理论公式所要求的条件在实验中未能很好地满足，因此属于理论方法误差. 此外，使用的仪器如停表，米尺也会带来仪器误差.

［**实验内容**］

1. 测量摆长

摆长是从单摆的悬点到摆球中心的长度，用米尺测量单摆上悬挂点到下悬挂点的长度 l，用游标尺测定摆球的直径 D. 故摆长为

$$L=l+\frac{D}{2} \tag{2-16}$$

改变 l，即可改变摆长，方便时也可以直接测得 L.

2. 测量摆动周期：

为了减小系统误差，应保证摆角小于 5°，当摆长约 1m 时，摆球离开平衡位置的位移应小于 8～7cm.

略微移动小球使单摆摆动，当摆动稳定后开始计时，摆球通过平衡位置(即摆球速度

最大)时，开始按动停表，计数 30 个周期以及相应摆动的总时间 t，则周期 $T=t/30$，重复测量五次，列表记录数据：

次数	周期数(n)	t (s)	周期 $T=t/n$ (s)	ΔT (s)
1				
2				
3				
4				
5				
平均				

测量结果　$T\pm\sigma_T$　(s)

3. 计算重力加速度：

根据公式(2-12)，将 L、T 值代入，即可求得 g 的近真值：

$$g=\frac{4\pi^2}{T^2}\cdot L$$

测量结果的相对不确定度：

$$E_g=\sqrt{\left(\frac{\sigma_L}{L}\right)^2+\left(2\frac{\sigma_T}{T}\right)^2}$$

$$\sigma_g=g\cdot E_g \qquad g\pm\sigma_g=$$

4. 作 T^2-L 关系曲线图，由作图求解 g：

改变摆长 L，分别取 50.00，70.00，90.00……150.00cm，测出在不同摆长情况下的摆动周期 T，将所测数据列入表中：

L (cm)	n	t (s)	$T=t/n$ (s)	T^2(s^2)
50.00	30			
70.00	30			
90.00	30			
110.00	30			
130.00	30			
150.00	30			

按作图法要求，用坐标纸作 T^2-L 关系曲线，如果曲线是直线，求出直线的斜率：

$$K=\frac{\Delta T^2}{\Delta L} \tag{2-17}$$

由(2-12)、(2-17)两式可导得由斜率 K 求解重力加速度 g 的实验公式：

$$g=\frac{4\pi^2}{K} \tag{2-18}$$

将测量值与公认值相比较，成都市的重力加速度值为：$g_{公认}=9.79222(\mathrm{m/s^2})$，求百分偏差 B.

$$B=\frac{|g_{测}-g_{公}|}{g_{公}}\%$$

5. 作 T-θ_m 关系曲线：

取摆长为 1m，分别取不同的幅角 θ_m，测出对应的周期 $T_{测}$. 由于角度 θ_m 不容易测定，以摆球离开竖直线最大距离分别为 $X=10,15,20,25,30,35,40\mathrm{cm}$，测出相应的周期 $T_{测}$，算出幅角 $\theta_m=\sin^{-1}\frac{X}{L}$. 由于幅角较大时，衰减较显著，因此取摆幅始末的平均值作摆幅，并且减少每次测量的周期数. 根据前面公式(2-13)算出相应角度 θ_m 的周期 T(理论)值.

用表格记录数据：

摆长 $L=$　　　　cm

$X(\mathrm{cm})$	10.00	15.00	20.00	……	40.00
$\theta_m=\sin^{-1}\frac{X}{L}$					
$T_{测}(\mathrm{s})$					
$T_{测}=2\pi\sqrt{\frac{L}{g}}\left(1+\frac{1}{4}\sin^2\frac{\theta_m}{2}\right)$					

以幅角 θ_m 为横坐标，周期 $T_{测}$ 为纵坐标作($T_{测}$-θ_m)关系曲线，在同一坐标纸上作出($T_{理}$-θ_m)理论曲线，由这两条线可以看出(2-13)式与实际情况符合的程度.

［**讨论题**］

1. 为什么在摆球经平衡位置时开始计时误差最小？

2. 为什么测量周期 T 时，不直接测量往返摆动一次时的周期值？试从测量误差的角度来分析说明.

(二) 复摆测重力加速度

一个任意形状的物体，在重力作用下绕固定转轴在竖直面内作往复的摆动，这种运动是一种振动. 当摆角幅度很小时运动是一种谐振动. 对于重力加速度的测量有很多种方法，利用复摆的共轭特性，应用作图法来进行重力加速度的测量，是一种比较准确的方法.

［**学习要求**］

1. 了解谐振动的特点及参数测定；

2. 掌握如何利用复摆测重力加速度.

［实验目的］

1. 利用复摆测量重力加速度；

2. 用图解法求物理量；

3. 研究复摆的振动周期与转动轴到质心间距离的关系.

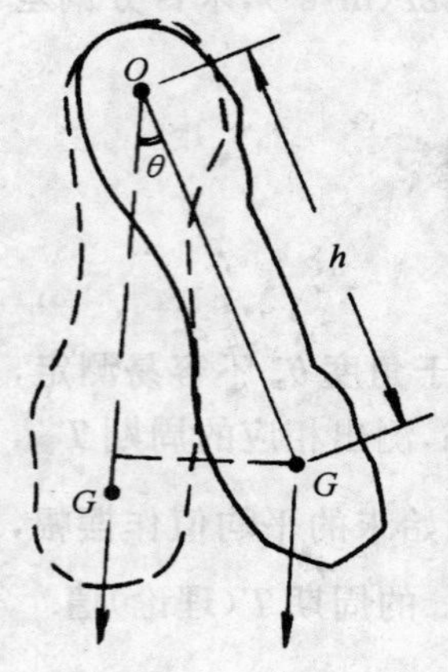

图 2-12　复摆原理图

［实验仪器］

1. J-LD23 型复摆实验仪；

2. 电子秒表(或各型数字毫秒计).

［实验原理］

一个任意形状刚体在重力作用下,在竖直面内绕一固定转轴作往复摆动,这种摆称为复摆(又叫物理摆).

如图 2-12 所示,设 G 为刚体的重心,由重心到转轴 O 的垂足距离为 $OG=h$. 刚体在摆动过程中实际上是绕转轴 O 在作转动,用 J 表示刚体对转轴 O 的转动惯量. 平衡时重心处于 G 的位置,显然 OG 连线是在铅垂竖直方向上. 使刚体离开平衡位置,OG 连线与铅垂线成 θ 角,此时刚体受到一个转动力矩的作用而发生转动,此力矩为

$$M=-mgh\cdot\sin\theta$$

其中 θ 为转动角位移,负号表示力矩的方向,它总是与角位移方向相反. 当转角很小,满足 $\theta<5°$ 时 $\sin\theta\approx\theta$,则

$$M=-mgh\theta \tag{2-19}$$

根据转动定律,转动力矩 M 应为刚体转动惯量 J 与角加速度的乘积,即

$$M=J\cdot\frac{d^2\theta}{dt^2} \tag{2-20}$$

将(2-20)式的 M 代入(2-19)式中稍加整理得

$$\frac{d^2\theta}{dt^2}=-\frac{mgh}{J}\cdot\theta \tag{2-21}$$

由(2-21)式可看出刚体运动时,其角加速度与角位移 θ 成正比并且异号,这是一种谐振动(角谐振动),根据谐振动原理,其振动的圆频率为

$$\omega=\sqrt{\frac{mgh}{J}} \tag{2-22}$$

因此复摆的振动周期为

$$T=2\pi\sqrt{\frac{J}{mgh}} \tag{2-23}$$

如果令 $\frac{J}{mh}=L'$,复摆振动周期公式变成

$$T=2\pi\sqrt{\frac{L'}{g}} \tag{2-24}$$

与单摆作简谐振动的周期计算公式非常相似,如果求得 L' 及复摆振动周期 T 就可以很方便地求出重力加速度值.

$$g=\frac{4\pi^2}{T^2}\cdot L' \tag{2-25}$$

称 $L'=\frac{J}{mh}$ 为复摆的等值单摆长(或叫等效摆长).

测定 L' 可以利用复摆的下述共轭特性:在复摆上总能找到这样两个悬点 O、O',如图 2-13 所示,这两点分别位于重心 G 的两旁并和重心在同一直线上,当 OO' 距离等于等值单摆长 L' 时,以 O 为悬点的摆动周期 T_1 和以 O' 为悬点的摆动周期 T_2 正好相等,我们称 O、O' 两点为共轭点.根据复摆这一性质,由 $T_1=T_2$ 找到 O、O' 两点后,测量其间距便求得了等值单摆长 L'.

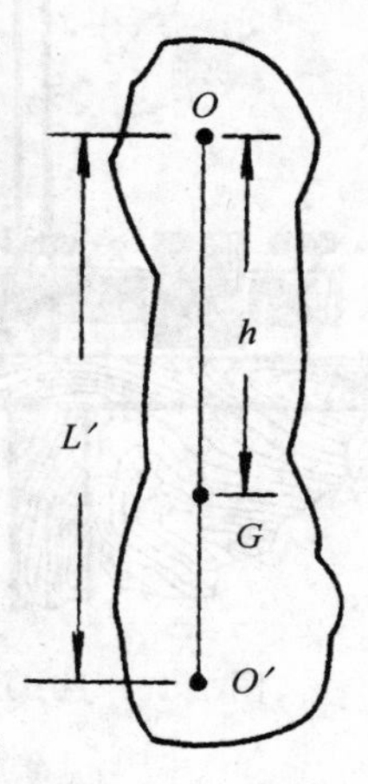

图 2-13 等值摆长示意图

如果改变转轴 O 的位置测量相应的周期,可以绘出振动周期与转轴位置之间的关系曲线,如图 2-14 所示,以横坐标 h 表示转动轴与重心间的距离,纵坐标 T 表示对应的摆动周期,所作出的 T-h 关系曲线是两条以纵坐标轴为对称的曲线.在确定周期为 T 值处画一条与水平横轴 h 平行的直线 MN,交曲线于 a、b、c、d 四点,ac 和 bd 连线相等并等于复摆在此相应周期下的等值单摆长 L'.将确定的周期 T 和相应的 L' 代入(2-25)式,求得重力加速度.

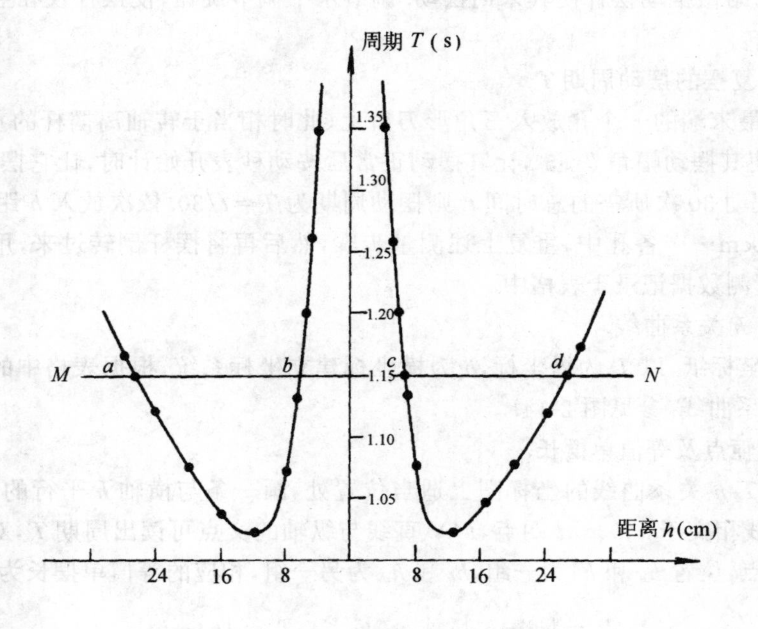

图 2-14 复摆 T-h 关系曲线

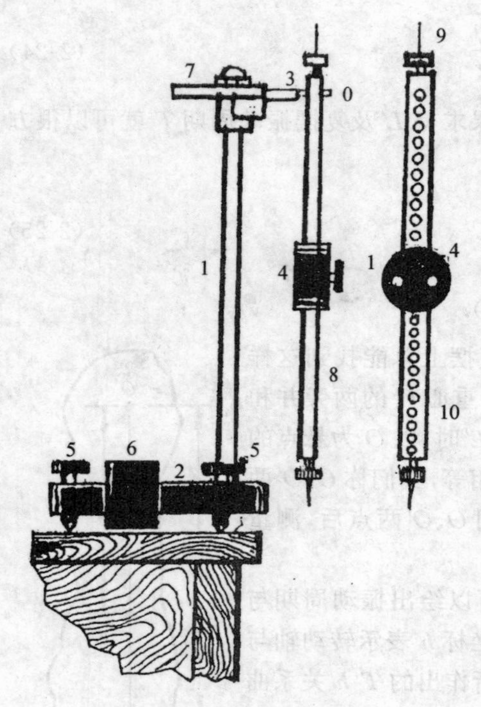

图 2-15　J-LD23 复摆测量仪

［实验装置］

J-LD23 型复摆实验仪，主要由立柱和摆杆构成，见图 2-15 所示在立柱的项端备有一个三角形的刀口 3 和一个 U 形刀承 7，(可根据实验需要选用)．为使整个仪器稳定，在 T 字形底座后部，压有一平衡铁块 6，调节水平调节旋钮 5，可以使底座保持水平，立柱保持铅直.

摆杆 8 是一条长约 60cm 的长条形金属块，在摆杆的正中心位置夹有一重锤 4．应注意：重锤的重心必须和摆杆的几何中心重合.

为在实验中研究摆动轴的位置与摆动周期的关系，摆杆上依次有 58 个圆孔 10，每个圆孔相对于摆杆中心的距离可由摆杆上的米尺刻度读出．每个圆孔都可以套在三角形的刀口上，将刀口作为转轴而摆杆由刀口支撑可以进行自由摆动．摆杆两端分别装有挡光杆 9，可以用它与各型数字毫秒计配合，测出复摆的摆动周期.

［实验内容］

1．安装和调节实验装置.

将复摆底座靠近桌子边沿放置．取下摆杆调节杆上的重锤位置，尽量使摆杆的几何中心与带重锤摆杆的重心相重合，即摆杆重心处于 $h=0$ 处．然后将摆杆挂在立柱上端的三角形刀口上，略微推动摆杆使其来回摆动．调节水平调节旋钮，使摆杆仅在竖直面内摆动而不发生扭转.

2．测量复摆的摆动周期 T.

将摆杆最末端的一个孔放入三角形刀口上(此时相当于转轴离摆杆的重心距离 $h=28.00$cm)，使其摆动幅角 $\theta<5°$，让其摆动正常后按动秒表开始计时，让它摆动 30 次停止计时，测其摆动 30 次所需的总时间 t．则摆动周期为 $T=t/30$．依次放入 h 距离为 26.00、24.00、22.00cm……各孔中，重复上述测量步骤，然后再将摆杆倒转过来，用相同方法进行测试，将所测数据记录于表格中.

3．作 T-h 关系曲线.

用直角坐标纸，以 T 为纵坐标，h 为横坐标建立坐标系统，根据表格中的数据逐点描绘出 T-h 关系曲线．参见图 2-14.

4．求共轭点及等值单摆长.

在绘有 T-h 关系曲线的坐标图上适当位置处，画一条与横轴 h 平行的直线 MN，与 T-h 关系曲线相交于 a、b、c、d 四点，MN 直线与纵轴的交点可读出周期 T，对应于周期 T 有两组共轭点，位置 h_a 和 h_c 为一组，h_b 和 h_d 为另一组，相应的等值单摆长为

$$L_1'=|h_c-h_a| \qquad L_2'=|h_d-h_b|$$

$$L'=(L_1'+L_2')/2$$

5. 求重力加速度.

(1) 将上步骤求得的 T 和 L' 代入公式(2-25),求得重力加速度 g 值. 再用相同的方法,作另外两根与横轴 h 平行的直线,与曲线相交,求得另外两组周期 T 和对应的等值单摆长 L',算得另外两组重力加速度 g 值,由于是在相同的实验条件下用同一台仪器进行的多次重复测量. 故可近似按服从统计规律的多次重复测量计算最近真值 g 和相应的标准偏差 S_g.

其测量结果:$g \pm S_g=$

(2) 将最后测量结果与公认值进行比较,同时计算测量结果与公认值之间的百分偏差 B.

成都地区的重力加速度公认值为

$$g_{公}=9.79222\ \mathrm{m/s^2}$$

$$B=\frac{|g_{测}-g_{公}|}{g_{公}}\times 100\%$$

实验结果,要求百分偏差 $B<5\%$

数据记录:

L 端 h (cm)	28.00	26.00	24.00	22.00	……	4.00
t (s)						
$T=t/30$ s						
R 端 h (cm)	−28.00	−26.00	−24.00	−22.00	……	−4.00
t (s)						
$T=t/30$ s						

重力加速度 g 的测量和不确定度的计算:

	L_1'(cm)	L_2'(cm)	L'(cm)	T (s)	$g=$ cm/s^2	$\Delta g=$ cm/s^2
1						
2						
3						
平均						

[思考题]

1. 试总结、比较、分析、说明复摆和单摆有哪些相似处? 哪些不同处?

2. 你能用什么简单办法,检测出摆杆重心位置,或带重锤的摆杆重心的准确位置?

3. 摆杆的几何中心如果不与其重心重合,会给实验结果带来什么影响? 试分析说明之?

4. 摆杆在什么位置开始记时,测得的周期 T 才最准确? 分析说明为什么?

5. 利用转动惯量的平行移轴定理，试证明以两共轭点 O、O' 为支点时，其转动周期相等.

［附录］

1. 电子秒表：是一种较精密的电子计时仪器，机芯全部采用集成电路和电子器件组成，用 6 位液晶数字显示时间. 由于它结构简单，计时精确，操作方便，是实验室里一种常用的计时测量仪器.

图 2-16　电子秒表

电子秒表的结构外形见图 2-16 所示，它是一种多功能计时仪器，除了作停表使用外，还有计时、计历功能. 可以显示时、分、秒、月、日、星期. 作秒表使用时最小测时单位为 1/100 s 即 0.01 s. 右边的 S_1 按钮为计时"启动"、"停止"按钮. 第一次按动 S_1，秒表开始计时，第二次按动 S_1 秒表停止计时. 此时液晶屏上显示出此两次按动之间的时间间隔. 读数时，小方点前的读数为"分"，小方点后的大数字是"秒"，最后两位小数字是 1/10s 和 1/100s. 如图 2-16 所示，此时读数为 50min13.04s. 按动左边的 S_2 为"复零"按钮，此时液晶显示屏上的数字全部变成"0". 重复上述步骤，可进行下一次计时测量.

使用电子秒表进行测量时，要特别注意不能与任何东西碰撞，绝对不能掉在地上. 按动 S_1、S_2 按钮不能用力过猛，以免损坏表内的弹簧触片，电子秒表绝对不能与液体接触，以免内部电路短路而损坏秒表.

2. DSY-4 型数字计时仪（数字毫秒计）：它是一种多功能的计时装置. 面板图如图 2-17 所示.

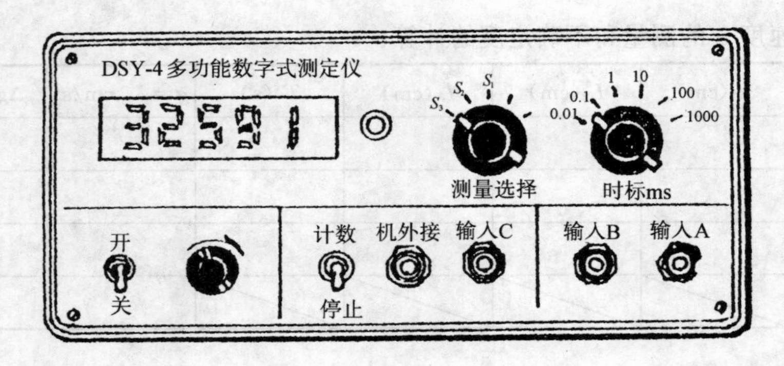

图 2-17　数字毫秒计

进行时间测量时，光控信号从"A"插孔或"B"插孔输入. 根据挡光片的形状，选择"测量选择"旋钮于所需的位置，S_1 用于测量一次遮光的总时间，S_2 用于测量第一次遮光到第二次遮光之间的时间间隔，S_3 用于测量第一次光到第三次遮光（中间第二次遮光对机器不起控制作用）之间的时间间隔，这一档经常用于测量振动运动物体的周期. 仪器的测量范围为(0～999.9s). 测时范围宽而精确,是实验常用的一种精密计时测量仪器. “显示时间”旋钮可以控制数码管显示时间的长短,到一定时间后所显示数字自动全部清“0”,“复位”按钮是手动清“0”用的,只要按动它,数码管的读数显示全部变成“0”. 该计时仪还附有“机外控制”插孔,可采用机外控制和手动控制的方式进行计数或计时的测量. 拨动开关到“计数”,又可利用从“A、B”插孔输入的光控信号进行计数测量,测量范围为 0～9900 次,另外还可以进行频率的测量,测量范围为(0～200kHz),定时控制(0～9900)×时标等多种功能.

实验四　气垫导轨实验

力学实验最困难的问题就是摩擦力对测量的影响. 气垫导轨就是为消除摩擦而设计的力学实验仪器. 它利用从导轨表面的小孔喷出的压缩空气,使导轨表面与滑块之间形成一层很薄的“气垫”,将滑块浮起. 这样滑块在导轨表面的运动几乎可以看成是“无摩擦”的. 利用滑块在气垫上的运动可以进行许多力学实验,如测定速度、加速度、验证牛顿第二运动定律和守恒定律;研究简谐振动等.

气垫导轨由导轨、滑块、光电计时系统和气源几部分组成,详细结构见附录.

(一) 速度和加速度的测量

[学习要求]

掌握气垫导轨的调整和使用.

[实验目的]

利用气垫导轨测定速度和加速度.

验证牛顿第二定律.

[实验仪器]

气垫导轨仪器全套,滑块,物理天平,MUJ-ⅡB型电脑计数器.

[实验原理]

1. 速度的测定

物体作直线运动时,平均速度为 $\bar{v}=\dfrac{\Delta x}{\Delta t}$,时间间隔 Δt 或位移 Δx 越小时,平均速度越接近某点的实际速度,取极限就得到某点的瞬时速度. 在实验中直接用定义式来测量某点的瞬时速度是不可能的,因为当 Δt 趋向零时 Δx 也同时趋向零,在测量上有具体困难. 但是在一定误差范围内,我们仍可取一很小的 Δt,及其相应的 Δx,用其平均速度来近似的代替瞬时速度.

被研究的物体(滑块)在气垫导轨上作“无摩擦阻力”的运动. 滑块上装有一个一定宽度的挡光片,当滑块经过光电门时,挡光片前沿挡光,计时仪开始计时;挡光片后沿挡光时,计时立即停止. 计数器上显示出两次挡光所间隔的时间 Δt;Δx 则是挡光片两片同侧边沿之间的宽度. 如图 2-18 所示. 由于 Δx 较小,相应的 Δt 也较小. 故可将 Δx 与 Δt 的比值看作是滑块经过光电门所在点(以指针为准)的瞬时速度.

Δx

图 2-18　挡光片

2. 加速度的测定

当滑块在水平方向上受一恒力作用时，滑块将作匀加速直线运动. 其加速度 a 由公式 $v^2-v_0^2=2a(x-x_0)$，即

$$a=\frac{v^2-v_0^2}{2(x-x_0)} \tag{2-26}$$

得到.

根据上述测量速度的方法，只要测出滑块通过第一个光电门的初速度 v_0，及第二个光电门的末速度 v，从光电门的指针可以读出 x_0 和 x，这样根据上式就可算得滑块的加速度 a.

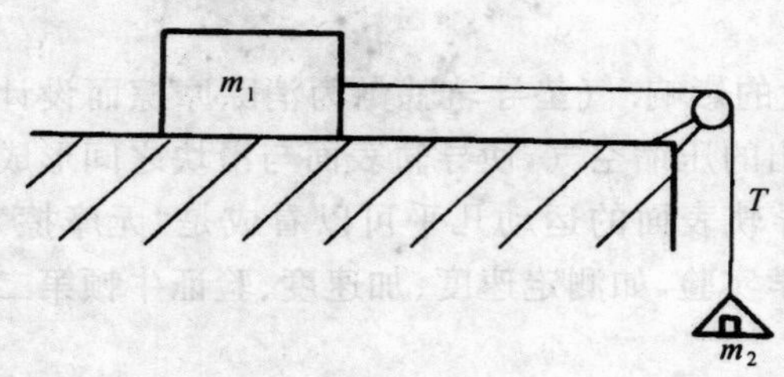

图 2-19 证明牛顿第二定律

3. 验证牛顿第二定律

牛顿第二定律是动力学的基本定律. 其内容是物体受外力作用时，物体获得的加速度的大小与合外力的大小成正比；并与物体的质量成反比.

图 2-19 中，滑块质量为 m_1，砝码盘和砝码的总质量 m_2，细线张力为 T，则有

$$\begin{cases} m_2g-T=m_2a \\ T=m_1a \end{cases}$$

合外力

$$F=m_2g=(m_1+m_2)a$$

令 $M=m_1+m_2$，则

$$F=Ma \tag{2-27}$$

由推得的公式可以看出：F 越大，加速度 a 也越大，且 $\frac{F}{a}$ 为一常量；在恒力(F 保持不变)作用下，M 大的物体，对应的加速度小，反之亦然. 由此可以验证牛顿第二定律. 其中加速度 a 由公式(2-26)求得.

［**实验内容**］

实验前要仔细阅读附录 Ⅰ、Ⅱ，弄清仪器结构和使用方法.

1. 气垫导轨的水平调节

在气垫导轨上进行实验，必须按要求先将导轨调节水平. 可按下列任一种方法调平导轨.

(1) 静态调节法：通接气源，使导轨通气良好，然后把安有挡光片的滑块轻轻置于导轨上. 观察滑块"自由"运动的情况. 若导轨不水平，滑块将向较低的一边滑动. 调节导轨一端的单脚螺钉，使滑块在导轨上保持不动或稍微左右摆动，而无定向移动，则可认为导轨已调平.

(2) 动态调节法：将两光电门分别安放在导轨某两点处，两点之间相距约 50cm(以指针为准). 打开光电计数器的电源开关，导轨通气后，滑块以某一速度滑行. 设滑块经过两

光电门的时间分别为 Δt_1 和 Δt_2. 由于空气阻力的影响，对于处于水平的导轨，滑块经过第一个光电门的时间 Δt_1 总是略小于经过第二个光电门的时间 Δt_2(即 $\Delta t_1 < \Delta t_2$). 因此，若滑块反复在导轨上运动，只要先后经过两个光电门的时间相差很小，且后者略为增加(两者相差 5%以内)，就可认为导轨已调水平. 否则根据实际情况调节导轨下面的单脚螺钉. 反复观察，直到计算左右来回运动对应的时间差($\Delta t_2 - \Delta t_1$)大体相同即可.

2. 测定速度

首先在计数器上设定挡光片的宽度. 方法是：在打开计数器电源开关后，用手指按住“转换”键，显示屏上立即显示出“1.0、3.0、5.0……”，当显示“5.0”时，立即松开手指. 实际所用挡光片宽度即已设定.

然后使滑块在导轨上运动，计数器设定在“计时”功能. 显示屏上依次显示出滑块经过光电门的时间，及滑块经过两光电门的速度 v_1 和 v_2.

3. 测量加速度

按动计数器“功能”键，将功能设定“加速度”位置.

利用图 2-19 装置. 在滑块挂钩上系一细线，绕过导轨端部的滑轮，线的另一端系上砝码盘(砝码盘和单个砝码的质量均为 $m_1 = 5\text{g}$)，估计线的长度，使砝码盘在落地前，滑块能顺利通过两光电门.

将滑块移至远离滑轮的一端，稍静置后，自由释放. 滑块在合外力 F 的作用下从静止开始，作匀加速运动. 此时计数器屏上依次显示出滑块经过光电门的速度 v_1、v_2 及加速度 a.

选定两光电门之间的距离分别为50.00、60.00、70.00cm，测量出相应的加速度. 并比较加速度是否相等，从而证明滑块是否作匀加速运动.

根据公式(2-27)，计算出加速度 a，与上述测量的 a 值比较，求百分偏差.

4. 验证牛顿第二定律

如图 2-19 安置滑块，并在滑块上加两个砝码 $2m$，将滑块移至远离滑轮一端，让它从静止开始作匀加速运动. 记录先后通过两个光电门的速度和加速度. 注意：计数器功能应设定“加速度”位置.

再将滑块上两个砝码分两次从滑块上移至砝码盘中，重复上述步骤. 验证物体质量不变时，加速度大小与合外力大小成正比.

利用同一装置，测量某质量时滑块由静止作匀加速运动时的速度，再分两次将两个加重块逐次加在滑块上，测量出对应的加速度，验证物体所受合外力不变时，加速度大小与物体质量成反比.

［**数据记录**］

1. 测量加速度数据表

$\Delta x = 5.00\text{cm}$　　$M = m_1 + m_2 =$　　g　　$a_{计} = \dfrac{m_2 g}{m_1 + m_2} =$　　cm/s^2

次数	$S_1 = 50.00$ cm			$S_2 = 60.00$ cm			$S_3 = 70.00$ cm		
	v_1 cm/s	v_2 cm/s	a_1 cm/s^2	v_1 cm/s	v_2 cm/s	a_1 cm/s^2	v_1 cm/s	v_2 cm/s	a_1 cm/s^2
1									
2									
3									

百分偏差 $B=\frac{a_{计}-\bar{a}}{\bar{a}}\times 100\%$

2. 验证加速度与合外力关系的数据表

$x-x_0=$ cm $M=m_1+2m_0+m_2=$ g

次数	$m_2=$ g			$m_2+m_0=$ g			$m_2+2m_0=$ g		
	v_1 cm/s	v_2 cm/s	a_1 cm/s²	v_1 cm/s	v_2 cm/s	a_1 cm/s²	v_1 cm/s	v_2 cm/s	a_1 cm/s²
1									
2									
3									

3. 验证加速度与质量关系的数据表

$x-x_0=$ cm $m_2=$ g m'(加重块)$=$ g

次数	$M=m_1+m_2=$ g			$M=m_1+m_2+m'=$ g			$M=m_1+m_2+2m'=$ g		
	v_1 cm/s	v_2 cm/s	a_1 cm/s²	v_1 cm/s	v_2 cm/s	a_1 cm/s²	v_1 cm/s	v_2 cm/s	a_1 cm/s²
1									
2									
3									

其余表格自拟.

[思考题]

1. 怎样调整导轨水平？能否认为滑块经过光电门的时间 $\Delta t_1=\Delta t_2$，导轨才算调平，为什么？

2. 利用图 2-19 装置验证牛顿第二定律 $F=Ma$. 其合外力 F 应指什么力；质量 M 是指哪几个物体的质量？怎样保证质量不变？

(二) 验证动量守恒定律

[实验目的]

验证碰撞过程中动量守恒和机械能守恒.

[实验仪器]

气垫导轨全套，滑块两个，MUJ-ⅡB 电脑计数器一台，物理天平.

[实验原理]

在水平气垫导轨上，两个滑块作为一个力学系统，所受合外力为零时，系统的总动量保持不变. 设两滑块的质量分别为 m_1 和 m_2. 相碰前的速度为 v_{10} 和 v_{20}，相碰后的速度为 v_1

和 v_2. 根据动量守恒定律,有

$$m_1v_{10}+m_2v_{20}=m_1v_1+m_2v_2 \tag{2-28}$$

测出两滑块的质量和碰撞前后的速度,就可验证碰撞过程中动量是否守恒.

实验分两种情况进行:

1. 弹性碰撞:两滑块的相碰端装有缓冲弹簧,它们的相互碰撞可以看作是弹性碰撞. 在碰撞过程中除了动量守恒外,它们的动能完全没有损失,也遵守机械能守恒定律,有

$$\frac{1}{2}m_1v_{10}^2+\frac{1}{2}m_2v_{20}^2=\frac{1}{2}m_1v_1^2+\frac{1}{2}m_2v_2^2 \tag{2-29}$$

(1) 若两个滑块质量相等,即 $m_1=m_2$,且令 m_2 碰前静止,即 $v_{20}=0$. 则由(2-28)(2-29)得到

$$v_1=0 \qquad v_2=v_{10}$$

即两个滑块将彼此交换速度.

(2) 若两个滑块质量不相等,即 $m_1\neq m_2$,仍令 $v_{20}=0$,则有

$$m_1v_{10}=m_1v_1+m_2v_2$$

及

$$m_1v_{10}^2=m_1v_1^2+m_2v_2^2 \tag{2-30}$$

联立可解得

$$v_1=\frac{m_1-m_2}{m_1+m_2}v_{10} \qquad v_2=\frac{2m_1}{m_1+m_2}v_{10}$$

当 $m_1>m_2$ 时,两滑块相碰后,二者沿相同的速度方向(与 v_{10} 相同)运动;当 $m_1<m_2$ 时,二者碰后运动的速度方向相反,m_1 将反向,速度应为负值.

2. 完全非弹性碰撞:将两滑块上的缓冲弹簧取去. 在滑块的相碰端装上尼龙扣. 相碰后尼龙扣将两滑块扣在一起,具有同一运动速度. 即

$$v_1=v_2=v \qquad \text{令 } v_{20}=0$$

这样(2-28)式可以简化为

$$m_1v_{10}=(m_1+m_2)v \tag{2-31}$$

所以

$$v=\frac{m_1}{m_1+m_2}v_{10}$$

当 $m_1=m_2$ 时,$v=\frac{1}{2}v_{10}$. 即两滑块扣在一起后,质量增加一倍,速度为原来的一半.

本实验就是通过验证(2-29)、(2-30)、(2-31)的正确性来验证动量守恒和机械能守恒定律.

[**实验内容**]

1. 安装好光电门，光电门指针之间的距离约 50cm. 导轨通气后，调节导轨水平，使滑块作匀速直线运动. 计数器处于正常工作状态. 设定挡光片宽度为 5.0cm. 功能设定在“碰撞”位置.

调节天平，称出两滑块的质量 m_1 和 m_2.

2. 完全非弹性碰撞

(1) 在两滑块的相碰端安置有尼龙扣，碰撞后两滑块粘在一起运动，因动量守恒，即

$$m_1 v_{10} = (m_1 + m_2) v$$

(2) 在碰撞前，将一个滑块(例如质量为 m_2)放在两光电门中间，使它静止($v_{20}=0$)，将另一个滑块(例如质量为 m_1)放在导轨的一端，轻轻将它推向 m_2 滑块，记录 v_{10}.

(3) 两滑块相碰后，它们粘在一起以速度 v 向前运动，记录挡光片通过光电门的速度 v.

(4) 按上述步骤重复数次，计算碰撞前后的动量，验证是否守恒.

可考察当 $m_1=m_2$ 的情况，重复进行.

3. 弹性碰撞

在两滑块的相碰端有缓冲弹簧，当滑块相碰时，由于缓冲弹簧发生弹性变形后恢复原状，在碰撞前后，系统的机械能近似保持不变. 仍设 $v_{20}=0$，则有

$$\frac{1}{2} m_1 v_{10}^2 = \frac{1}{2} m_1 v_1^2 + \frac{1}{2} m_2 v_2^2 \tag{2-32}$$

参照“完全非弹性碰撞”的操作方法.

选择下列三种不同情况，验证动量是否守恒.

$m_1=m_2$　　$v_{20}=0$　　两滑块碰后速度互换.

$m_1>m_2$　　$v_{20}=0$　　两滑块碰后速度同向.

$m_1<m_2$　　$v_{20}=0$　　两滑块碰后速度反向.

重复数次，数据记录于表中.

[**数据记录**]

1. 完全非弹性碰撞数据表

$m_1=$　　kg　　$m_2=$　　kg　　$v_{20}=0$

次数	碰前		碰后		百分偏差
	v_{10} (m/s)	$K_0=m_1v_{10}$ (kg·m·s^{-1})	v (m/s)	$K=(m_1+m_2)v$ (kg·m·s^{-1})	$B=\frac{K_0-K}{K_0}\times 100\%$
1					
2					
3					
4					
5					
⋮					

2. 弹性碰撞数据表

$m_1=$　　kg　　$m_2=$　　kg　　$v_{20}=0$

次数	碰前		碰后					百分偏差
	v_{10} (m/s)	$K_0=m_1v_{10}$ (kg·m·s^{-1})	v_1 (m/s)	$K_1=m_1v_1$ (kg·m·s^{-1})	v_2 (m/s)	$K_2=m_2v_2$ (kg·m·s^{-1})	$K=K_1+K_2$	$B=\frac{K_0-K}{K_0}\times 100\%$
1								
2								
3								
4								
5								
⋮								

注意：若 $K_0<K$ 为不合理数据，应当剔除．想一想为什么？

［思考题］

1. 为了验证动量守恒，在本实验操作上如何来保证实验条件，减少测量误差．

2. 为了使滑块在气垫导轨上匀速运动，是否应调节导轨完全水平？应怎样调节才能使滑块受到的合外力近似等于零？

［附录 1］ 气垫导轨

气垫导轨仪器由导轨、滑块、光电转换系统和气源几部分组成．气垫导轨的整体结构如图 2-20 所示．

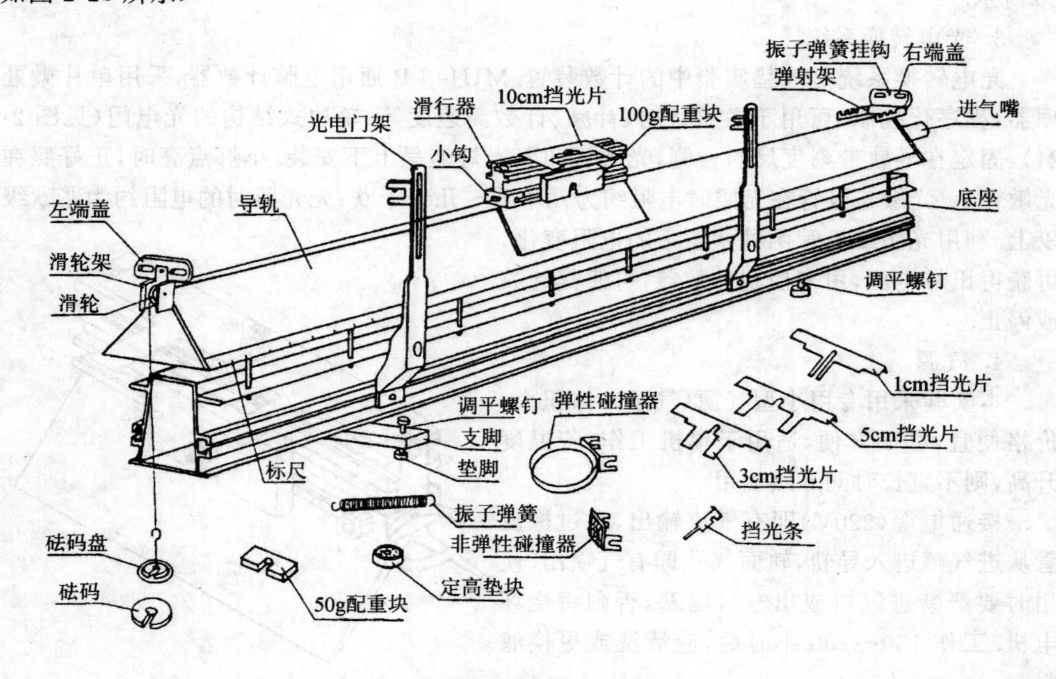

图 2-20　气垫导轨全貌图

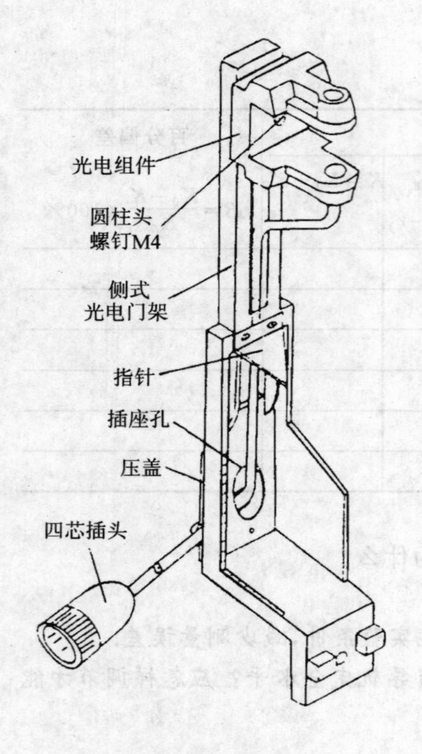

图 2-21　光电门

1. 导轨

导轨是用一根平直、光滑的三角形铝合金制成. 固定在一根刚性较强的工字钢梁上. 导轨长为 1.5m. 轨面上均匀分布着孔径为 0.6mm 的两排喷气小孔. 导轨一端封死. 另一端装有进气嘴. 当压缩空气经橡皮管从进气嘴进入腔体后,就从小气孔喷出,托起滑块. 滑块漂浮的高度,视气流大小而定. 为了避免碰伤,导轨两端及滑块上都装有缓冲弹簧. 在工字钢架的底部装有三个底脚螺旋,分居在导轨的两端. 双脚端的螺旋用来调节轨面两侧线高度;单脚端螺旋用来调节导轨水平. 或者将不同厚度的垫块放在导轨底脚螺旋下,以得到不同的斜度. 在气垫双脚螺旋那一端的上方,还有一个气垫滑轮.

为测量方便,导轨一侧固定有毫米刻度的米尺,作为定位光电门的工具.

2. 滑块(见图 2-22)

滑块是导轨上的运动物体,长度分别为 120mm 和 240mm,也是用角铝合金制成,其下表面与导轨的两个侧面精密吻合. 根据实验需要,滑块上可以加装挡光片、挡光杆、加重块、尼龙扣、缓冲弹簧等附件,如图 2-20 所示.

3. 光电转换系统

光电转换系统是气垫实验中的计数装置. MUJ-ⅡB 通用电脑计数器,采用单片微处理器,程序化控制. 可用于各种计时、计频、计数测速度等. 单边式结构的光电门(见图 2-21),固定在导轨带刻度尺的一侧,光敏管和聚光灯泡呈上下安装. 小灯点亮时,正好照在光敏管上. 光敏二极管在光照时电阻约为几千欧~几十千欧;无光照时的电阻约为兆欧级以上. 利用光敏二极管两种状态下的电阻变化,可获得讯号电压,用来控制计数器,可使其计数或停止.

4. 气源

本实验采用专用小型气源(气泵),体积小,价格便宜,移动方便,适用于单机工作. 若温度升高,则不宜长时间连续使用.

接通电源(220V)即有气流输出,通过橡皮管从进气嘴进入导轨,轨面气孔即有气喷出. 使用时要严禁进气口或出气口堵塞,否则将烧坏电机. 工作 150~200 小时后,应清洗或更换滤料.

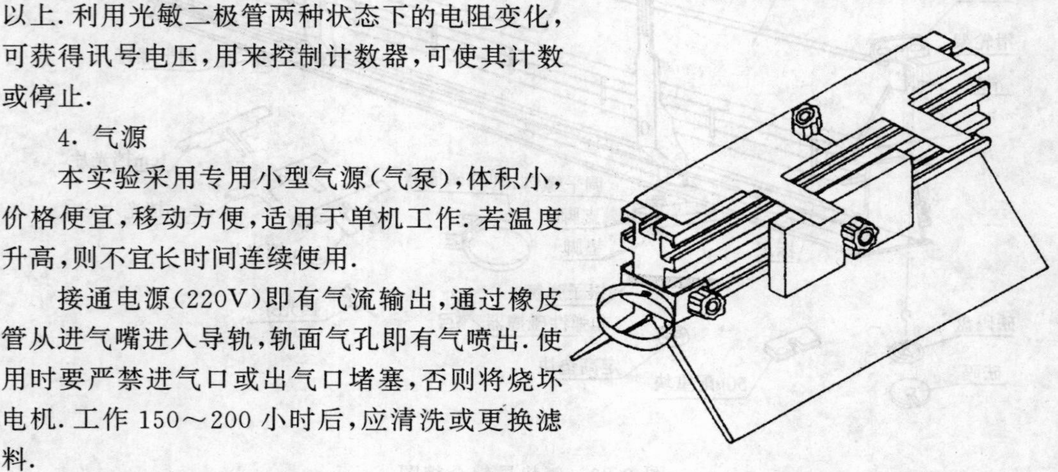

图 2-22　滑块

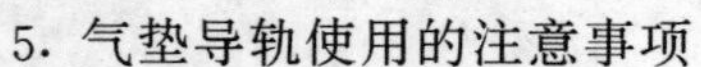

5. 气垫导轨使用的注意事项

导轨表面和与其接触的滑块内表面，都是经过精密加工的，两者配套使用，不得随便更换.在实验中严防敲、碰、划伤，以至破坏表面的光洁度.导轨未通气时，绝不允许将滑块放在导轨上面来回滑动.更换、安装或调整挡光片在滑块上的位置时，或放加重块等，都必须把滑块从导轨上取下，待调整或安装好后，再放上去.实验结束，应将滑块从导轨上取下，以免导轨变形.

如果导轨的表面或者滑块内表面粘有污物，可用棉花签(或纱布)粘少许酒精，将污物擦洗干净.否则将阻碍滑块的运动.

导轨表面要随时保持洁净.导轨表面上的气孔易被油泥尘埃堵塞.发现气孔不通，可用小于孔径的细钢丝疏通.实验完毕应罩上防尘罩.以免沾染杂物和灰尘.导轨严禁放在潮湿或有腐蚀性气体的地方.

[**附录 2**]　MUJ-ⅡB 型电脑通用记数器

本机以 51 系列单片微处理机为中央处理器，并编入与气垫导轨实验相适应的数据处理程序，并且备多组实验的记忆存储功能；功能选择复位键输入指令；数值转换键设定所需数值；数据提取键提取记忆存储的实验数据；P_1、P_2 光电输入口采集数据信号，由中央处理器处理；LED 数码管显示各种测量结果.

各部位名称请对照前面板图、后面板图(图 2-23).

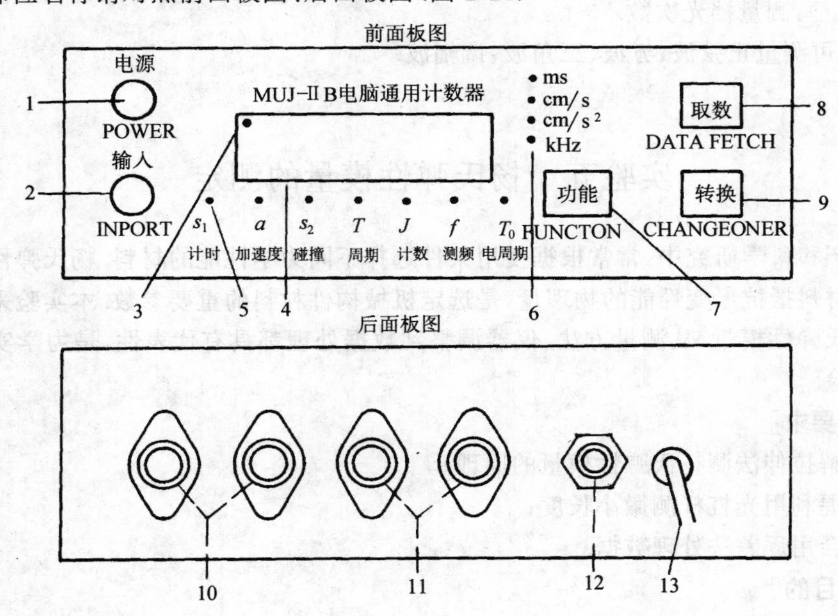

图 2-23　前、后面板图

1. 电源开关；2. 测频输入口；3. 溢出指示；4. LED 显示屏；
5. 功能转换指示灯；6. 测量单位指示灯；7. 功能选择复位键；
8. 数值提取键；9. 数值转换键；10. P_1 光电门插口；11. P_2 光电门插口；
12. 电源保险；13. 电源线

使用和操作

根据实验需要选择所需光电门数量，将光电门线插入 P_1、P_2 插口，按下电源开关，按功能选择复位键，选择所需的功能.注：当光电门没挡光时，依面板排列顺序，每按键一次，依次转换一种功能，发光管显示出对应的功能位置. 如计时、加速度、碰撞……等七种功能. 当光电门挡光后，按下功能选择复位键，则复位清零(例如重复测量)，屏上显示“0”.

开机时，机内自动设定挡光片宽度为 1.0cm，周期自动设定为 10 次. 若需重新选择所需挡光片宽度，例如设定挡光片宽度为 5.0cm. 其操作方法是：用手指按住数值转换键不放，屏上将依次显示 1.0、3.0、5.0……. 当显示到 5.0 时，松开手指，挡光片宽度 5.0cm 设定完毕. 当功能键选择设定周期时，同样用上述方法设定周期.

滑块在导轨上运动，若连续经过几个光电门，显示屏上则依次连续显示所测时间或速度. 滑块停止运动，显示屏上重复显示各数据. 若需提取某数据，手指按住数据提取键，待显示出所提数据时，松开手指即可记录. 若按功能选择复位键，显示数据被清除.

计时(S_1)：测量 P_1 口或 P_2 口两次挡光时间间隔及滑块通过 P_1 口、P_2 口两只光电门的速度.

加速度(a)：测量滑块通过每个光电门的速度及通过相邻光电门的时间或这段路程的加速度 a.(加速度 $a=\dfrac{v_2-v_1}{\Delta t}$).

碰撞(S_2)：等质量、不等质量的碰撞.

周期(T)：测量简谐运动 1～100 周期的时间.

计数(J)：测量挡光次数.

测频：可测量正弦波、方波、三角波、调幅波.

……

实验五　杨氏弹性模量的测定

在生产和科学研究中，常常根据使用条件选择不同力学性能的材料. 杨氏弹性模量是表征固体材料抵抗形变性能的物理量，是选定机械构件材料的重要参数. 本实验采用拉伸法测定杨氏弹性模量. 从测量方法、仪器调整到数据处理都具有代表性，是力学实验中很典型的实验.

[学习要求]

1. 了解拉伸法测杨氏弹性模量的原理；
2. 掌握利用光杠杆测微小长度；
3. 学会用逐差法处理数据.

[实验目的]

测定钢丝的杨氏弹性模量.

[实验仪器]

杨氏弹性模量测定仪(附光杠杆装置)望远镜，支架，米尺，游标卡尺，螺旋测微计.

[实验原理]

1. 杨氏弹性模量

任何固体在外力作用下都要发生形变. 当外力撤除后物体能够完全恢复原状的形变称为弹性形变. 如果加在物体上的外力过大，以致外力撤除后，物体不能完全恢复原状而留下剩余形变，称为范性形变. 本实验只研究弹性形变.

设钢丝截面积为 S，长为 L，在外力 F 的作用下伸长 ΔL. 根据胡克定律，在弹性限度内，应力 $\frac{F}{S}$ 与应变 $\frac{\Delta L}{L}$ 成正比，即

$$\frac{F}{S}=Y\frac{\Delta L}{L} \tag{2-33}$$

式中比例系数 Y 的大小，取决于材料的性质，叫做杨氏弹性模量. 杨氏弹性模量是描写固体材料抵抗形变能力的重要物理量，是工程技术中常用的参量. 上式可写为

$$Y=\frac{F}{S}\cdot\frac{L}{\Delta L}=\frac{4FL}{\pi d^2\Delta L} \tag{2-34}$$

式中 d 为钢丝直径. 根据(2-34)式，测出等号右边各量后，便可算出杨氏弹性模量. 其中 F、L 可用一般的方法测出，只有伸长量 ΔL 因为很小，用一般工具不易测准确，故本实验采用光杠杆来测量.

2. 光杠杆原理

实验装置如图 2-24 所示，待测钢丝上端夹紧，固定在顶梁 A 上，下端连接圆柱夹头 C，圆柱体 C 穿过一个固定平台 B 的圆孔，能随金属丝的伸缩而上下移动. 光杠杆 M(平面镜)下面的前脚放在平台前沿槽内，后脚放在圆柱体 C 的上端. 调节支架底座三个地脚螺丝，可使钢丝铅直. 圆柱体 C 的下端挂有砝码挂钩，当砝码钩上增加(或减少)砝码时，钢丝将伸长(或缩短)ΔL，光杠杆的后脚也随圆柱体 C 下降(或上升)，以前两脚连线为轴转过角度 θ. 测出 θ，即可算出 ΔL.

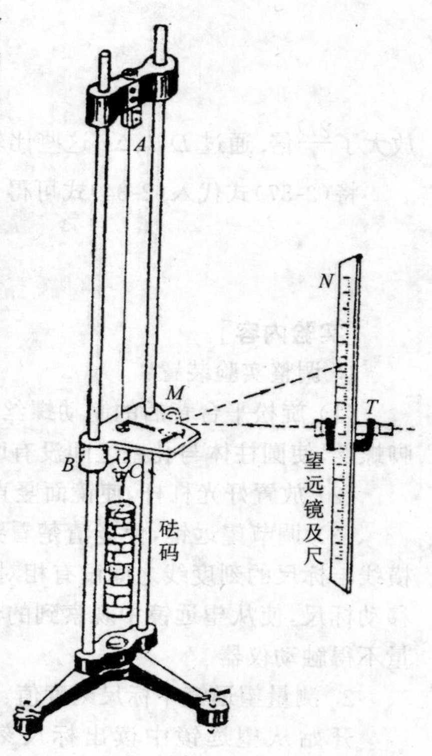

图 2-24 测杨氏弹性模量

光杠杆镜架上的平面镜竖直放置，镜面到竖直标尺的距离为 D，调节标尺旁的望远镜，从望远镜中可看清平面镜内标尺刻度的像，由望远镜中的叉丝横线读出标尺的刻度值. 设没有加砝码时刻度值为 x_0，加砝码后读数为 x_1，在此期间钢丝长度变化 ΔL，平面镜偏转角度 θ，如图 2-25 所示. 因为 θ 角很小，故有

$$\mathrm{tg}\theta\approx\theta\approx\frac{\Delta L}{l} \tag{2-35}$$

$$\mathrm{tg}2\theta\approx2\theta\approx\frac{\Delta x}{D} \tag{2-36}$$

由(2-35)、(2-36)两式消去 θ 可得：

$$\Delta L=\frac{l}{2D}\cdot\Delta x \tag{2-37}$$

由此可见，光杠杆的作用是将微小的长度变化量 ΔL 放大为标尺上的相应位移 Δx，把 ΔL

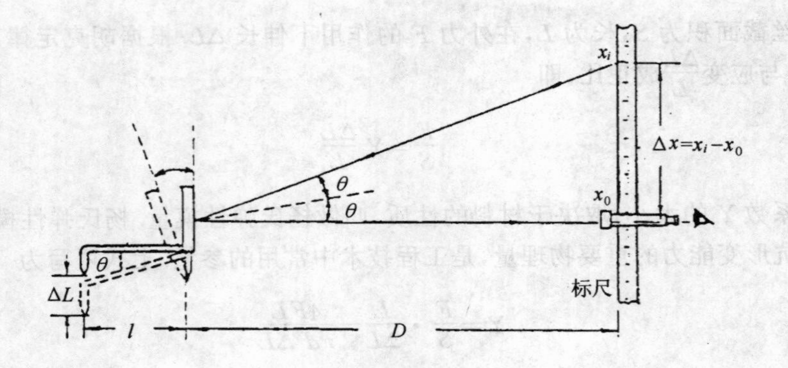

图 2-25　光杠杆放大

放大了 $\frac{2D}{l}$ 倍. 通过 D、l、Δx 这些比较容易测准的量间接地测量出 ΔL.

将(2-37)式代入(2-34)式可得

$$Y = \frac{8FLD}{\pi d^2 l \Delta x} \tag{2-38}$$

［实验内容］

1. 调整实验装置:

(1) 旋松平台背后的制动螺丝,使圆柱体 C 在平台孔内能上下移动. 调节支架底部地脚螺丝,使圆柱体与孔壁之间没有摩擦.

(2) 放置好光杠杆,使镜面竖直,同时使望远镜水平地对准平面镜.

(3) 调节望远镜,使能清楚看到叉丝和标尺的像,并且当眼睛上下移动时,十字叉丝横线与标尺的刻度线之间没有相对移动(即无视差). 轻微改变光杠杆镜面的倾角,或稍微移动标尺,使从望远镜中观察到的十字横线在标尺零刻度线附近. 至此调节完毕,随后测量不得触动仪器.

2. 测量望远镜中标尺刻度值:

开始从望远镜中读出标尺刻度值并记为 x_1,然后在砝码钩上每增加一个砝码(0.5kg),读一个对应的标尺刻度值,依次记为 $x_2, x_3, \cdots, x_8$ 随后把增加的砝码依次逐个取下,记下对应的标尺刻度值 $x_7', x_6', \cdots, x_1'$.

3. 用米尺测量出光杠杆镜面到尺面的距离 D 作单次测量,估计测量结果的不确定度 Δ_D,记为 $D \pm \Delta_D$(cm).

4. 测量光杠杆常数 l:

将光杠杆取下放在纸上,压出三个足迹,画出后足到前两足痕的连线的垂线. 用游标卡尺测出垂足距离,单次测量(即光杠杆后足的长度),估计测量结果的不确定度 Δ_l,记为 $l \pm \Delta_l$(cm).

5. 测量钢丝的原始长度:

用米尺测量钢丝上下夹头间的长度,也作单次测量,估计测量结果的不确定度 Δ_L,记为 $L \pm \Delta_L$(cm).

6. 用螺旋测微计测量钢丝直径 d，要在钢丝的不同部位进行多次测量，算出平均值和不确定度 σ_d，记为 $d\pm\sigma_d$(cm).

实验中要注意：

1. 光杠杆、望远镜和标尺构成的光学系统一经调好后，在实验过程中就不可再移动. 否则，所测数据无效，本实验应从头做起.

2. 加减砝码时要轻放轻取，不要使砝码挂钩摇摆振动.

注意钢丝的伸直状态，如果作实验前发现金属丝略有弯折，要在砝码钩上先加上一定量的本底砝码. 在用螺旋测微计测量钢丝直径时，勿将钢丝扭折.

[记录与计算]

1. 各个单次测量值：

$D=\qquad\pm\Delta_D\qquad$ (cm) $\quad\Delta_D=0.2$(cm)

$l=\qquad\pm\Delta_l\qquad$ (cm) $\quad\Delta_l$ 为游标卡尺的最小读数

$L=\qquad\pm\Delta_L\qquad$ (cm) $\quad\Delta_L=0.2$(cm)

2. 望远镜中标尺的读数：

测量次数	砝码质量 m(kg)	望远镜标尺读数			$\Delta x_i=\bar{x}_{i+4}-\bar{x}_i$	$\Delta(\Delta x_i)$
		加砝码时 x_i(cm)	减砝码时 x_i'(cm)	平均值 $\bar{x}_i$(cm)		
1	m_1					
2	$m_1+0.5$					
3	$m_1+1.0$					
4	$m_1+1.5$					
5	$m_1+2.0$					
6	$m_1+2.5$					
7	$m_1+3.0$					
8	$m_1+3.5$					
				平　均		

$$\sigma_{\Delta x}=\sqrt{S_{\Delta x}^2+\Delta_{仪}^2}\qquad \Delta x\pm\sigma_{\Delta x}=\qquad\qquad (\mathrm{cm})$$

3. 钢丝直径的测量

螺旋测微计零差：　　　cm

测量次数	1	2	3	4	5	平均值
d(cm)						
Δd(cm)						

$$S_d=\sqrt{\frac{\sum_{i=1}^{n}(d_i-\bar{d})^2}{n-1}}$$

$$\sigma_d=\sqrt{S_d^2+\Delta_{仪}^2}\qquad \Delta_{仪}=\Delta_{千}=0.0005\text{cm}$$

$$d\pm\sigma_d=\qquad \text{cm}$$

4. 逐差法处理数据

从误差理论知道，算术平均值能接近真值，但是在某些实验中如果简单地取各次测量平均值，并不能达到好的效果，如本实验中望远镜标尺读数 $x_1,x_2,x_3,\cdots,x_8$ 取相邻差值：$\Delta x_1=x_2-x_1,\Delta x_2=x_3-x_2,\cdots,\Delta x_7=x_8-x_7$ 由此得到平均值：

$$\begin{aligned}\Delta x&=\frac{\Delta x_1+\Delta x_2+\cdots+\Delta x_7}{7}\\&=\frac{(x_2-x_1)+(x_3-x_2)+\cdots+(x_8-x_7)}{7}\\&=\frac{x_8-x_1}{7}\end{aligned}$$

可以看出，中间值全部抵消，只有始末两次测量值起作用，与一次加七个砝码单次测量相同. 为了保证中间各次测量值不抵消，发挥多次测量优越性，可把数据分成前后两组：一组是 x_1,x_2,x_3,x_4；另一组是 x_5,x_6,x_7,x_8，取对应项的差值 $\Delta x_1=x_5-x_1,\Delta x_2=x_6-x_2,\Delta x_3=x_7-x_3,\Delta x_4=x_8-x_4$ 求平均值得

$$\begin{aligned}\Delta x&=\frac{\Delta x_1+\Delta x_2+\Delta x_3+\Delta x_4}{4}\\&=\frac{(x_5-x_1)+(x_6-x_2)+(x_7-x_3)+(x_8-x_4)}{4}\end{aligned}$$

这种处理数据的方法称为逐差法. 注意 Δx 是增加四个砝码（$F=4\times0.5=2\text{kgf}=19.6\text{N}$）的平均差值.

5. 将所有的测试数据代入(2-38)式计算 Y，并求出测量结果的总合成不确定度 σ_Y，写出杨氏弹性模量测量结果的标准式.

$$Y=\frac{8FLD}{\pi d^2 l\Delta x}\qquad(\text{N/m}^2)$$

$$E_Y=\sqrt{\left(\frac{\sigma_D}{D}\right)^2+\left(\frac{\sigma_L}{L}\right)^2+\left(\frac{\sigma_l}{l}\right)^2+\left(\frac{2\sigma_d}{d}\right)^2+\left(\frac{\sigma_{\Delta x}}{\Delta x}\right)^2}$$

$$\sigma_Y=Y\cdot E_Y\qquad(\text{N/m}^2)$$

$$Y\pm\sigma_Y=\qquad(\text{N/m}^2)$$

[思考题]

1. 为什么对 D、L、l 只作单次测量而对 d 要作多次测量？

2. 本实验中为什么对各个长度量用不同仪器来测量，是怎样考虑的？

3. 根据光杠杆原理，怎样提高光杠杆测量微小长度变化的灵敏度？

4. 是否可以用作图法求杨氏弹性模量？如果以所加砝码的重量为横坐标，望远镜中标尺读数为纵坐标作图，图形应是什么形状？如何求出杨氏弹性模量 Y？

5. 本实验为什么采用逐差法处理数据？它有什么好处？

[附录] 测量望远镜简介

测量望远镜属于天文望远镜（开普勒型）一类，所观察的物像为倒像，它由物镜、目镜、叉丝环、镜筒、套筒组成，如图 2-26 所示.

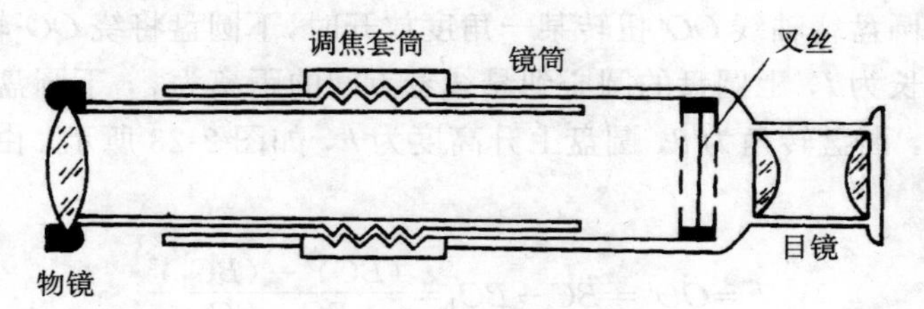

图 2-26 读数望远镜

目镜的焦平面上放有一平板玻璃，平板玻璃上刻有两根正交细丝，称为叉丝. 由目镜可看见清晰的叉丝像. 移动套筒能改变物镜与目镜间的距离，使物镜产生的实像恰好在平板玻璃的叉丝上，因而，我们就可以同时清晰地看到叉丝和物像. 为定位测量提供了方便.

调节时，先由目镜观察叉丝像是否清晰，如已清晰，表明叉丝刚好在目镜的焦平面内，如不清晰，应旋动目镜，调节目镜与叉丝分划板之间的距离，然后旋转调焦套筒改变物镜和叉丝的距离，直到能同时清晰地看见叉丝和物像为止. 注意消除视差.

实验六 转动惯量

转动惯量是刚体质量与一直线（转轴）的位置相关联的特征量. 一刚体对于某给定轴的转动惯量，是刚体中每一单元质量的大小乘以它到该轴线的距离平方后所得的总和，即

$$J=\int r^2 dm$$

刚体的转动惯量与刚体的质量、刚体质量的分布、轴线的位置和相对于刚体的方位角有关.

本实验采用动力法（转动惯量仪）和扭摆法（三线摆）测定转动惯量.

（一）三线摆测刚体转动惯量

利用三线摆来测刚体转动惯量具有装置简单、测量方便，不受场地限制等优点，是广泛应用的一种测刚体转动惯量的方法.

[学习要求]

1. 学会测量长度、质量和时间的方法；
2. 根据误差要求和实验装置情况来选择各个量的测量仪器和测量次数；
3. 学会测定物体转动惯量的一种方法.

［实验目的］

用三线摆法测定圆盘和圆环的转动惯量.

［实验仪器］

三线摆，电子秒表，钢卷尺，游标卡尺，天平，台秤等.

［实验原理］

用三条等长的悬线，对称地将一均匀的圆盘水平地悬挂在固定的小圆盘上. 上下圆盘的圆心在同一条竖直线上，盘面彼此平行，如图 2-27 所示，这就是三线摆实验装置.

当把顶上小圆盘绕轴线 OO' 扭转某一角度放开时，下圆盘将绕 OO' 轴来回扭转摆动.

设每根悬线长为 l，上圆盘的圆心到悬线悬点间的距离为 r，下圆盘的圆心到悬线悬点间的距离为 R，圆盘转角为 θ，圆盘上升高度为 h，如图 2-28 所示. 由图中各量关系可得

$$h=OO'=BC-BC_1=\frac{(BC)^2-(BC_1)^2}{BC+BC_1} \tag{2-39}$$

$$(BC)^2=(AB)^2-(AC)^2=l^2-(R-r)^2$$

$$(BC_1)^2=(A_1B)^2-(A_1C_1)^2=l^2-(R^2+r^2-2Rr\cos\theta)$$

代入(2-39)式可得

$$h=\frac{2Rr(1-\cos\theta)}{BC+BC_1}=\frac{4Rr\sin^2\dfrac{\theta}{2}}{BC+BC_1}$$

当转角 θ 很小时，$\sin\dfrac{\theta}{2}\approx\dfrac{\theta}{2}$，$BC\approx BC_1\approx l$

故上式可简化为

$$h=\frac{Rr\theta^2}{2l} \tag{2-40}$$

由于圆盘在运动时，既绕中心轴转动，又有升降运动，其任一时刻的动能为

$$\frac{1}{2}Jw^2+\frac{1}{2}mv^2$$

J 为圆盘转动的转动惯量$\left(其中\ w=\dfrac{d\theta}{dt}、v=\dfrac{dh}{dt}\right)$. 其重力势能为 mgh，忽略摩擦力，则在重力场中机械能守恒：

$$\frac{1}{2}J\left(\frac{d\theta}{dt}\right)^2+\frac{1}{2}m\left(\frac{dh}{dt}\right)^2+mgh=恒量 \tag{2-41}$$

由(2-40)式可得

$$\frac{dh}{dt}=\frac{Rr}{l}\left(\frac{d\theta}{dt}\right)\theta \tag{2-42}$$

考虑到圆盘的转动动能远比上下运动的平动动能大，即

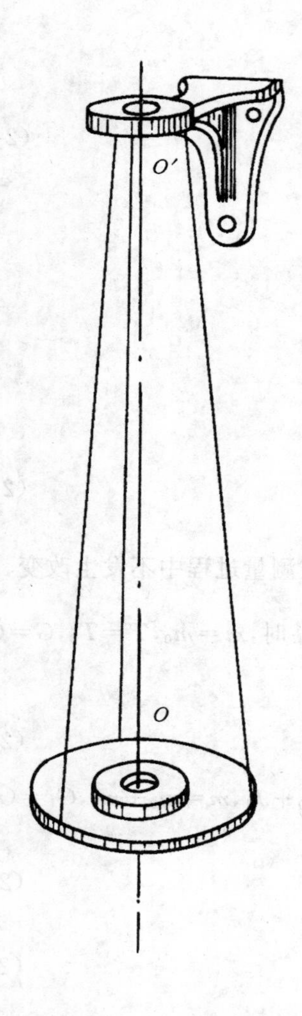

图 2-27　三线摆

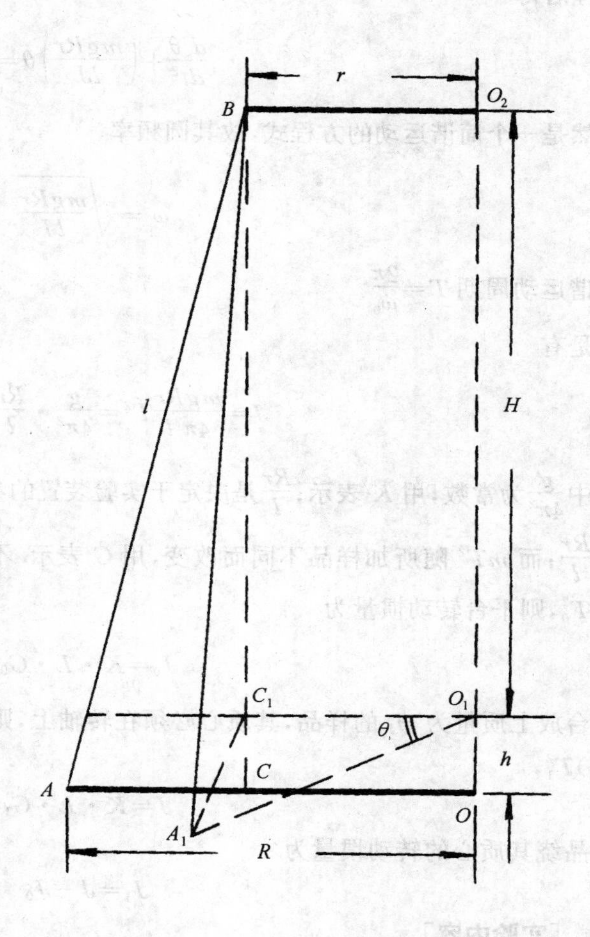

图 2-28　h 高度几何关系图

$$\frac{1}{2}J\left(\frac{d\theta}{dt}\right)^2 \gg \frac{1}{2}m\left(\frac{dh}{dt}\right)^2$$

(2-41)式变为

$$\frac{1}{2}J\left(\frac{d\theta}{dt}\right)^2 + mgh = \text{恒量}$$

两边对 t 求导得

$$J\left(\frac{d\theta}{dt}\right)\frac{d^2\theta}{dt^2} + mg\,\frac{dh}{dt} = 0 \tag{2-43}$$

将(2-42)式代入上式得

$$J\left(\frac{d\theta}{dt}\right)\frac{d^2\theta}{dt^2} + mg\,\frac{Rr\theta}{l}\left(\frac{d\theta}{dt}\right) = 0 \tag{2-44}$$

整理后得

$$\frac{d^2\theta}{dt^2}+\left(\frac{mgRr}{lJ}\right)\theta=0 \tag{2-45}$$

显然是一个简谐运动的方程式，故其圆频率

$$\omega_0=\sqrt{\frac{mgRr}{lJ}}$$

简谐运动周期 $T=\frac{2\pi}{\omega_0}$

于是有

$$J=\frac{mgRr}{4\pi^2 l}T^2=\frac{g}{4\pi^2}\cdot\frac{Rr}{l}\cdot mT^2 \tag{2-46}$$

式中$\frac{g}{4\pi^2}$为常数，用 K 表示；$\frac{Rr}{l}$是决定于实验装置的参量，在测量过程中不发生改变，令 $L=\frac{Rr}{l}$；而 mT^2 随所加样品不同而改变，用 G 表示. 不加样品时，$m=m_0$，$T=T_0$，$G=G_0=m_0T_0^2$，则平台转动惯量为

$$J_0=K\cdot L\cdot G_0 \tag{2-47}$$

平台放上质量为 m_1 的样品，其质心必须在转轴上，则 $J=J_0+J_1$，$m=m_0+m_1$，$G_1=(m_0+m_1)T_1^2$，

$$J=K\cdot L\cdot G_1 \tag{2-48}$$

样品绕其质心的转动惯量为

$$J_1=J-J_0 \tag{2-49}$$

［**实验内容**］

1. 调节三根悬线的长度相等，使下圆盘达到水平.

2. 用钢卷尺测出悬线长度 l. 用游标卡尺测出上、下圆盘圆心到悬点的距离 r 和 R，因为悬点构成一正三角形，若量出上圆盘悬点之间的距离 a，则 $r=\frac{\sqrt{3}}{3}a$，同法可测 R. 用游标卡尺测出圆环的内径 d_1 和外径 d_2，用天平或台秤测出待测样品圆环的质量 m_1（下圆盘的质量 m_0 已给出）. 上述各量都作单次测量.

3. 测定周期 T_0：当平台完全稳定时，将顶盘迅速转一角度（约 15°～20°），使下圆盘来回自由转动，经过几个周期，待运动稳定后，用电子秒表计时，测来回扭转 50 次所需的时间 t_0，重复测量六次.

4. 测定周期 T_1：将圆环平放在下圆盘正中位置，按上述方法测出来回扭转 50 次的时间 t_1，重复测量六次.

在以上操作中务必注意要使下圆盘作扭转运动、避免产生左右摆动，另外扭摆的转角不宜过大，否则不能按简谐运动来处理.

［**记录与计算**］

1. 各个单次测量值：

$$l = l \pm 0.2(\text{cm})$$

$$r = r \pm \Delta_{游}(\text{cm})$$

$$R = R \pm \Delta_{游}(\text{cm})$$

$$d_1 = d_1 \pm \Delta_{游}(\text{cm})$$

$$d_2 = d_2 \pm \Delta_{游}(\text{cm})$$

$$m_0 = m_0 \pm 0.001(\text{kg})$$

$$m_1 = m_1 \pm 0.001(\text{kg})$$

$$L = \frac{Rr}{l}$$

$$E_L = \sqrt{E_R^2 + E_r^2 + E_l^2} = \sqrt{\frac{\Delta_R^2}{R^2} + \frac{\Delta_r^2}{r^2} + \frac{\Delta_l^2}{l^2}}$$

$$\sigma_L = L \cdot E_L \qquad 则\ L = L \pm \sigma_L$$

2. 周期测量值：

次数	圆　盘			圆盘＋圆环		
	周期数 n	t_0(s)	$T_0=\frac{t_0}{n}$(s)	周期数 n	t_1(s)	$T_1=\frac{t_1}{n}$(s)
1						
2						
3						
4						
5						
6						

周期 T 的 B 类不确定度 $\Delta_B = \frac{0.2}{n}$(s)

故 $\qquad \sigma_{T_0} = \sqrt{S_{T_0}^2 + \Delta_B^2} \qquad T_0 = T_0 \pm \sigma_{T_0}$

$\qquad \sigma_{T_1} = \sqrt{S_{T_1}^2 + \Delta_B^2} \qquad T_1 = T_1 \pm \sigma_{T_1}$

3. 计算圆盘的转动惯量及其不确定度，写出测量结果的标准式. 由于成都地区 $g=9.79222(\text{m/s}^2)$，则

$$K = \frac{g}{4\pi^2} = 0.248040(\text{m/s}^2)$$

$$G_0 = m_0 T_0^2$$

$$E_{G_0}=\sqrt{E_{m_0}^2+(2E_{T_0})^2}=\sqrt{\left(\frac{\sigma_{m_0}}{m_0}\right)^2+\left(\frac{2\sigma_{T_0}}{T_0}\right)^2}$$

圆盘的转动惯量：$J_0=K\cdot L\cdot G_0$

$$E_{J_0}=\sqrt{E_L^2+E_{G_0}^2}$$

4. 计算圆环的转动惯量及其不确定度，写出测量结果的标准式.

$$G_1=(m_0+m_1)T_1^2=mT_1^2$$

$$m=(m_0+m_1)\qquad \sigma_m=\sqrt{\sigma_{m_0}^2+\sigma_{m_1}^2}$$

$$E_{G_1}=\sqrt{E_m^2+(2E_{T_1})^2}=\sqrt{\left(\frac{\sigma_m}{m}\right)^2+\left(2\frac{\sigma_{T_1}}{T_1}\right)^2}$$

$$J=K\cdot L\cdot G\qquad E_J=\sqrt{E_L^2+E_{G_1}^2}$$

J 的不确定度 $\sigma_J=JE_J$，标准式 $J=J\pm\sigma_J$

所求圆环转动惯量：$J_1=J-J_0$

不确定度为

$$\sigma_{J_1}=\sqrt{\sigma_J^2+\sigma_{J_0}^2}$$

圆环转动惯量标准式　　$J_1=J_1\pm\sigma_{J_1}$

5. 用圆环理论公式

$$J'_1=\frac{1}{2}m_1(d_1^2+d_2^2)\tag{2-50}$$

计算理论值 J'_1 及其不确定度

$$\sigma_{J'_1}=\sqrt{\left(\frac{\partial J'_1}{\partial m_1}\right)^2\sigma_{m_1}^2+\left(\frac{\partial J'_1}{\partial d_1}\right)^2\sigma_{d_1}^2+\left(\frac{\partial J'_1}{\partial d_2}\right)^2\sigma_{d_2}^2}$$

即 $J'_1=J'_1\pm\sigma_{J'_1}$.　将理论值与测量值比较，如果

$$|J'_1-J_1|\leqslant\sqrt{\sigma_{J_1}^2+\sigma_{J'_1}^2}$$

则验证了公式(2-50)的正确性. 如果上述验证失败，应分析失败的原因.

[讨论题]

1. l、r、R、d_1、d_2、m 应选用什么仪器测量？是如何考虑的？l、R、r 应从何处到何处？

2. 本实验能否用来检验平行移轴定理？如果可以，实验应如何安排？

3. 加上待测物后三线摆的扭动周期是否一定比空盘的扭动周期大？为什么？

（二）刚体转动实验仪测转动惯量

刚体的转动惯量是表征刚体作转动运动的一个重要物理参量，有关转动惯量某些性质的研究及测量，可以通过转动惯量仪来实现.

［学习要求］

1. 了解转动惯量的物理意义及单位；
2. 理解有关刚体作转动运动的转动定理；
3. 了解有关验证理论的实验方法；
4. 进一步掌握实验作图的实验数据处理方法.

［实验目的］

1. 用实验方法来研究、检验刚体的转动定理；
2. 测量刚体的转动惯量并研究与刚体质量分布的关系.

［实验仪器］

1. 刚体转动实验仪；2. 电子秒表；3. 卷尺（米尺）；
4. 游标尺；5. 小槽码（每个 5g，4～6 个）.

［实验原理］

刚体的转动惯量是表征刚体转动惯性大小的量度，它与作平动时物体的质量很相似. 刚体转动惯量的大小与刚体的总质量、质量分布、形状大小及转轴的位置选择都有关. 当刚体绕固定轴转动时，见图 2-29，忽略摩擦力矩的影响，根据转动定理可知，使刚体转动的力矩（$T\cdot r$）应等于刚体转动惯量与角加速度的乘积（$J\cdot\beta$）.

$$T\cdot r=J\cdot\beta \qquad (2\text{-}51)$$

其中 T 为绳子的张力，r 为塔轮的绕线半径. 当略去滑轮、绳子的质量以及滑轮轴上的摩擦力，并认为绳子长度不变时，砝码以匀加速度 a 下落，于是有

$$mg-T=ma \qquad (2\text{-}52)$$

刚体转动的角加速度 β 与重物下落的线加速度 a 有以下关系：

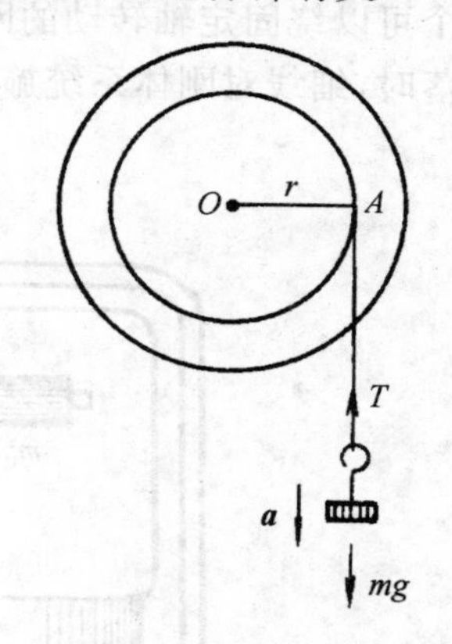

图 2-29　刚体转动原理

$$a=r\cdot\beta \qquad (2\text{-}53)$$

将(2-52)、(2-53)式整理后代入(2-51)式得到

$$m(g-a)r=J\cdot\frac{a}{r} \qquad (2\text{-}54)$$

砝码由静止开始下落，经过时间 t 到达地面，此时下落距离为 h，则有

$$h=\frac{1}{2}at^2 \qquad (2\text{-}55)$$

由(2-55)式解出 a 并代入(2-54)式，经整理后得

$$m(g-a)r=\frac{2hJ}{rt^2}$$

在实验中,保持 $a \ll g$,经整理上式改为近似公式

$$mgr^2=\frac{2hJ}{t^2} \tag{2-56}$$

如果保持 m、h 及重锤位置(质量分布)不变,改变 r,得到不同的下落触地时间 t,根据(2-56)式有

$$r=\sqrt{\frac{2hJ}{mg}}\cdot\frac{1}{t} \tag{2-57}$$

即 r 与 $\frac{1}{t}$ 成直线关系,在直角坐标纸上作 $(r-\frac{1}{t})$ 图如果为一条直线,说明(2-51)式成立,同时也就验证了刚体的转动定理.

将(2-56)式整理解出 J,可以导得由该装置求得转动惯量值的实验公式:

$$J=\frac{mgr^2}{2h}\cdot t^2 \tag{2-58}$$

以上就是验证定理及测量转动惯量的原理.

[**实验装置**]

实验装置如图 2-30 所示,A 是一个具有不同半径 r 的塔轮,两边对称地伸出两根有等分刻度的均匀细柱,细柱上各有一个可移动和固定的圆柱形重物 m_0,它们一起组成一个可以绕固定轴转动的刚体系统. 塔轮上绕一细线,通过滑轮 C 与砝码 m 相连. 当 m 下落时,细线对刚体系统施加外作用力矩,使刚体系统发生转动. 滑轮 C 的支架可以借助固

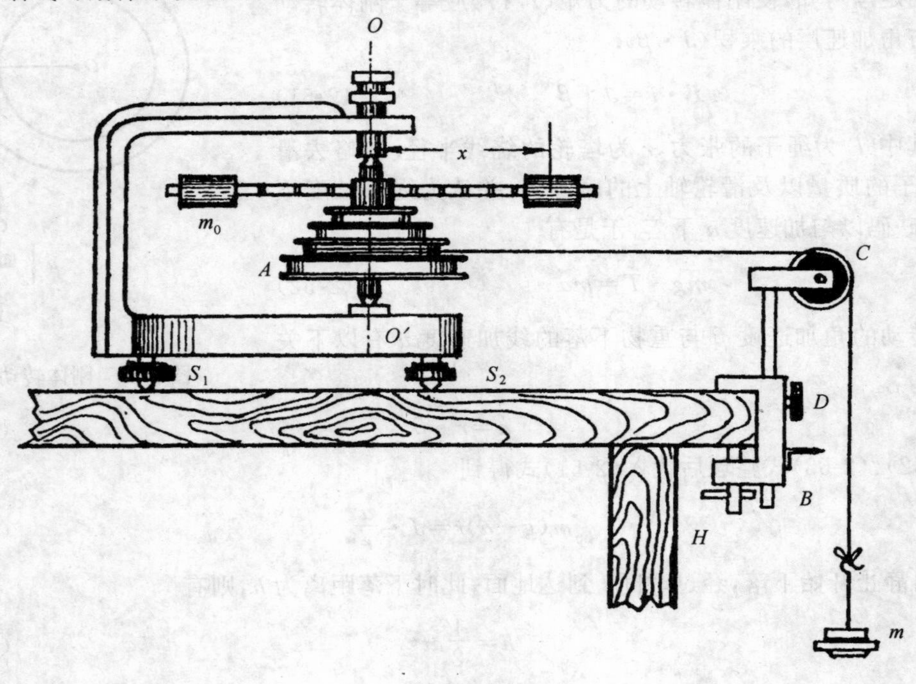

图 2-30　刚体转动惯量实验仪

定螺丝 D 调整升降，以保证当细线在不同的转动半径处都可以保持与转动轴相垂直. 滑轮台架上有一个标记针 B，用来判定砝码下落的起始位置. H 是固定台架的螺旋扳手. 取下塔轮、换上铅直准钉，通过底脚螺丝 S 可以调节转轴竖直. 调好转轴竖直后再换上塔轮. 转动合适后用螺丝 D 固定滑轮 C 的支杆位置.

［**实验内容**］

1. 安装和调节实验装置.

调节塔轮转轴与水平面垂直，换上铅直准钉. 调节 S_1、S_2，使准钉尖正对塔轮的下轴孔，这样可以减小转动摩擦.

选定某一半径的塔轮，调节滑轮支架的高低，使悬挂砝码的细线与塔轮轴线垂直. 绕线时应依序排绕，不要套叠，以免砝码下落时增加塔轮的转动摩擦.

2. 验证转动定律.

用游标卡尺分别测量 5 个不同塔轮的直径，为了减少测量误差，最好对同一塔轮分不同部位多次测量取平均，最后算出半径 r.

用卷尺测量仪器标记针 B 到地面的距离 h，尽量使测量端准确靠近 B 和地面，单次测量.

对称地将圆柱 m_0 固定在细杆某位置上，保持重物（砝码）为 20.00g 不变，（钩码事先已称出质量，计算时重物除了 20.00g 砝码外，还应加上钩码的质量.）使细线绕不同半径的塔轮以相同的高度从 B 落下，测量其重物从开始下落到触地的时间 t.

以 r 为纵坐标，$1/t$ 为横坐标作图. 由图分析说明验证刚体转动定律.

重物下落高度 h= 　　　(cm)，重物质量恒定 4×5.00g

重锤在支杆上的位置对称并固定：

塔轮直径(cm)									
塔轮半径 r(cm)									
落地时间 t(s)									
$1/t(s^{-1})$									

3. 研究、测量刚体转动惯量与质量分布的关系.

保持重物、塔轮半径 r 及下落高度 h 不变，分别将对称支杆上的重锤 m_0，由外向里地对称移动 3 个不同部位，并测其质心距转轴的距离 x，然后分别测其落地时间 t，由式(2-58)计算出转动惯量值 J，比较 J 的大小与 x 的关系，分析说明 J 与质量分布的关系作出结论.

重锤质心距转轴的距离 x(cm)	A：	B：	C：
重物下落的时间 t(s)			
转动惯量值 J $(g\cdot cm^2)$			

J 值不确定度计算：

根据 J 值实验公式(2-58)，先计算合成相对不确定度 E_J

$$E_J=\sqrt{\left(\frac{\Delta m}{m}\right)^2+\left(\frac{\Delta r}{r}\right)^2+\left(\frac{\Delta h}{h}\right)^2+4\left(\frac{\Delta t}{t}\right)^2}$$

式中 Δm 取天平仪器误差为 0.03g，Δr 取游标最小读数 0.02 或 0.05mm，Δh 取米尺最小读数之半 0.05cm，Δt 取秒表最小读数 0.01s.

最后计算出合成不确定度

$$\sigma_J=J\cdot E_J$$

写出测量结果标准表示式：$(J\pm\sigma_J)(\mathrm{g\cdot cm^2})$，其余各 J_2、J_3 均按上述步骤计算.

4. 研究测量刚体转动惯量与质量的关系.

保持重物、塔轮半径 r 及下落高度 h 不变，将对称支杆上的重锤 m_0 换成一对铝质重锤. 按(3)的三个相同位置分别测其重物的落地时间 t，计算出转动惯量值和(3)的结果相比较，分析说明 J 与质量(材料密度不同)的关系，作出实验结论.

重锤质心距转轴的距离 x(cm)	A：	B：	C：
重物下落的时间 t(s)			
转动惯量值 J $(\mathrm{g\cdot cm^2})$			

J 的有关计算与(3)的相同.

［**思考题**］

1. 简要分析影响本实验测量结果的各种因素是什么？如何减小它们对实验结果的影响？

2. 本实验是通过怎样的思路来分析说明验证刚体的转动定律？

3. 你能设想出利用本实验装置验证刚体平行移轴定理的实验方案，试验证分析说明之.

实验七　液体表面张力系数的测定

液体表面好像一张拉紧了的橡皮膜一样，具有收缩的趋势，使其表面最小，这种沿着表面、收缩液面的力称为表面张力. 如图 2-31 所示.

在液面上，设想一条直线 MN，把液面分成 A、B 两部分，这两部分表面层中的分子存在着相互作用力，此二力大小相等，方向相反，垂直于分界线 MN，沿着液体的表面分别作用在表面层相互接触部分，这一对力叫做液体的表面张力. 其大小与 MN 的长度 L 成正比，即

$$f=\alpha L \tag{2-59}$$

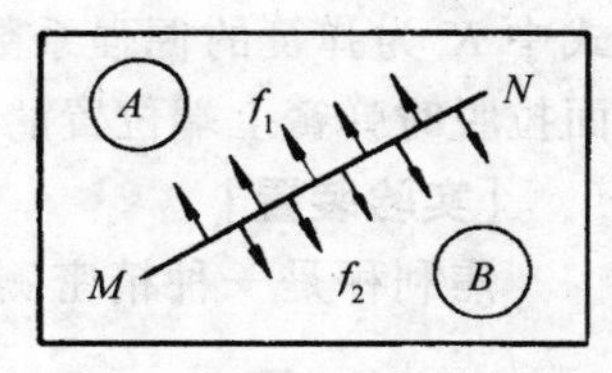

图 2-31　表面张力

式中比例系数 α 是表征表面张力特性的物理量，称为液体的表面张力系数，其大小与液体性质有关. 单位是"N/m"，数值上等于作用在液体表面上单位长度上的力.

各种液体表面张力系数随温度升高而减小. 对同一液体来说，α 值的大小与掺入的杂质有关，有的杂质可使 α 值增大，这种物质称为表面活性物质.

测定液体表面张力系数常用的方法有：拉脱法、毛细管升高法、液滴测重法、最大气泡压力法等. 下面仅就拉脱法和毛细管升高法作一介绍：

（一）用拉脱法测液体的表面张力系数

[学习要求]

掌握用焦利秤测量表面张力的原理和方法.

[实验目的]

1. 用焦利秤测量微小力；
2. 利用焦利秤测定水的表面张力系数.

[实验仪器]

焦利秤，张力环，砝码，烧杯，蒸馏水，温度计，游标卡尺.

[实验原理]

将一外直径为 d_1，内直径为 d_2 的金属圆环（张力环）水平地放入待测液体中，浸润后再将它水平、缓慢地提起时，在圆环下面将有液膜跟着提起，如图 2-32 所示. 由于液面收缩而产生的沿着切线方向的力 f 称为表面张力，角 φ 称为接触角. 当缓缓拉出圆环时，接触角 φ 逐渐减小而趋于零，则 f 的方向垂直向下. 在拉脱液体之前，圆环受力平衡条件为

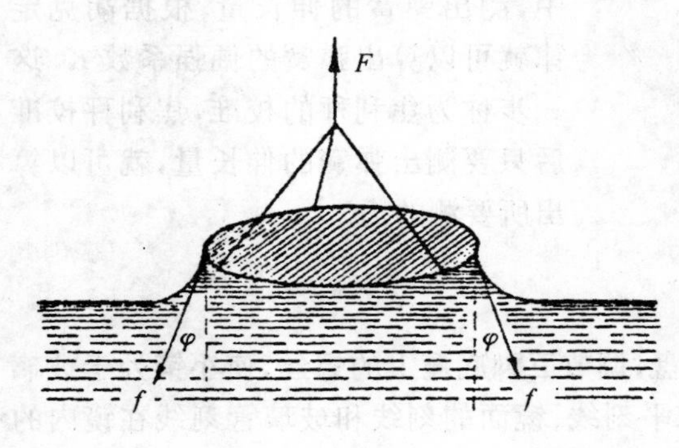

图 2-32　圆环拉出液面

$$F-mg-f=0$$

式中 F 是将圆环拉出液面时所施的外力，mg 为圆环和它所沾附的液体的总重量.

由(2-59)式可得

$$f=\pi(d_1+d_2)\alpha \tag{2-60}$$

用焦利秤测量 f 时，有公式（胡克定律）

$$f=K(x-x_0) \tag{2-61}$$

由(2-60)、(2-61)式可得

$$\alpha=\frac{K(x-x_0)}{\pi(d_1+d_2)} \tag{2-62}$$

式中 K 为弹簧的倔强系数，x_0 为圆环未浸入液体时弹簧上端位置的读数，x 为圆环从液面拉脱时弹簧上端位置的读数.

［实验装置］

焦利秤是一种精密测量微小力的弹簧秤，其结构如图 2-33 所示. 在直立的可上下移动的金属杆横梁上悬一根细弹簧，弹簧下端挂一带小镜的钩可用来悬挂砝码和金属圆环，带标尺刻度的金属杆在金属空管内，空管上附有游标和可移动的平台. 转动外立柱旋钮可以使横梁上下移动，因而可以调节弹簧的升降，弹簧上升或下降的距离可从标尺和游标的读数确定. 测量时，应使小镜上的中间水平刻线与固定在支架上的玻璃管上的刻度线在同一水平面上. 使镜面的刻线、玻璃管上的刻线及玻璃管刻线在镜中的像重合. 用这种方法可保证弹簧下端的位置是固定的，而弹簧的伸长量即为伸长前、后在标尺、游标上两次读数之差. 如果已知重量的砝码加在砝码盘中，测出弹簧的伸长量，根据胡克定律就可以算出弹簧的倔强系数 K. 这一步称为焦利秤的校准，焦利秤校准后只要测出弹簧的伸长量，就可以算出所要测的力.

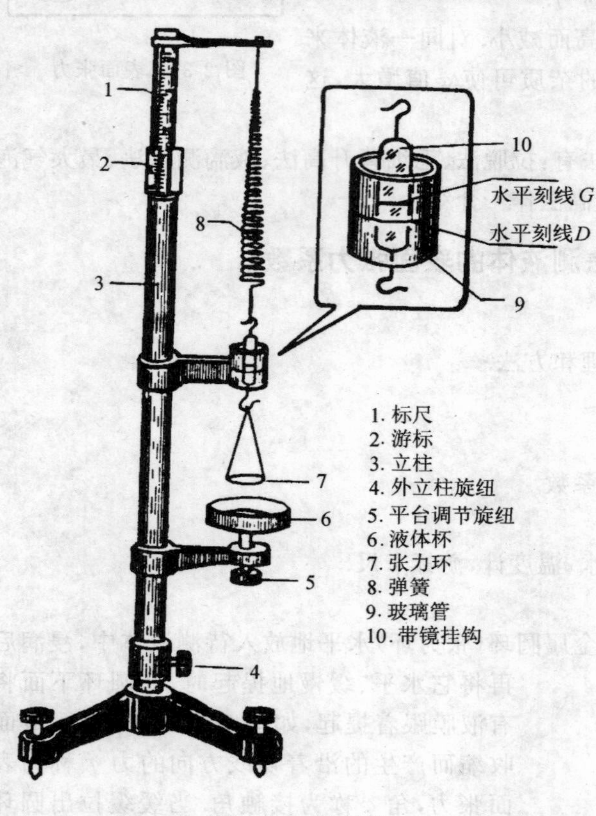

图 2-33　焦利秤

［实验内容］

1. 测出弹簧的倔强系数 K

按照图 2-34 挂好弹簧、带镜的钩和砝码盘，调节三脚底座上的螺丝，使小镜处于玻璃管中间位置. 转动升降旋纽，使玻璃管上的水平刻线、镜面的刻线和玻璃管刻线在镜内的像(三线)对齐，记下此时米尺和游标的读数 x_0'. 依次将质量相同的砝码 m 加在弹簧的下方砝码盘内，转动升降旋纽，重新调节使三线对齐，分别记下米尺和游标的读数 $x_1', x_2', \cdots x_5'$. 这些数据代入胡克定律可以算出 $\bar{K}$ 值.

2. 用游标卡尺测出金属圆环的内直径 d_1 和外直径 d_2. 然后将圆环用酒精、棉签仔细擦洗，最后挂在带小镜的下钩上，转动升降旋纽，使三线对齐，记下米尺游标的读数 x_0.

3. 转动平台下端的螺旋，将圆环浸入液体杯中，使平台缓缓下降. 由于表面张力作用在圆环上，小镜上的水平刻线也随之下降，重新调节升降旋纽，使三线对齐. 然后一手缓慢地旋转升降旋纽使圆环从液面向上提拉，一手旋转平台下端螺丝使平台下降，同时始终保持三线对齐，直到圆环脱出液面为止. 记下此时标尺游标的读数 x，可以得出弹簧的伸长量$(x-x_0)$．如此重复测量五次，测出弹簧的平均伸长$(\overline{x-x_0})$及其偏差．

4．记录实验前、后液体的温度(取平均值作为液体的温度)．

［注意事项］

1．不要用手拉动弹簧，加载砝码不得超过 3g，否则弹簧被拉坏不能使用．

2．要使金属圆环洁净，不能有油污．

3．实验中提拉液膜时，金属圆环要保持水平，不要摇摆，液膜破裂前，提升缓慢适当，始终保持三线对齐．

［记录与计算］

1．学生自己设计表格记录 $x_0',x_1',\cdots,x_5'$．用逐差法求弹簧的倔强系数

$$K_1=\frac{3mg}{x_3'-x_0'},\quad K_2=\frac{3mg}{x_4'-x_1'},\quad K_3=\frac{3mg}{x_5'-x_2'}$$

再算出倔强系数的平均值 $\bar{K}$，写出标准式 $\bar{K}+\sigma_K=$

2．各单次测量值：

圆环内直径　$d_1\pm\sigma_{d1}=$

圆环外直径　$d_2\pm\sigma_{d2}=$

液体的温度：初温 $t_1=$　　　　，末温 $t_2=$

3．拉脱液膜弹簧的伸长值

测量次数	提拉前标尺读数 x_0(cm)	液膜拉破时标尺读数 x(cm)	弹簧伸长值 $\|x-x_0\|$(cm)	偏　差 $\Delta\|x-x_0\|$
1				
2				
3				
4				
5				
平　均　值				

4．将以上数据代入式 (2-62)，算出液体表面张力系数 α，最后写出测量结果 $\alpha=\bar{\alpha}\pm\sigma_\alpha$.

［思考题］

1．本实验测弹簧的倔强系数 $\bar{K}$为什么要采用逐差法？用相邻读数之差来计算 $\bar{K}$有什

么缺点？

2. 怎样用图解法求焦利秤的倔强系数 $\bar{K}$？

3. 分析引起测量 α 值误差的主要原因.

（二）用毛细管升高法测水的表面张力系数

［**学习要求**］

1. 学会使用读数显微镜；

2. 学会一种测量液体表面张力的方法——毛细管法.

［**实验目的**］

测水的表面张力系数

［**实验仪器**］

毛细管，支架，光源，开管压强计，烧杯，打气球，温度计，读数显微镜.

［**实验原理**］

将毛细管插入液体中，如果液体分子与管壁分子间的附着力大于液体分子间的相互作用力，液体就要浸润管壁，使液面成弯月面，液体在管内就要升高，如图 2-34 所示，f 为表面张力，θ 为接触角，它的大小由液体与管壁材料的性质决定. 当液体达到平衡时，表面张力在竖直方向上的分量与液柱的重量相等，即

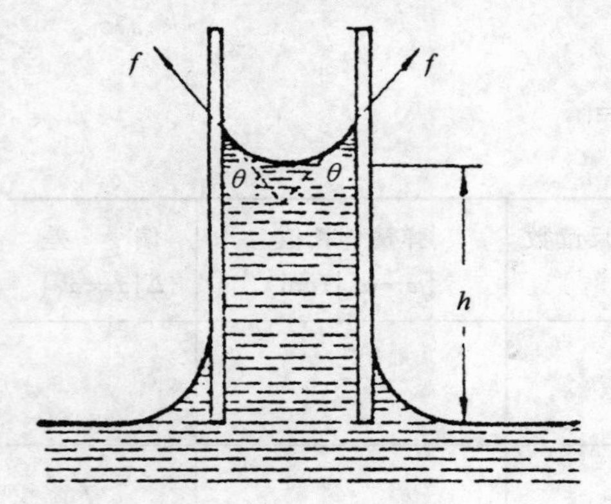

图 2-34　水在毛细管内上升

$$2\pi r \cdot \alpha\cos\theta=\pi r^2\rho gh \tag{2-63}$$

整理得

$$\alpha=\frac{\rho ghr}{2\cos\theta}$$

式中 r 为毛细管的内径，α 为液体的表面张力系数，h 为液柱的高度，ρ 为液体的密度，g 为重力加速度. 如果毛细管壁和水都很清洁，几乎完全浸润，即 $\theta=0$ 则上式改写为

$$\alpha=\frac{1}{2}\rho ghr \tag{2-64}$$

在上面的推导过程中，没有考虑凹球面最低点切面以上液体的重量，设这一部分体积约等于半径为 r，高为 r 的圆柱体和半径为 r 的半球体积之差，即为

$$\pi r^3-\frac{2}{3}\pi r^3=\frac{1}{3}\pi r^3$$

因此，忽略的液体重量为 $\frac{1}{3}\pi r^3\rho g$，加进这一修正项后，可得比(2-64)式更精确的计算公式：

$$\alpha=\frac{1}{2}r\rho g(h+r/3)=\frac{1}{4}d\rho g(h+d/6) \tag{2-65}$$

式中 d 为毛细管内直径，在要求不太精确的情况下，水的密度取 $1.00\times10^3\text{kg/m}^3$，$g=9.80\text{m/s}^2$，$d$ 和 h 的单位用米，可得

$$\alpha=2.45hd\times10^3(\text{N/m}) \tag{2-66}$$

只要测出毛细管内径 d 和液柱高度 h，就可以算出表面张力系数 α.

公认值 $\alpha_s=(75.6-0.14t)\times10^{-3}(\text{N/m})$.

比较求出百分偏差 B.

［**实验步骤**］

1. 测毛细管内径 d.

将毛细管从水中取出，甩干净其中的水珠，用夹子固定在水平位置上，如图 2-35 所示. 调节显微镜，使镜中能清楚地看见叉丝和毛细管端面的像(毛细管内孔的像是一个黑圆斑). 转动螺尺手柄，使镜中十字叉丝的竖线与孔的圆周相切，记下切点位置，显微镜的读数 d_1，继续沿同一方向徐徐转动螺尺，当叉丝与孔的黑圆斑另一边相切时，记下切点位置的读数 d_2，则毛细管内径 $d=|d_2-d_1|$. 转动毛细管，在不同的方位测量 d 五次. 求其平均值并计算不确定度.

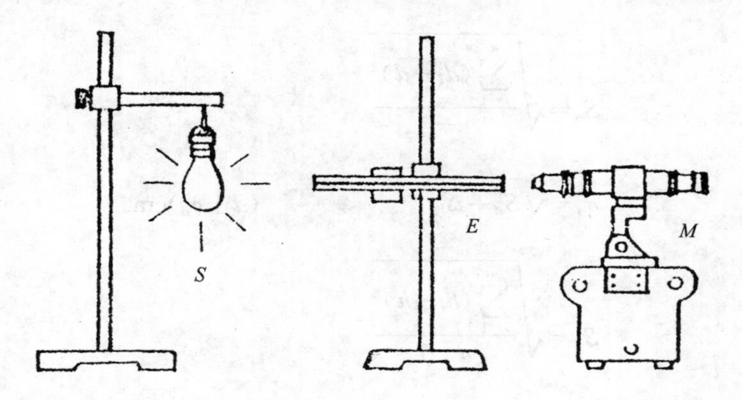

图 2-35 测毛细管内径

2. 测液柱高度 h.

测定液体在毛细管内上升的水柱高度 h，装置如图 2-36 所示，将毛细管竖直插入盛水的玻璃杯中，使被测直径端面与杯中水面接触. 此时由于表面张力作用，水在毛细管内上升，直到 h 高度，处于平衡.

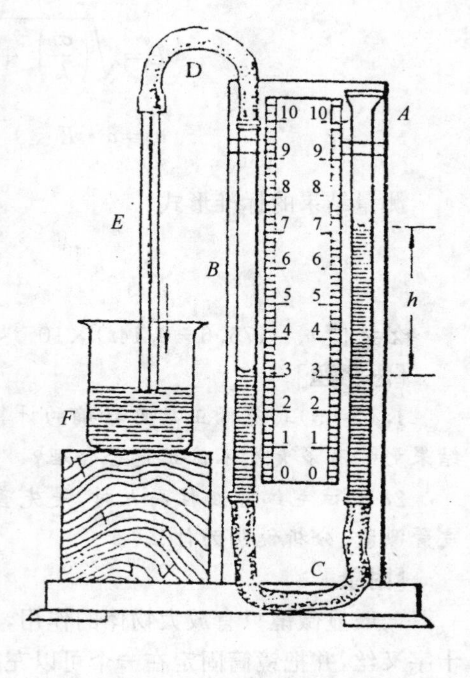

图 2-36 测管内水柱高 h

用橡皮管 D 将毛细管 E 与开口压强计 B 管联接，缓慢提升 A 管，使毛细管内液柱逐渐下降. 当 A 管内水面高出 B 管水面 h 时，E 管中的水柱恰好被压至管口，与杯中水面平齐. 此时记下 A、B

两管水面高度 h_1、h_2，则 $h=|h_2-h_1|$，重复测 h 五次，记下水温 t.

[注意事项]

1. 毛细管的测量端不得用手触摸，保持十分清洁.

2. 测量 h 时，毛细管中的水柱压至管口，与杯中水面平齐不得冒气泡.

3. 测量直径 d 时，测微螺旋的旋钮只能朝一个方向转，不得时而正转，时而反转，一定要克服显微镜的空转误差.

[记录与计算]

记下水的温度 $t=$　　　℃

$$\alpha=2.45hd\times10^3 \quad (\mathrm{N/m})$$

$$S_d=\sqrt{\frac{\sum_{i=1}^{n}(d_i-\bar{d})^2}{n-1}}$$

$$\sigma_d=\sqrt{S_d^2+\Delta_{仪}^2} \qquad (d\pm\sigma_d)\mathrm{cm}$$

$$S_h=\sqrt{\frac{\sum_{i=1}^{n}(h_i-\bar{h})^2}{n-1}}$$

$$\sigma_h=\sqrt{S_h^2+\Delta_{仪}^2} \qquad (h\pm\sigma_h)\mathrm{cm}$$

$$E=\sqrt{\left(\frac{\sigma_h}{h}\right)^2+\left(\frac{\sigma_d}{d}\right)^2}$$

$$\sigma_\alpha=\alpha\cdot E$$

测量结果的标准形式：

$$\alpha=\qquad\pm\sigma_\alpha \qquad (\mathrm{N/m})$$

公认值 $\alpha_s=(75.6-0.14t)\times10^{-3}$　　　(N/m)

[思考题]

1. (2-65)式是修正后更精确的计算 α 的公式，本实验采用(2-64)式，没有进行修正，结果影响有多大？不修正是否合理？

2. 测试毛细管液柱高 h 时，是先套上橡皮管浸入液体中，还是先浸入液体中再套橡皮管测量. 分析说明为什么？

[附录]

一般显微镜只有放大物体的作用，不能测量物体的大小. 如果在显微镜的目镜中装上十字叉丝，并把镜筒固定在一个可以左右或上下移动的导板上，而导板移动的距离可以由螺旋测微计或游标卡尺上读出，则这样改装的显微镜称为读数显微镜(图 2-37)，它主要用来精确测定微小的或不能用夹持量具测量的物体的大小，如毛细管内径，金属杆的线膨胀量、微小软球的直径等. 测量的准确度一般为 0.01mm.

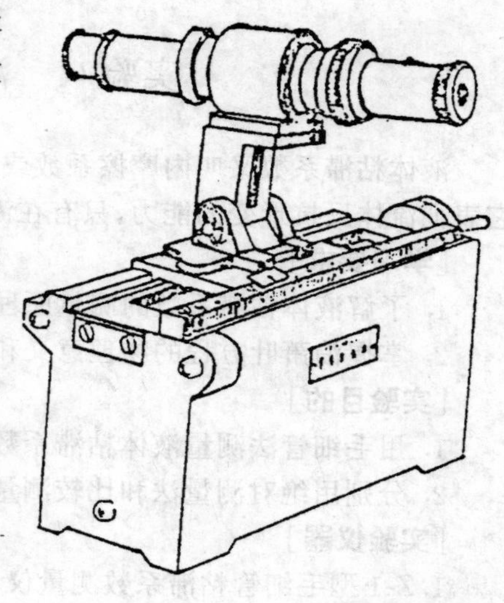

图 2-37　读数显微镜

1. 结构

主要部分为：放大微小物体的显微镜和读数用的主尺和附尺. 附尺有两种形式：一种是游标尺的形式，另一种是螺旋测微计的形式，其读数的原理分别与游标尺和螺旋测微计相同.

转动旋钮，即转动丝杆能使套在丝杆上的螺母套管左右移动. 调节固定螺钉可使装有显微镜的导板脱开，或固定在螺母套管上，脱开时，可使显微镜大距离的变化位置，以便对准待测物体，但不能读数. 固定后方可读数据.

显微镜由目镜、物镜和十字叉丝组成. 整个镜筒可以垂直于导板平面装置（如牛顿环实验所用）也可以装成和导板平面平行（如测毛细管实验所用），还可以将显微镜的基座旋转 90°，以端面 D 作为底面，用来测量高度的微小变化等. 为使显微镜有明亮的视场，必要时还需附有照明系统.

2. 使用方法

(1) 根据测量对象的情况，决定显微镜筒和基座的安放位置，把待测物体放在显微镜的物镜的正下方（或正前方）.

(2) 伸缩目镜筒，使十字叉丝清楚.

(3) 调节旋钮，改变镜筒与物体间的距离，使在目镜中看到清楚的物体的像，旋转目镜的镜筒，使十字叉丝的一条丝和主尺的位置平行，另一条丝用来瞄准物体的位置.

(4) 转动测微螺旋或轻轻移动待测物体，使显微镜内十字叉丝中的瞄准丝和待测物体一边相切，从主尺和附尺读出这一位置 X_1. 保持待测物体位置不变，转动测微螺旋旋钮，使显微镜的瞄准丝与待测物体的另一边相切读得 X_2. 于是待测物体的长度 L 为

$$L=|X_2-X_1|$$

3. 注意事项

(1) 初调时，眼睛通过目镜观察物像，只能使镜筒远离待测物体，以防止碰破显微镜物镜.

(2) 在整个测量过程中，十字叉丝的一条丝必须和主尺平行.

(3) 在每次测量（如 X_1 和 X_2）中，测微螺旋的旋钮只能向一个方向旋转，不能时而正转，时而反转. 如果正向前行的拖板突然停下来，要使它朝反方向进行，则旋钮丝杆一定在空转（即转动丝杆而拖板不动）几圈后才能重新推动拖板后退. 这是因为丝杆和螺母套筒之间有间隙的缘故.

实验八　液体粘滞系数的测定

液体粘滞系数又叫内摩擦系数或粘度，是描述流体内摩擦力性质的一个重要物理量．它表征流体反抗形变的能力，只有在流体内存在相对运动时才表现出来．

［学习要求］

1. 了解液体粘滞系数的测量原理；

2. 掌握泊萧叶方程的物理意义和适用条件．

［实验目的］

1. 用毛细管法测量液体粘滞系数；

2. 分别用绝对测量法和比较测量法，测试不同液体的粘滞系数．

［实验仪器］

1. Z-1 型毛细管粘滞系数测量仪；2. 电子秒表；3. 大管注射筒(抽提液体用)；4. 盛液体用的烧杯；5. 蒸馏水和酒精；6. 物理天平(公用)；7. 测液体密度用的比重瓶(公用)．

［实验原理］

当液体在作分层稳定流动时，不同液体层的运动速度是不同的．往往运动快的一层给运动慢的一层以拉力，而运动慢的一层又给运动快的一层以阻力，这一对作用力称为流体的内摩擦力，它是由流体分子之间相互作用而产生的，通过实验得知，液体流动时其内摩擦力的大小与两层液体相接触的面积 N 成正比，与层间速度梯度$\frac{dv}{dz}$(即沿垂直于速度方向上的单位长度的速度增量)成正比，见图 2-38．

$$f=\eta \cdot N \cdot \frac{dv}{dz} \tag{2-67}$$

式中的比例系数 η 就叫做该液体的内摩擦系数(或称为粘滞系数、粘度)．液体不同，它的粘滞系数值也不同，η 是描述液体流动性质的一个重要物理量．它在数值上等于当速度梯度变化一个单位时，作用于液体层单位面积上的内摩擦力．在 c·g·s 制中，η 的单位 P(泊)，以纪念法国科学家泊萧叶(Poiseuille)．一般应用时，泊的单位还可换算成 cP(厘泊)、mP(毫泊)．它们之间的换算关系是：

$$1\mathrm{P}=10^2\mathrm{cP}=10^3\mathrm{mP}=10^{-1}\mathrm{Pa}\cdot\mathrm{s}$$

液体的粘滞系数 η，随着温度的改变会发生明显的变化，因此测出的 η 必须指明是在什么温度条件下测得的，当温度上升时，液体粘滞系数值要减小，而气体则正好相反，当温度增高时，气体的粘滞系数值却要增加，但液体的粘滞系数值明显地比气体大．

当液体在作层流的情况下，流过细长均匀的圆柱形管子时，流速相同的各层正好是和管壁同轴的若干圆柱面，如图 2-38 所示，假设维持液体在管中流动的压强差是 ΔP

$$\Delta P=P_1-P_2$$

由(2-67)式可以推得单位时间内流过液体的体积 dV(有关详细推导，见附录)

$$\frac{dV}{dt}=\frac{\pi R^4 \Delta P}{8\eta L} \tag{2-68}$$

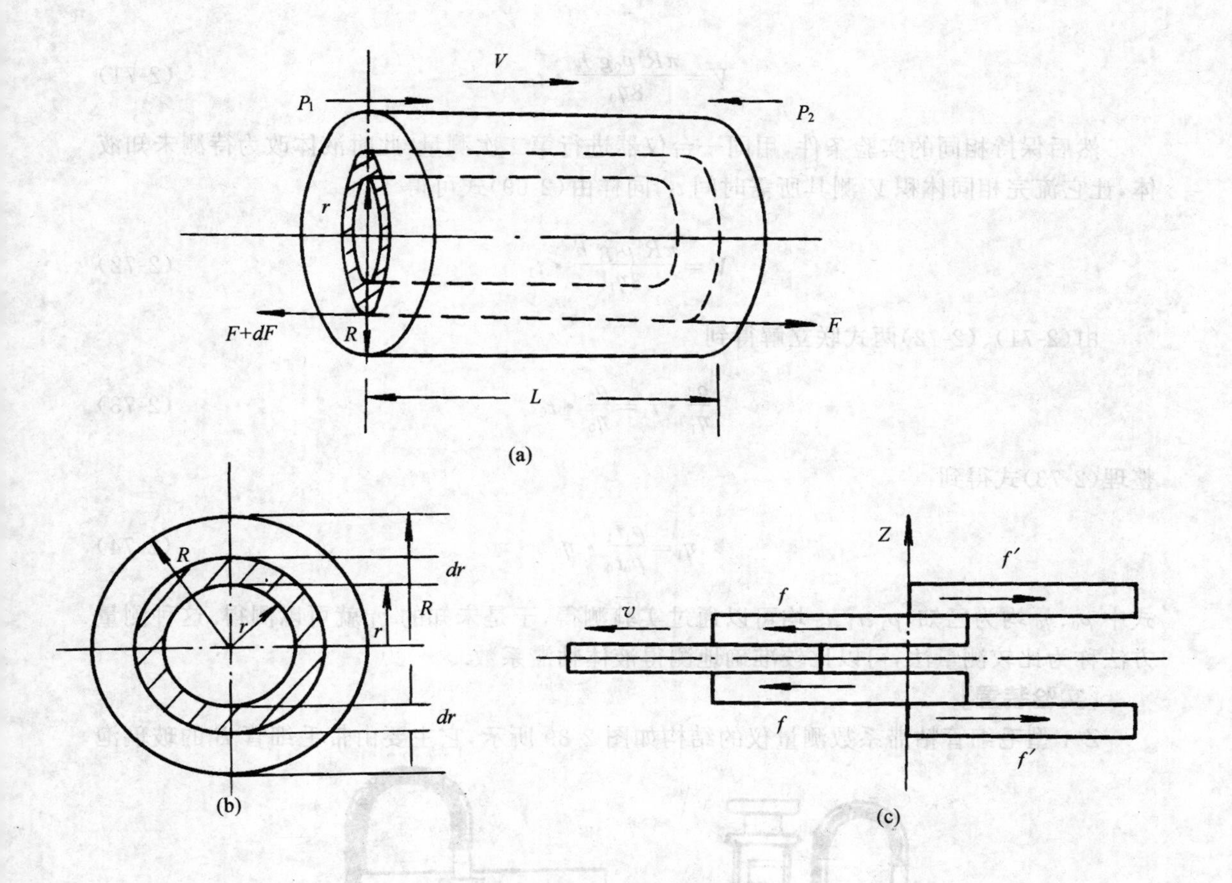

图 2-38 液体层流图

这就是著名的泊萧叶方程，式中的$\frac{dV}{dt}$即为流量，ΔP 是毛细管两端的压强差. 本实验是由重力产生的，故 ΔP 可以用$\rho g\bar{h}$来计算，R 和 L 分别是毛细管的内半径和管长. 将(2-68)式整理，并从 $0\rightarrow t$ 时刻内进行积分就可得到

$$V=\int_0^t \frac{\pi R^4 \rho g\bar{h}}{8\eta L}\cdot dt=\frac{\pi R^4 \rho g\bar{h}}{8\eta L}\cdot t \tag{2-69}$$

将(2-69)式整理解出 η

$$\eta=\frac{\pi R^4 \rho g\bar{h}}{8VL}\cdot t=\frac{3R^4 \rho g\bar{h}t}{4d^3 L} \tag{2-70}$$

如果 R、d、t、h、ρ、L 各量均可测得，由(2-70)式就可计算出 η. 这种测量方法称为绝对测量法. 因为 $\bar{h}$是一个变化的量，采用了取平均液柱高来近似代替，而毛细管半径 R 又是以四次方形式计算，并且 R 和 V 又不易精确测定，故在通常情况下，它的测量精度不高.

另外一种较为准确的测量方法，就是采用比较法进行测量. 它的测量原理是先用标准比较液体(这里用的是蒸馏水，η_0、ρ_0 均为已知)，让它流过一定体积 V 并测其所需时间 t_0. 由(2-69)式可得

$$V=\frac{\pi R^4\rho_0 g\bar{h}}{8\eta_0}\cdot t_0 \tag{2-71}$$

然后保持相同的实验条件，用同一台仪器进行第二次测量.此时液体改为待测未知液体，让它流完相同体积 V 测其所需时间 t_1，同样由(2-69)式可得

$$V=\frac{\pi R^4\rho_1 g\bar{h}}{8\eta_1}\cdot t_1 \tag{2-72}$$

由(2-71)、(2-72)两式联立解得到

$$\frac{\rho_1}{\eta_1}\cdot t_1=\frac{\rho_0}{\eta_0}\cdot t_0 \tag{2-73}$$

整理(2-73)式得到

$$\eta_1=\frac{\rho_1 t_1}{\rho_0 t_0}\cdot\eta_0 \tag{2-74}$$

式中 ρ_0、η_0 均为已知，ρ_1、t_1、t_0 均可以通过实验测得，于是未知的 η_1 就可以测得.这种测量方法称为比较测量法，可以比较准确地测得液体粘滞系数.

［实验装置］

Z-1 型毛细管粘滞系数测量仪的结构如图 2-39 所示，它主要由带毛细管 B 的玻璃泡

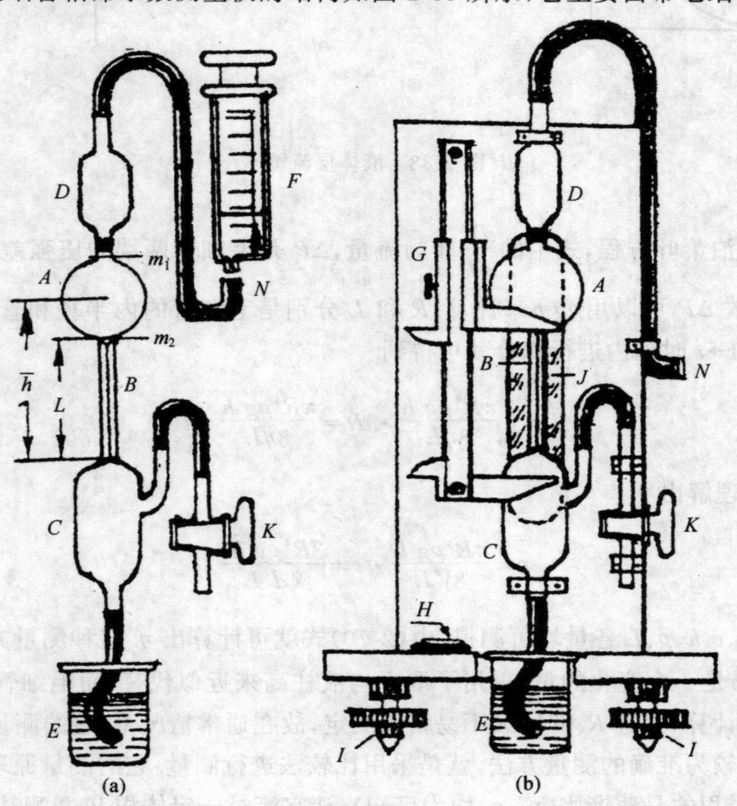

图 2-39 毛细管粘滞系数测定仪

A、D、C 和开关 K 构成连通器及仪器底座、支架等部分组成. 为了提高测量精度，在仪器上加装了游标尺 G. 在毛细管后安装了镜面反射装置 J. 为了保证实验时毛细管的竖直位置，在底座上装有水准气泡 H 和两只水平调节螺钉 I.

毛细管半径 R 是一个关键的仪器参数，制作仪器时，已精确地测出，标注在仪器的标牌上.

［实验内容］

1. 测量毛细管的长度. 注意：游标测钳口、毛细管端口、镜中游标测钳口的反射像三者必需重合. 单次测量，估计测量结果的不确定度.

2. 测量上球泡 A 的直径 d，同上. 单次测量，估计测量结果的不确定度.

3. 关闭开关 K，用烧杯 E 盛满待测蒸馏水，将管泡 C 下的橡皮管放于 E 内.

4. 用大管针筒从 N 处抽提液体，使待测液体充满 A 泡直达 D 泡的下部.

5. 取开针筒，打开 K，使液体在自重作用下，通过毛细管 B 向下流动，D 泡的液面开始下降.

6. 液面降至 A 泡顶部 m_1 处，按动秒表开始计时，此时液面缓慢下降，降到 A 泡底部 m_2 处按动秒表停止计时，记录液体流完球泡 A 所需的时间 t_1.

7. 重复上述步骤(4)、(5)、(6)，反复测量蒸馏水流完球泡 A 所需的时间五次，记录于表格中. 按要求计算时间 t 的不确定度.

8. 将待测液体换成酒精，重复上述步骤(4)、(5)、(6)、(7)反复测量酒精流完球泡 A 所需的时间五次，记录于表格中，按要求计算时间 t 的不确定度.

$R=\quad\pm\quad$ (cm)　　$L=\quad\pm\quad$ (cm)

$d=\quad\pm\quad$ (cm)　　$\bar{h}=L+(d/2)$　　$\bar{h}=\quad\pm\quad$ (cm)

次数	$t_{水}$	$t_{酒}$
1		
2		
3		
4		
5		
平均		

时间测量的不确定度 σ_t 计算：

$$S_t=\sqrt{\frac{\sum(t_i-\bar{t})^2}{n-1}}$$

其中 B 分量，就取秒表的仪器误差为 $0.01\text{s}=\Delta_{仪}$

测时间的不确定度

$$\sigma_t = \sqrt{S_t^2 + \Delta_{仪}^2}$$

$$t = \qquad \pm \qquad (s)$$

9. 按公式(2-70)代入有关的参数 R、L、d、h、t(其中 g、ρ 为已知常数)，直接计算出蒸馏水的粘滞系数 η_0. 计算 η_0 的合成不确定度 σ_{η_0}.

蒸馏水的 η_0 合成不确定度的计算：

$$E_{\eta_0} = \sqrt{\left(4\frac{\Delta_R}{R}\right)^2 + \left(\frac{\Delta_L}{L}\right)^2 + \left(3\frac{\Delta_d}{d}\right)^2 + \left(\frac{\Delta_{\bar{h}}}{\bar{h}}\right)^2 + \left(\frac{\Delta_t}{t}\right)^2}$$

$$\sigma_{\eta_0} = \eta_0 \cdot E_{\eta_0} \qquad \eta_0 = \qquad \pm \qquad (P)$$

10. 按公式(2-74)代入有关的参数 t_1、t_0、ρ_1(其中 η_0、ρ_0 为已知常数)，用比较的方法计算出酒精的粘滞系数 η_1.

按间接测量结果不确定度的计算，计算 η_1 的合成不确定度 σ_{η_1}.

酒精的 η_1 测量结果不确定度的计算：

$$E_{\eta_1} = \sqrt{\left(\frac{\sigma_{t_0}}{t_0}\right)^2 + \left(\frac{\sigma_{t_1}}{t_1}\right)^2}$$

$$\sigma_{\eta_1} = \eta_1 \cdot E_{\eta_1} \qquad \eta_1 = \qquad \pm \qquad (P)$$

[**思考题**]

1. 影响本实验的关键因素是什么？如何使测量值更为准确？

2. 直接测量法和比较测量法，在进行粘滞系数测量时各有其什么优点？这两种测量方法各适用于什么场合？

3. 在进行比较法测量时，必须注意的实验条件是什么？

4. 在测量液柱下降时间时，为什么必须打开开关 K？

[**附录**] 泊萧叶公式的推导

参见图 2-38，取一长为 L、粗细均匀的毛细管，水平放置，使液体在管中稳定流过. 将管中的液体柱分为与管轴一致圆管状液层，各层受到来自内层与流动方向相同的内摩擦力 F 和受到来自外层与流动方向相反的内摩擦力 $-(F+dF)$ 的作用. 设半径为 r 的管状液体薄层的流速为 v，则

$$F = -2\pi rL\eta \cdot \frac{dv}{dr} \tag{2-75}$$

$$dF = \frac{dF}{dr} \cdot dr = -2\pi L\eta \frac{d}{dr}\left(r \cdot \frac{dv}{dr}\right)dr$$

设管端的压强分别为 P_1 和 P_2，则此圆管状薄液层上作用的外力为 $2\pi rdr(P_1 - P_2)$，因为液体处于稳流状态，所以此外力必定和作用于此液层的内摩擦力 $-dF$ 相互平衡，即

$$2\pi rdr(P_1 - P_2) + 2\pi L\eta \cdot \frac{d}{dr}\left(r \cdot \frac{dv}{dr}\right)dr = 0$$

所以

$$\frac{d}{dr}\left(r\cdot\frac{dv}{dr}\right)dr=-\frac{P_1-P_2}{L\eta}rdr$$

将此式积分，得出

$$r\cdot\frac{dv}{dr}=-\frac{P_1-P_2}{2L\eta}\cdot r^2+c_1$$

在 $r=0$ 时，此式也成立，因此可知 $c_1=0$，因而

$$\frac{dv}{dr}=-\frac{P_1-P_2}{2L\eta}\cdot r$$

将此式积分，得出

$$v=-\frac{(P_1-P_2)\cdot r^2}{4L\eta}+c_2 \tag{2-76}$$

设毛细管半径为 R，而在毛细管管壁处的液体流速为 0，即 $[v]_{r=R}=0$，所以

$$c_2=\frac{(P_1-P_2)\cdot R^2}{4\eta L}$$

将此关系式代入(2-76)式可得

$$v=\frac{P_1-P_2}{4\eta L}\cdot(R^2-r^2)$$

上式表示距轴心 r 处流速的大小. 设 t 秒时间内从管中流出的液体体积为 V，则

$$V=\int_0^R 2\pi vtrdr=\frac{(P_1-P_2)\cdot\pi t}{2\eta L}\int_0^R r(R^2-r^2)dr$$

最后导得泊萧叶公式为

$$V=\frac{\pi R^4}{8\eta L}(P_1-P_2)\cdot t$$

由于本实验采用的是自重型毛细管法测量，压强差为

$$(P_1-P_2)=\rho g\,\bar{h}$$

泊萧叶公式应用于本实验为

$$V=\frac{\pi R^4}{8\eta L}\cdot\rho g\,\bar{h}\cdot t$$

[附表]

纯水的粘滞系数值 (cP)

温度	0(℃)	10(℃)	20(℃)	30(℃)	40(℃)
0	1.7921	1.3077	1.0050	0.8007	0.6560
1	1.7313	1.2713	0.9810	0.7840	0.6439
2	1.6728	1.2363	0.9579	0.7679	0.6321
3	1.6191	1.2028	0.9358	0.7523	0.6207
4	1.5674	1.1709	0.9142	0.7371	0.6097
5	1.5188	1.1404	0.8937	0.7225	0.5988
6	1.4728	1.1111	0.8737	0.7085	0.5883
7	1.4284	1.0828	0.8545	0.6947	0.5782
8	1.3860	1.0559	0.8360	0.6814	0.5683
9	1.3462	1.0299	0.8180	0.6685	0.5588

不同温度下水的密度 ρ(g/cm^3)

温度	0(℃)	10(℃)	20(℃)	30(℃)
0.0	0.999 867	0.999 727	0.998 229	0.995 672
0.5	899	681	124	520
1.0	926	632	017	366
1.5	949	580	0.997 907	210
2.0	968	524	795	051
2.5	0.999 982	0.999 465	0.997 680	0.994 891
3.0	992	405	563	728
3.5	998	339	443	564
4.0	1.000 000	271	321	397
4.5	0.999 998	200	196	263
5.0	0.999 992	0.999 126	0.997 069	0.994 058
5.5	982	049	0.996 940	0.993 885
6.0	968	0.998 969	808	711
6.5	951	886	674	534
7.0	929	800	538	356
7.5	0.999 904	0.998 712	0.996 399	0.993 175
8.0	876	621	258	0.992 993
8.5	844	527	115	808
9.0	808	430	0.995 969	622
9.5	769	331	822	434
10.0	727	229	672	244

第三章　电磁测量

电磁测量是研究电流、电压、电阻、电容、电感、频率等电路参量和电场、磁场的测试原理、方法和技术的一门科学，是物理实验课的主要内容之一.由于电磁测量具有仪器灵敏度高、测试范围宽、滞后小、响应快等优点，特别适用于迅变和动态过程的测试与记录；许多非电量都可以转化为电测，因而它在现代生产、科学研究及国民经济各部门均得到广泛应用.

本章安排了10个具有典范性的实验课题.通过这些实验，学习和掌握测试电路基本参量和电场、磁场场量(如电流、电压、电阻、静电场、磁场强度等)的原理和基本方法(如直读法、比较法、模拟法、非电量电测法等)，熟悉直读式仪表、较量仪器、电子示波器等常用电磁测量仪器的性能和操作使用技术.

由于电磁测量系统较为复杂，特别是用各种电源的带电操作，若测试过程稍有不慎，极易酿成人身安全和设备事故.为此，做电学实验时，必须严格遵守有关安全操作规程和制度，决不可掉以轻心.如“先接线路，后接电源；先断电源，后拆线路.”“滑线电阻在限流、分压使用时，活动端先放在安全位置”等.所以本章开头特安排“电学实验基础”，让大家熟悉有关基本知识，为顺利进行电磁学实验打下良好基础.

实验九　电学实验基础

［学习要求］

1. 了解电源、电表、电阻等电学元件、电学仪器的性能，学会正确使用.
2. 了解电磁测量的特点及电磁学实验的规则.
3. 掌握电表、电阻箱等测量的误差及不确定度的计算.

（一）物理实验室的电源

任何电学实验总离不开电源.电源是线路能量的供给者.实验室中常用的电源有如下几种：

1. 交流电源

就是电压(或电流)随时间周期性变化的电源.通常我们使用的市用交流电源频率为50Hz，单相电源电压为220V，三相电源的相间电压为380V.

音频信号发生器也是常用的交流信号电源，它的频率可从数十赫到数百千赫范围内连续可调.这种电源能提供的电流不大，主要是作标准频率使用.使用时要注意它的输出功率，切不可超过它的额定值，否则会损坏电源.

2. 直流电源，它分为两类

(1) 经交流电整流的直流电源，这就是实验室常用的各种晶体管稳压电源、低压电源、多用电源.它们的优点是使用方便，便于搬运，寿命也远比化学电池长.

(2) 化学电池

化学电池是将化学能转变成电能的电源,分原电池及蓄电池两种.干电池、标准电池就属于原电池.

干电池的电动势为1.5V,内阻为0.01～0.5Ω.随着使用时间的增加,它的内阻将会增大到1Ω以上,电压降到1.3V以下就不能再使用了.

标准电池是一种电动势极为稳定的原电池,它只能作为电压的标准,而不能作为电能的供应者,使用时要特别小心.

蓄电池在充电时将电能转变为化学能,放电时又将化学能转变为电能.使用时,当电动势低于一定数值后,可以再行充电,电动势会恢复正常.蓄电池有酸蓄电池和碱蓄电池之分.酸蓄电池(又称铅蓄电池)电动势是2.1V,内阻为0.02～0.10Ω.碱蓄电池(又称铁镍蓄电池)电动势1.45V,内阻为0.1Ω以下.当酸蓄电池电动势降到1.8V,碱蓄电池降到1.2V时必须重新充电,否则会"累死".

3. 使用电源必须注意:

(1) 使用电源时,首先要分清是直流电源还是交流电源,要考虑电源的输出电压、额定功率.如果实际输出功率超过额定功率就会损坏电源.

(2) 在接入直流电源前,一定要分清正负极性.

(3) 任何电源,都绝对不允许短路.

(4) 电学实验中在合上电源以前,一定要反复审查线路,确实判明接线无误后,经教师复查方可合上电源.操作过程发生故障,必须立即断开电源,查出原因后才可合上电源.实验完毕,应先断电源,后拆线路.

(5) 市用交流电源,电压较高,要注意人身安全,各种仪器在接入市用交流电源前,要弄清仪器规定的输入电压是否符合要求.

(6) 蓄电池内装有酸或碱性溶液,在使用和搬动时,切忌电液流出伤害人体和仪器.

(二) 电 表

电表是测量电学参量的主要仪器之一.电表按工作原理可以分为磁电式、电磁式、电动式、感应式、整流式、静电式、热电式等.按待测量名称可分为电流表、电压表、功率表、欧姆表等.我们仅介绍磁电式仪表.

1. 磁电式电表的原理

磁电式电表是根据通电线圈在磁场中受力矩作用而发生转动的原理制作的,将待测电流的大小转换成线圈的机械转角而加以测定.任何一个磁电式电表总是由驱动装置、平衡装置、阻尼装置等基本部分组成,图3-1(a)是磁电式电表结构示意图.

蹄形永久磁铁的前端安有两弧形极掌,可动线圈和软铁芯置于弧形极掌中,利用极掌和软铁芯使空隙间的磁场形成均匀辐射状,如图3-1(b)所示.可动线圈的转轴前后装有两盘游丝,用以平衡线圈的转矩,可动线圈(即动圈)的转轴上安有指针,以指示线圈转角.为了调节动圈的零点,还设有调零机构.

当动圈通以待测电流I时,线圈在磁感应强度为B的均匀磁场中受到的力矩为

$$M=BILCN \tag{3-1}$$

式中L为线圈长;C为线圈宽;N为线圈的匝数.

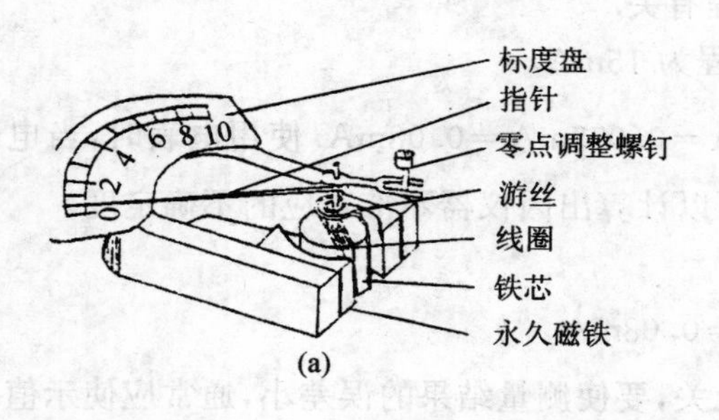

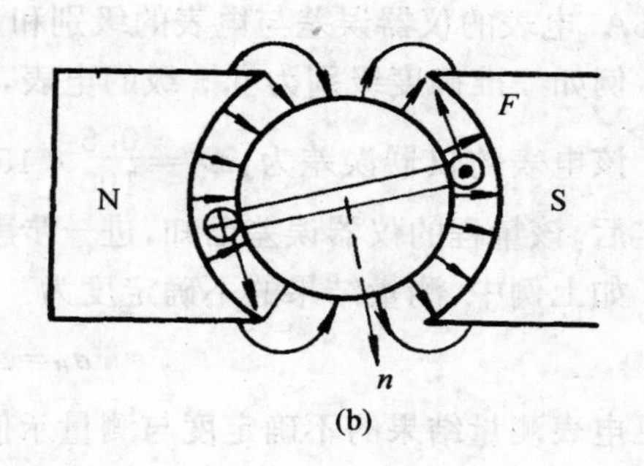

图 3-1 磁电式电表结构示意图

当线圈转动了 θ 角而停止转动时，它所受的磁力矩与游丝的反作用力矩相等，游丝的力矩 M_a 为

$$M_a = D\theta \tag{3-2}$$

D 为游丝的反作用力矩系数，它数值上等于游丝转动单位角度所需的力矩.

由(3-1)、(3-2)式可得

$$BILCN = D\theta$$

$$I = \frac{D}{BLCN}\theta$$

令

$$S = \frac{BLCN}{D}$$

则得

$$\theta = SI \tag{3-3}$$

(3-3)式表明线圈的转角和流入线圈中的待测电流的大小成正比，因而就可以用线圈的偏转角来标度待测电流的大小.

系数 S 值与电表的结构有关，它数值上等于线圈中通以单位电流所引起的偏转角度值. 对于同样的电流，S 愈大，线圈转角愈大，电表愈灵敏，故 S 称为电表的灵敏度.

当线圈通电发生转动时，线圈具有转动动能，所以在线圈达到平衡位置时，它还不会马上静止下来，而在平衡位置附近摆动. 灵敏度愈高的电表，摆动时间愈长，给读数带来困难. 为此，专门设计了一个阻尼装置. 磁电式电表的阻尼装置多采用将动圈的框架作成一闭合铝质框架来代替. 当线框摆动时，框架切割磁力线，产生感生电流，此电流与磁场相互作用将阻止线框摆动，使线框较快地停下来.

一个磁电式电表除了上述三个主要部分外，还有其他一些附件，如表壳、指针、度盘、接线柱、平衡锤、固定支架和调零装置等.

磁电式电表的优点在于灵敏度高，偏转角与电流成正比，标尺分度均匀，消耗功率小. 它的缺点是磁场方向固定，因而只能测直流.

2. 电表的仪器误差

仪器误差是指电表在正常条件下使用时，测量值与被测量真值之间可能产生的最大误差. 例如用电表测量 3.00A 的电流，电表读数为 2.95A，测该电表的仪器误差为

0.05A. 电表的仪器误差与电表的级别和量程有关.

例如 准确度级别为 0.5 级的电表,量程为 15mA.

该电表的仪器误差为: $\Delta_{仪}=\frac{0.5}{100}\times 15\text{mA}=0.075\text{mA}=0.08\text{mA}$. 使用电表时,当电表选定后,该量程的仪器误差已知,进一步就可以计算出因仪器不准对应的不确定度.

如上例中,测量结果的不确定度为

$$\sigma_B=\Delta_{仪}=0.08\text{mA}$$

可见电表测量结果的不确定度与测量示值无关,要使测量结果的误差小,通常应使示值为量程的$\frac{2}{3}$左右.

电表的准确度等级为最大基本误差与量程之比的百分数,即

$$a(\%)=\frac{\Delta}{A_m}\times 100\%$$

a 为准确度级别(也称精度,通常省略了百分符号),Δ 为仪器正常条件下使用可能发生的最大误差(仪器误差),A_m 为仪器的量程.

电表准确度一般分为七级:0.1,0.2,0.5,1.0,1.5,2.5,5.0 级. 目前已有 0.05 级的电表出现,其中 0.1 和 0.2 级多用作标准来校正其它电表. 0.5 级、1.0 级表用于准确度较高的测量中.

电表的准确度以及其它一些性质均用一定的符号标在电表的标度盘上. 为便于使用,现将常用符号的意义介绍如下:

符号	名称	符号	名称	符号	名称
kA	千安	MΩ	兆欧	～	交流
A	安	kΩ	千欧	≂	交直流
mA	毫安	Ω	欧	1.5	准确度
μA	微安		磁电式	⊥	垂直放置
kV	千伏		电磁式	□	水平放置
V	伏		电动式	—	负端钮
mV	毫伏	—	直流	+	正端钮

3. 电表的使用

使用电表必须注意下述问题：

(1) 要根据测量的要求选择量程合适的电表. 电表级别的选用应根据测量结果准确度的要求而定.

(2) 电表接入线路时，对直流电表一定要注意它的正负极性，而交流电表一定要分清电表的适用频率，电流表应串入被测的电路中.

(3) 要注意电表接入给测量结果带来的影响. 每支电表有一定的内阻，电表接入线路后，将使原电路的参数发生变化，因而给测量结果带来误差. 这种因电表接入引起的测量误差称为接入误差，属于系统误差. 例如在用伏安法测量电阻的实验中，用电表测量电流和电压，显然可以采用两种不同的接线方法，如图 3-2 所示.

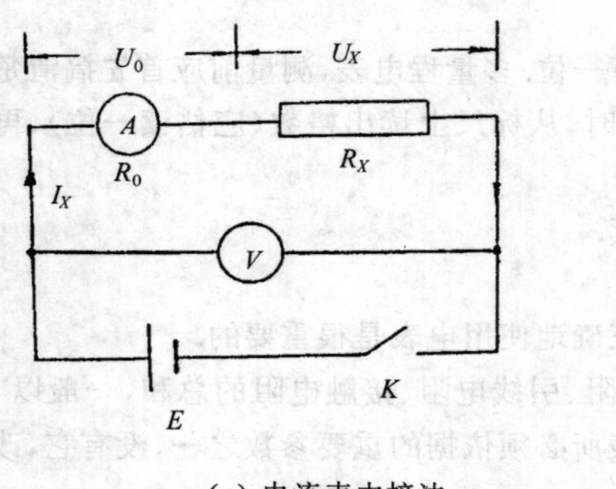

(a) 电流表内接法　　(b) 电流表外接法

图 3-2

现在估计电表接入引起的误差. 设电流表的内阻为 R_0，待测电阻为 R_X. 对图 3-2(a) 的线路，电压表量出的电压值是待测电阻 R_X 上的电压降与电流表内阻上的电压降之和. 即

$$U=U_0+U_X$$

若此时电流表的读数为 I_X，因而

$$\frac{U}{I_X}=\frac{U_0+U_X}{I_X}=R_0+R_X=R_X\left(1+\frac{R_0}{R_X}\right) \tag{3-4}$$

可见，这时测得的并非是待测电阻值，而是待测电阻与电流表内阻之和. 显然 R_0/R_X 就是电表接入误差. 如果 $R_X \gg R_0$，则 R_0/R_X 可以略去不计，也就是说电流表内接法适合于测量较大的电阻. 只要知道电流表的内阻，就可对测量结果进行修正.

在图 3-2(b)的线路中，电流表量出的电流值并非是 R_X 上电流 I_X，而是 I_X 与流经电压表的电流值 I_U 之和. 设电压表读数为 U_X 则得

$$\frac{U_X}{I}=\frac{U_X}{I_X+I_U}=\frac{U_X}{I_X\left(1+\frac{I_U}{I_X}\right)}\approx\frac{U_X}{I_X}\left(1-\frac{I_U}{I_X}\right)$$

$$=R_X\left(1-\frac{R_X}{R_U}\right) \tag{3-5}$$

式中 R_U 为电压表的内阻. 显然 R_X/R_U 为电表接入误差. 如果 $R_X << R_U$，接入误差就可以略去不计，即是说，电流表外接的方法适合测量待测电阻阻值较低的情况. 若已知电压表的内阻，就可对测量结果进行修正.

在其它线路中也应考虑电表接入对原电路的影响.

(4) 正确读数

测量前应将电表指针调到零刻线(即消除零差). 若电表标尺上带镜子，应以指针与镜中的像重合时指针所指读数为准；若没有镜子，应以刀形指针侧面看去成一线时指针所指读数为准(即消除视差).

有效数字的记录一般读到最小刻度的下一位. 多量程电表，测量前应首先搞清楚所用量程每格代表的格值数即每格的大小，读数时，从标尺上读出格数(应估读一位)，再乘以格值数.

对于数字显示的电表，直接记录，不估读.

4. 电表的参数

了解电表的参数对了解电表的性能及正确地使用电表是很重要的.

(1) 表头内阻：是指偏转线圈的直流电阻、引线电阻、接触电阻的总和，一般以 R_g 表示. 表头内阻是将表头改装成电流表、电压表所必须依据的重要参数之一，没有它，改装工作将无法进行.

(2) 表头灵敏度：表针偏转指在满刻度时，表芯线圈所通过的电流值，以 I_g 表示. 显然，表头灵敏度就是表头的满量程. 那么，为什么一般都称为表头灵敏度呢？这是因为，使表头的指针偏转到满刻度所需通入的电流越小，说明表头的测量机构越灵敏(即 I_g 的大小反映了测量机构的灵敏程度)，因此称为表头灵敏度. 表头灵敏度是电表改装所依据的另一重要参数.

我国目前生产的常用的磁电式表头，其表头灵敏度一般为几微安、几十微安，最高也在几毫安左右.

5. 几种常用的电表简介

(1)直流电流表：一只表头作为电流表进行电流的测量时往往因其量程太小难于满足实际测量的需要，一般都需将其量程加以扩大. 方法是：在表头的两端并联一个合适的电阻(进行分流)就改装成了一定量程的电流表了. 如果并联多个不同的分流电阻就改装成了多量程的电流表.

直流电流表根据其量程的不同，一般分为直流微安表、直流毫安表和直流安培表三系列.

(2)直流电压表：同样，一只表头原则上也可以作为电压表来测量电压，但量程也嫌太小. 实际上都是给表头串联一个阻值适当的电阻，将电压量程扩大. 用电压表对某两点间的电势差进行测量时，应将电表与这两点并联. 为了不因电压表的接入而改变电路原来的状态(将分流作用减到最小)，总希望电压表的内阻越大越好. 电压表的内阻是由它的电压灵敏度与其量程的乘积来决定的.

所谓电压灵敏度是指表头灵敏度的倒数，即$\frac{1}{I_g}$. 例如两电压表的表头灵敏度分别为1mA 和 100μA，则它们的电压灵敏度分别为$\frac{1}{1\text{mA}}=1\text{k}\Omega/\text{V}$和$\frac{1}{100\mu\text{A}}=10\text{k}\Omega/\text{V}$，电压灵敏度高的电压表对被测电压的反应灵敏，所有的电压表均在表盘上标出电压灵敏度的数值.

(3)灵敏检流计(即磁电式指针检流计)：在直流单臂电桥及电位差计的实验中，都要用到这种检流计，例如用它去检查平衡的电路是否达到平衡状态. 它在结构与工作原理方面和直流电流表是完全相似的，只不过在指针检流计中，以悬丝(或吊线)代替了磁电式电流表中的转轴、游丝系统. 悬丝的扭转系数比游丝的扭转系数小得多，因此指针检流计具有高灵敏度这一显著特点，可用来检测微小电流，数量级一般可达$10^{-6}\sim10^{-12}$A/格.

使用指针检流计要注意以下几点：

①检流计要避免剧烈振动，以免损坏悬丝.

②检流计不用时，应将指针止动，即让线圈短路，用时再将指针启动，并调节到平衡点零位置.

③在电路未达到平衡前，必须接入一个保护电阻，以免过载而损坏检流计，当接近平衡时，再将保护电阻减小到零.

(三)电　阻

电阻是电路中最基本的元件之一，它的型号、规格、品种都很多，这里仅介绍与电学实验有关的电阻.

1. 电阻的分类

(1)固定电阻：它包括碳膜电阻、碳质电阻、金属膜电阻、线绕电阻等，它们都大量用于电子仪器仪表中. 另外，标准电阻也是一种固定电阻，它是用温度系数极小的金属丝双线并绕而成，通常用作测量与校准.

(2)可变电阻：它包括滑线电阻、电阻箱、电位器等，在电学实验中以下两种用得最多：

(a)滑线电阻：

滑线电阻是将电阻丝绕在长直陶瓷管上，电阻丝的两端用接线柱 A、B 接出(见图 3-3(a))，在陶瓷管上端有一平行铜杆，铜杆安有可动电刷 C，C 与陶瓷管上的电阻丝保持良好的电接触，铜杆的端部用一接线柱接出. 显然，AC 与 BC 之间电阻值随 C 电刷的不同位置而变化. 滑线电阻在电路图中的代表符号如图 3-3(b)所示.

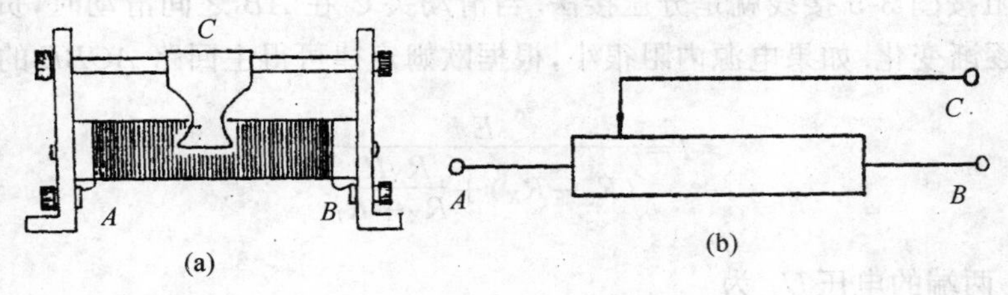

图 3-3　滑线电阻

滑线电阻的参数主要是:①全电阻阻值(即 AB 间的电阻)②额定电流(即允许通过的最大电流).

滑线电阻在电路中主要用来控制电路里的电流和电压.它在线路中有限流和分压两种最基本的接法.

若按图 3-4 接线就是限流接法.令 $R_{AB}=R_0$,$R_{AC}=R_X$,略去电源内阻,根据欧姆定律,可得回路电流:

$$I=\frac{E}{R_L+R_X} \tag{3-6}$$

由(3-6)式可见,在负载电阻 R_L 为定值时,回路里的电流随 R_X 而变化,即移动滑动头 C 便可连续地改变线路电流.回路电流的可调值在 $I_{\max}=E/R_L$ 和 $I_{\min}=E/(R_L+R_0)$ 之间.

有时不仅需要调节电流大小,而且希望在可调范围内细致地调节电流,这称为细调精细度.求(3-6)式的微分,并改微分符号为 Δ 则有

$$|\Delta I|=\frac{E}{(R_L+R_X)^2}\Delta R_X=\frac{I^2}{E}\Delta R_X \tag{3-7}$$

(3-7)式表明:细调精细度与回路电流的平方成正比,电流越大,细调越困难;同时它又与 ΔR_X 有关,ΔR_X 为改变电阻丝一圈所对应的电阻值,所以在选择滑线电阻时要注意到每一圈电阻丝的阻值,看它能否达到细调精细度的要求.

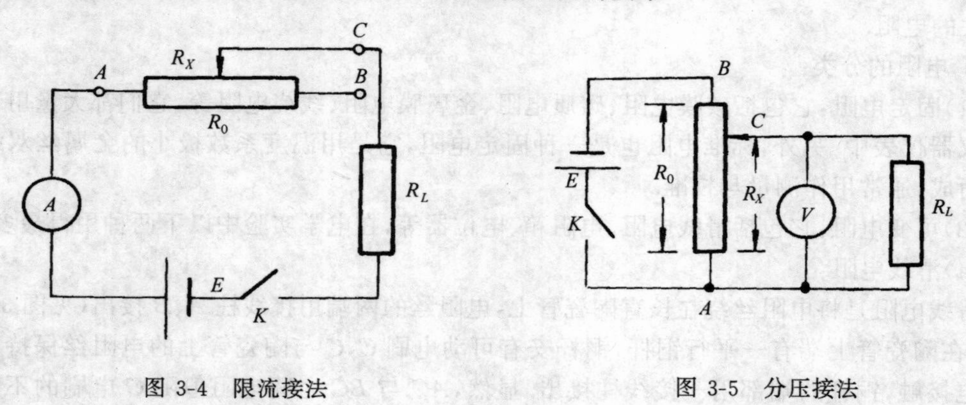

图 3-4　限流接法　　　　　　　　图 3-5　分压接法

滑线电阻按图 3-5 接线就是分压接法.当滑动头 C 在 AB 之间滑动时,负载 R_L 两端的电压将会逐渐变化.如果电源内阻很小,根据欧姆定律可得主回路 $ACBE$ 的电流:

$$I=\frac{E}{(R_0-R_X)+\dfrac{R_XR_L}{R_X+R_L}}$$

负载 R_L 两端的电压 U_L 为

$$U_L=\frac{E}{(R_0-R_X)+\dfrac{R_XR_L}{R_X+R_L}}\cdot\frac{R_XR_L}{R_X+R_L}$$

$$=\frac{E\cdot R_X\cdot R_L}{(R_0-R_X)(R_X+R_L)+R_XR_L}$$

$$=\frac{E}{\frac{R_0-R_X}{R_L}+\frac{R_0}{R_X}} \tag{3-8}$$

由(3-8)式可以看出：当 $R_L\to\infty$时，$U_L=\frac{E}{R_0}R_X$，即负载的电压随 R_X 线性地变化. 滑动头 C 从 A 向 B 滑动，电压表的示值均匀地增加，电压调节范围为 $0\sim U_{AB}$之间.

当 R_L 为有限值时，U_L 和 R_X 将不成线性关系，移动 C，分压值并不均匀变化，R_L 越小，这种现象越严重. 一般我们将 R_0 的阻值选在 $R_L/R_0>2$ 时，U_L 与 R_X 基本上就接近线性关系了.

(b)电阻箱

电阻箱是实验室常用的具有较高精度的仪器，一般可用它来检定直流欧姆表、万用电表的欧姆档和低准确度的直流单臂电桥，或用作调配分流电阻及附加电阻的替代元件. 电阻箱是一个由若干已知电阻线圈按一定形式连接在一起而组成的可变电阻器. 其电阻值的变化是通过变换装置. 使其阻值可在已知的范围内按一定的阶梯而改变. 图 3-6 就是阻值范围在 0～9999Ω 的四转柄电阻箱中最后一个转柄的电路组成线路.

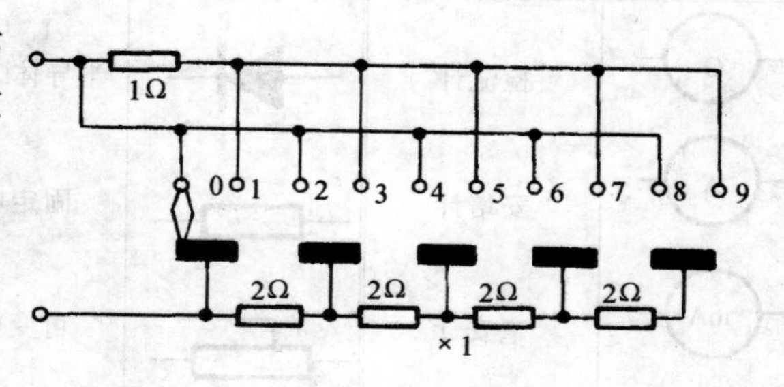

图 3-6　转柄电阻

电阻箱的仪器误差：对不同型号的电阻箱，按误差大小，其准确度等级 a 可分为：0.02 级，0.05 级，0.1 级，0.2 级和 0.5 级五个级别.

a 代表最大相对百分误差. 例如在电阻箱上读数 $R=6442\Omega$，若此电阻箱 $a=0.1$ 级，则其仪器误差(示值误差)为

$$\Delta R=R\cdot a\%=6442\times0.1\%=7\Omega$$

电阻箱的额定功率：凡未特殊标明的电阻箱，通常均以 1/4W 来计算其最大允许电流. 例如若使用×100 这一档，则该档电阻允许通过的最大电流

$$I_{\max}=\sqrt{\frac{0.25}{100}}=0.05\text{A}$$

现将实验室常用的 ZX21 型旋转式电阻箱(0.1 级，额定功率 0.25W)各档允许通过的最大电流计算于下表，使用时望加注意：

电阻档(Ω)	×0.1	×1	×10	×100	×1000	×10000	负载情况
最大允许电流(A)	1.6	0.5	0.16	0.05	0.016	0.005	短时间使用
额定电流(A)	1.2	0.4	0.12	0.04	0.012	0.004	长时间使用

(c)电位器

电位器和滑线电阻大体相同,可把它看成圆形的滑线电阻,也有三个接头. 特点是体积小,常用在电子仪器中.

2. 电阻的使用

各种电阻都有两个重要的电参数:全电阻和额定电流. 全电阻是指电阻的总阻值,电阻箱的全电阻是指它全部转柄的电阻之和. 额定电流(也有称为额定功率)表示电阻允许通过的最大电流. 电阻在使用时,不允许超过这一数值,否则电阻将被烧坏. 正确使用电阻就是要根据电路的要求计算出全电阻和额定电流,选用合适的电阻.

电学实验有它自身的特点,它的实验装置多用电路图表示,因此认识电路图是最起码的要求,电学实验中常用的符号列于下表,望能记熟.

符号	名称	符号	名称	符号	名称
G	检流计		半导体二极管		两线绝缘
A	安培计		固定电阻		导线相接
mA	毫安计		可变电阻	+ −	电解电容器
μA	微安计		单刀开关		可变电容器
V	伏特计		单刀双掷开关		电容器
mV	毫伏计		双刀双掷开关		变压器
	直流电源		换向开关		调压变压器
	交流电源		线圈		有芯电感器

电学实验应遵守下列规则:

(1) 任何电源不得短路或变相短路,不能直接用电流表量试电源,接线时最后接电源,拆线时最先拆电源.

(2) 测试前要根据电路估计各元件电参数的值,计算出电流(或电压)动态范围,防止烧坏仪表、元件. 在接通电源前,应先将分压器的滑线电阻滑到输出电压最低位置;对限流连接的滑线电阻的阻值置于最大位置. 总之,要防止回路电流超过额定值.

(3) 根据线路图合理布置仪器、仪表、元件. 各式仪表要放在易于观察的位置,电表要放在容易读数的位置,各种元件之间要布局紧凑,接线尽量短,尽量避免导线相互交叉. 对于相互有干扰的信号源，应互相远离.

(4) 禁止抓用他组仪器、仪表，若有特殊需要，经教师同意后，方能借用.

电学实验，要求我们手脑并用，胆大心细，认真思考，不断总结. 一定要杜绝那种马虎从事、粗枝大叶、草率的不科学作风.

课堂练习

[实验目的]

1. 用伏安法测线性电阻的阻值，从而了解安培表内外接法对应的电表接入误差.

2. 测量滑线变阻器的限流范围.

3. 研究滑线变阻器的分压特性.

[实验仪器]

电流表(0～0.6～3A，2.5 级)一只，电压表(0～3～15V，2.5 级)一只，电阻箱(0～9999Ω，1.5 级)一只，滑线电阻(0～50Ω，1.5A)一只，甲电池两只，导线若干.

[实验内容、要求]

1. 测未知电阻阻值，了解电表接入误差对测量结果的影响.

在电阻箱上取 5Ω 作为 R_X，用电流表内接法(图 3-7)和电流表外接法(图 3-8)分别测出 R_X 的大小，要求每种接法均改变 I、U 测三次. 注意每次应尽量使 I、U 的值在电表量程的$\frac{1}{3}$到满量程内，以减小电表测量的误差.

以三次测量的平均值作为每种接法的测量结果. 将测量值与电阻箱标准值相比较，分析误差产生的原因，写出实验结论.

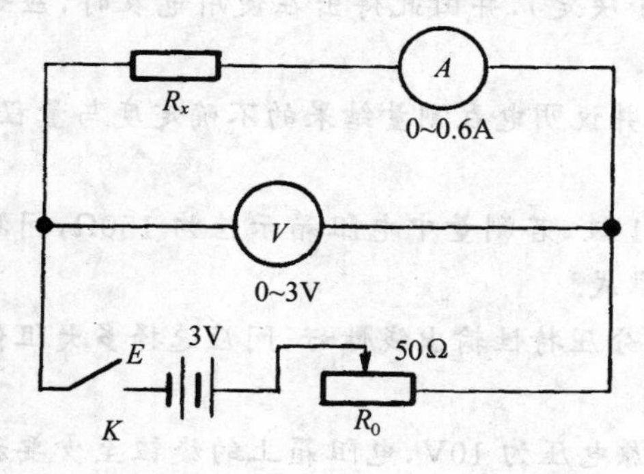

图 3-7　内接法

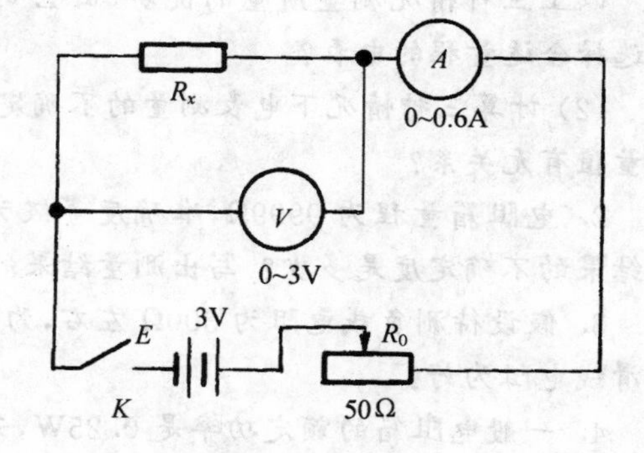

图 3-8　外接法

2. 测量滑线变阻器的限流范围.

按图 3-4 接线. R_0 用 50Ω 滑线变阻器，R_L 使用电阻箱，并将 R_L 阻值选为 5Ω、10Ω 和 50Ω，分别测出回路的最大电流 I_{max}和最小电流 I_{min}，只测一次. 试比较用同样 R_0 作限流电阻，哪种情况下电流调节范围最大.

3. 研究滑线变阻器的分压特性

按图 3-5 接线. R_0 用 50Ω 滑线电阻，R_L 使用电阻箱，并将 R_L 分别选阻值为 20Ω、100Ω 和 200Ω，测量出随 R_X 值逐渐变化(将 R_0 全电阻等分为十等分或九等分，每次递增一等分作为 R_X 的变化)时，对应的 R_L 上的电压变化，即测绘出 U_L-R_X 特性曲线. 并将不

同 R_L 取值的 U_L-R_X 特性曲线画在同一个坐标图内，讨论滑线变阻器的分压特性，并由图线得出结论：即 $R_L/R_0 \geqslant$？时，U_L-R_X特性曲线基本上是一条直线.

研究分压特性记录表　　　　Ⓡ等级：1.5　　　Ⓥ等级：2.5

U_L(V) \ R_X(Ω) \ R_L(Ω)	0	$\frac{1}{10}R_0$	$\frac{2}{10}R_0$	$\frac{3}{10}R_0$	$\frac{4}{10}R_0$	$\frac{5}{10}R_0$	$\frac{6}{10}R_0$	$\frac{7}{10}R_0$	$\frac{8}{10}R_0$	$\frac{9}{10}R_0$	R_0
20											
100											
200											

[思考题]

1. 若定义电表测量的相对不确定度为

$$E=\frac{\Delta M}{A_{示}}=\frac{量程\times级别(a)}{A_{示}}(\%) \qquad (A_{示}\text{ 为电表测量读数值})$$

用 E 来评定电表测量的相对精确度.

(1) 要测量 1A 电流，试比较：

1) 量程 $I_M=3$A，级别 $a=1.0$ 级；

2) 量程 $I_M=1$A，级别 $a=2.5$ 级；

3) 量程 $I_M=1.5$A，级别 $a=1.5$ 级.

以上三种情况测量质量的优劣（由 E 的大小决定），并由此得出在使用电表时，应如何选择合适量程的电表？

(2) 计算三种情况下电表测量的不确定度？并说明电表测量结果的不确定度与量程、测量值有无关系？

2. 电阻箱量程为 9999Ω，准确度等级为 0.1 级，若测量中电阻箱示值为 150Ω，问测量结果的不确定度是多少？写出测量结果的标准式.

3. 假设待测负载电阻为 300Ω 左右，为保证分压特性输出线性好，问应选择多大阻值的滑线电阻为好？

4. 一般电阻箱的额定功率是 0.25W，若电源电压为 10V，电阻箱上的旋钮至少要放在多少欧姆才算安全？

实验十　伏安法测非线性电阻

伏安法测电阻是电阻测量的基本方法之一.当一个元件两端加上电压，元件内有电流通过时，电压与电流之间便有着一定的关系.通过此元件的电流随外加电压的变化关系曲线，称为伏安特性曲线.从伏安特性曲线所遵循的规律，即可得知该元件的导电特性.

[学习要求]

1. 练习使用伏特表和安培表，了解内接、外接条件；熟悉滑线电阻的分压、限流电路的连接.

2. 了解非线性电阻的特性.

3. 练习作图法.

［实验目的］

测绘非线性电阻的特性曲线——伏安特性曲线.

［实验仪器］

直流电源一个，直流电流表 0～50mA、0～0.6A 各一只，直流电压表 0～3V、0～10V 各一只，滑线电阻 1750Ω 和 100Ω 各一只，二极管（$2CW_1$），换向开关，小灯泡等.

［实验原理］

电阻元件通常分为两类，一类是线性电阻，另一类是非线性电阻. 对于前者，加在电阻两端的电压 U 与通过它的电流 I 成正比（忽略电流热效应对阻值的影响）. 对于后者，电阻值则随加在它两端的电压的变化而变化. 若用实验曲线来表示这种特性，前者的 U-I 特性曲线为一直线，此直线斜率的倒数就是其电阻值，如图 3-9. 而后者的 U-I 特性曲线不是一条直线，而是一条曲线，其电阻曲线上各点的电压与电流的比值，并不是一个定值，它的电阻定义为 $R=\frac{dU}{dI}$，也由曲线斜率求得，但各点的斜率却不相同，如图 3-10.

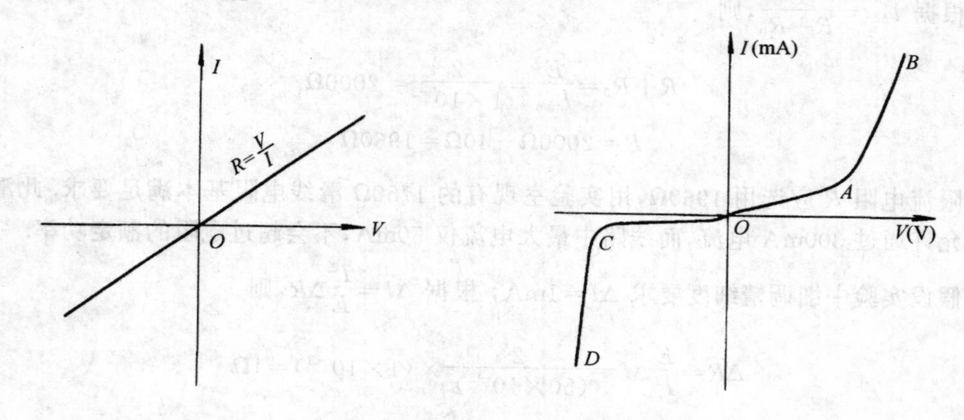

图 3-9　线性电阻特性曲线　　图 3-10　二极管伏安特性曲线

晶体二极管是典型的非线性元件，通常用符号 ⊢▷⊢ 表示. 本实验选用 $2CW_1$ 稳压二极管. 查手册可知：最大反向电流 $I_{反}=30mA$，反向电阻 $R_{反}>10M\Omega$，图 3-10 就是它的伏安特性曲线. 从图中曲线可以看出，当二极管加正向电压时，管子呈低阻状态，在 OA 段，外加电压不足以克服 P-N 结内电场对多数载流子的扩散所造成的阻力，正向电流较小，二极管的电阻较大. 在 AB 段，外加电压超过阈电压（锗管约为 0.3V，硅管约为 0.7V）后，内电场大大削弱，二极管的电阻变得很小（约 40Ω），电流迅速上升，二极管呈导通状态. 相反，若二极管加反向电压，当电压较小时，反向电流很小，在曲线 OC 段，管子呈高阻状态（截止）. 当电压继续增加到该二极管的击穿电压时，电流剧增（CD 段），二极管被击穿，此时电阻趋于零值.

由于二极管正、反向特性曲线的不同，在使用伏安法测二极管正、反向电阻时，必须考虑电表的接入误差.

通过实验和理论分析，已经知道：当 $R_X \gg R_0$ 时，宜采用电流表内接线路，当 $R_X \ll R_V$

时，宜采用电流表外接线路. 在测量二极管正向特性时，因 $R_X \ll R_V$，故采用电流表外接法，测量反向特性时，因 $R_X \gg R_0$，故采用电流表内接法.

［实验内容］

1. 二极管正向特性曲线的描绘

(1) 线路分析及元件参数的计算：

二极管的正向压降一般为 1V 左右，电压变化范围较小，故应选择限流线路. 而限流线路需计算：①限流电阻的全电阻；②限流电阻的额定功率；③细调精细度.

$2CW_1$ 的正向电流为 50mA，正向电阻设为 $R_0=40\Omega$，若特性曲线从 1mA 作起，则最小电流 $I_{min}=1mA$.

根据 $I_{max}=\dfrac{E}{R_0}$，则

$$E=I_{max}\cdot R_0=50mA\times 40\Omega=2V$$

线路电源电压选为 2V.

根据 $I_{min}=\dfrac{E}{R+R_0}$，则

$$R+R_0=\frac{E}{I_{min}}=\frac{2}{1\times 10^{-3}}=2000\Omega$$

$$R=2000\Omega-40\Omega=1960\Omega$$

限流电阻 R 应选用 1960Ω，用实验室现有的 1750Ω 滑线电阻基本满足要求. 此滑线电阻允许通过 300mA 电流，而线路中最大电流仅 50mA，不会超过电阻的额定功率.

假设实验中细调精细度要求 $\Delta I=1mA$，根据 $\Delta I=\dfrac{I^2}{E}\Delta R$，则

$$\Delta R=\frac{E}{I^2}\Delta I=\frac{2}{(50\times 10^{-3})^2}\times(1\times 10^{-3})=1\Omega$$

为满足 1mA 的细调要求，滑线电阻每圈电阻值应为 1Ω，实验选用的 1750Ω 滑线电阻共 1 千圈；故 $\Delta R=1.7\Omega$，基本可用.

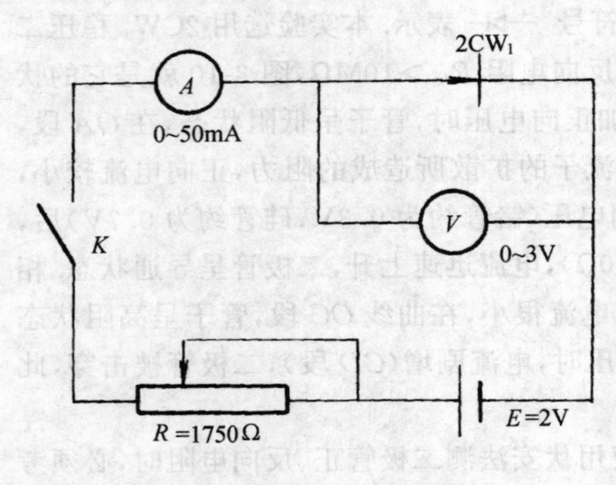

图 3-11　测正向特性

根据上述分析计算，可得测试 $2CW_1$ 正向伏安特性图.

(2) 测绘曲线：

按图 3-11 接好线路，合上 K 调节 R，电流每变化 1mA，记录相应电压值，并将数据直接标于坐标纸上. 在曲线变化较大的地方尽可能多作些数据，以便更准确地描绘曲线.

2. 二极管反向特性曲线的描绘

由于 $2CW_1$ 的额定电压(反向击穿电压)为 7V 左右，而且反向电阻甚大 $R_{反}>10M\Omega$，故采用分压线路. 为观察反向电流在 7V 附近的变化，应在分压线路上接入限流电阻

R_1,作为细调.电源电压选择为 8~10V.

按图 3-12 接线.将 R_1 滑至最大位置,R 的接头 C 滑至 B 处.合上 K,调节 C 点,使二极管反向电压由小到大,观察电流表的变化,当电流表有指示时,将电流、电压值在坐标纸上标出来.再调节 C 点使电压每变化 0.1V,在坐标纸上标出相应的电流电压值的点.当电流达到 10mA 时,R 的调节就比较困难了,改用 R_1 调节,直至 25mA.作出反向伏安特性曲线.

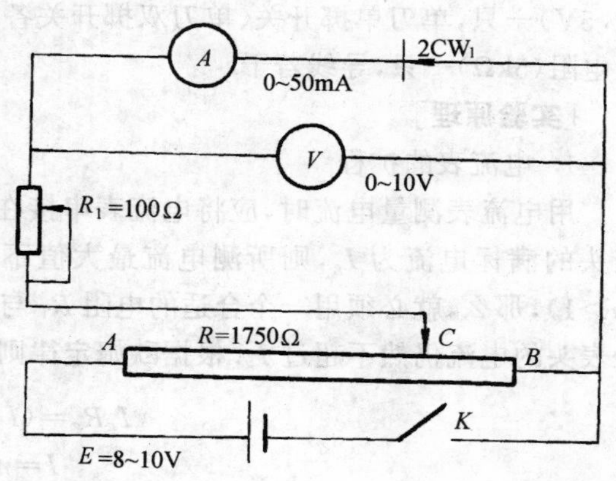

图 3-12 测反向特性

3. 小灯泡伏安曲线的描绘

给定一只 6.3V 的小灯泡,已知 U_H=6.3V,I_H=250mA,起始电流为 20mA,毫安表内阻为 1Ω 以下,电压表内阻为数千欧.

要求:(1) 自行设计测试伏安特性曲线的线路.

(2) 测试小灯泡的伏安特性曲线.

(3) 判定小灯泡是线性元件还是非线性元件.

[思考题]

1. 非线性元件的电阻能否用直流电桥,万用电表来测定? 为什么?

2. 如何用万用电表判断二极管的正负极性?

实验十一 电表的改装与校准

在直流电路的测量中,通常使用磁电系电表.这种磁电系电表的用途很广.它既可测直流电流又可测直流电压和电阻,若附加上整流元件还可测交流电,但是由于磁电系电表测量机构所允许通过的电流往往是很小的,一般都在几十微安到几毫安之间,如果把它直接用作电压表测电压,那么它的最大量程仅有 $I_g R_g$(I_g、R_g 分别为表头的满标电流和内阻).由于 I_g 很小,R_g 又很有限,所以它能直接测量的电压是很低的.这就必须对原表头进行改装.实际上,在生产和实验中所使用的安培计和伏特计都是由小量程的磁电系表头改装而成的.

[学习要求]

1. 了解电表的改装与校准的基本原理及方法;

2. 掌握表头内阻的测量.

[实验目的]

1. 将 500μA 的表头,分别改装成 10.0mA 的电流表和 1.00V 的电压表.

2. 作出改装表的校准曲线.

[实验仪器]

待改装表头(0~500μA)一只,测量表(0~200μA)一只,标准电流表(0~15mA,0.5

级）一只，标准电压表（0～1.5V，0.5 级）一只，转柄电阻箱（0～99999.9Ω）一只，干电池（1.5V）一只，单刀单掷开关、单刀双掷开关各一个，滑线式电阻（0～2kΩ）一只，金属膜固定电阻（5kΩ）一只，导线若干.

［实验原理］

1. 电流表的扩程

用电流表测量电流时，应将电流表串接在待测电路中，使待测电流流过电流表. 如果表头的满标电流为 I_g，则所测电流最大值不得超过 I_g. 如果想测量 n 倍于 I_g 的电流 I（$n>1$），那么，就必须用一个合适的电阻 R_1 与表头并联. 这样 R_1 就起到了分流作用，使流经表头的电流仍然不超过 I_g. 根据欧姆定律则有

∵ $$I_gR_g=(I-I_g)R_1$$
$$I=nI_g$$

∴ $$R_1=\frac{I_g}{I-I_g}R_g=\frac{R_g}{(n-1)} \tag{3-9}$$

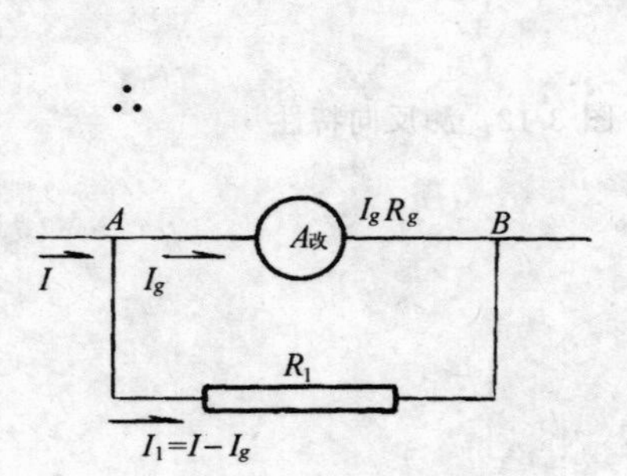

图 3-13　改装电流表

从（3-9）式可知，若要将满标电流为 I_g、内阻为 R_g 的表头的量程扩大 n 倍，只需在表头两端并联一只阻值为 $R_g/(n-1)$ 的分流电阻，并在其表盘上重新刻上相应的电流值即可. 图 3-13 即是改装后的电流表.

2. 电流表改装为电压表

如果使用上述表头作电压表测量电压，最大量程只能有 $U_g=I_gR_g$. 要想把该表头扩大到量限为 U 的电压表，则根据串联电阻的分压原理，给表头串联上一个合适的电阻 R_2，并在其表盘上重新刻上相应的电压值即可，图 3-14 即是改装后的电压表. 当电流 I_g 流经表头时，包括 R_2 在内的 AB 两端的电压为 $U=I_g(R_2+R_g)$.

$$R_2=\frac{U}{I_g}-R_g \tag{3-10}$$

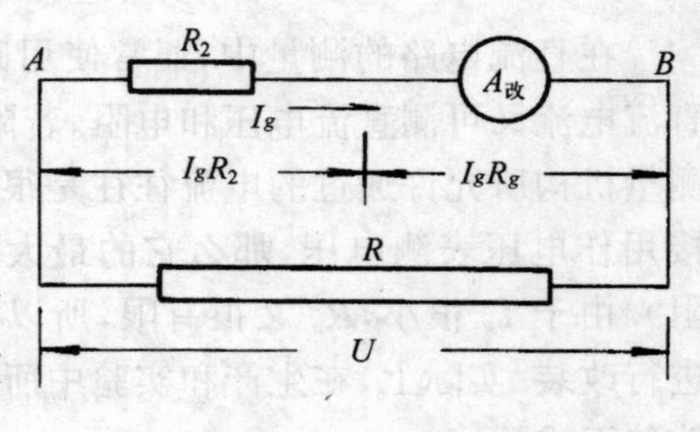

图 3-14　改装电压表

3. 电表的校准：改装后的电表均应进行校准，才能交付使用.

本实验采用比较法进行校准，即分别用改装后的电流表或电压表与相应的标准表直接进行比较（如图 3-16、3-17）从而达到校准的目的.

电表在改装过程中，由于带来了新的基本误差，所以改装后的电表的级别一般都低于原表头的级别. 本实验使用的被改表的级别是 1.5 级，要求改装后能达到 5.0 级，根据这个要求，我们需要选择适当级别的标准表. 国家检定规程规定，当标准表的误差与被校表的误差之比小于 $\frac{1}{3}$ 时，则标准表的误差可以忽略. 据此，应有 $a_{标}/a_{改}<\frac{1}{3}$，显然，标准表的级别应在 1.5 级以上.

校准的目的有两个，一个是检验改装后的电表是否达到要求的级别，另一个是作出校

准曲线.便于对改装后的电表准确读数.

确定一个电表的级别，就是看该电表的误差是处在哪一个级别所允许的误差范围之内，假如选用了合适的标准表，则标准表的误差就可以忽略，于是，改装表的误差可由下式确定：

$$\Delta I=|I_{改}-I_{标}| \qquad \Delta U=|U_{改}-U_{标}|$$

式中 $I_{改}$、$U_{改}$ 为改装表的读数，$I_{标}$、$U_{标}$ 为对应的标准表的读数.

若 $\Delta I<I_m\times5.0\%$，$\Delta U<U_m\times5.0\%$，则表明改装的电表达到了预定的要求.式中 I_m 及 U_m 分别为改装表的测量上限.

若上两式不成立，则应分析原因，然后适当调整 R_1、R_2，最后使改装表达到要求.

作校准曲线，就是取改装表的读数为横坐标，以标准表与改装表的读数之差 ΔI（$\Delta I=I_{标}-I_{改}$）为纵坐标描点，每相邻两点间用直线连接起来在坐标纸上作出折线，此折线即为改装后电表的校准曲线.

［实验内容］

1．确定改装表头的满标电流值（灵敏度 I_g）.

测定表头的 I_g，通常是将待测表与标准表串联在同一电路中，调节回路电流，当待测表头指示在满偏位置时，标准表上的读数值，就是待测表头的灵敏度 I_g.本实验为了简化测量，就直接使用表头的标称值，即 $I_g=500\mu$A，不再进行测量.

2．用置换法测定表头内阻 R_g.

测量线路如图 3-15 所示.图中改装表 $A_{改}$、转柄电阻箱 R_s 与测量电流用的 200μA 电流表，三者处于并联状态（想一想，为什么?）.干电池（1.5伏）、$R_{护}$ 和滑线电阻 $R_{限}$ 串联构成主回路，$R_{护}$ 为 5kΩ 的金属膜固定电阻（起什么作用?），改变滑线电阻的阻值，可以改变电路中的总电流.

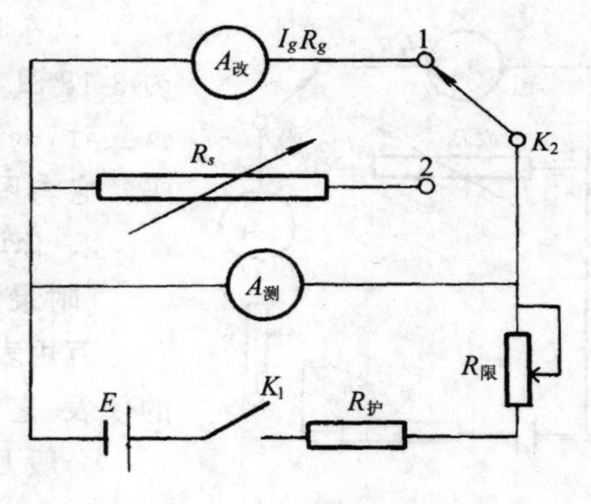

图 3-15　测表头内阻

为便于操作、观察读数，先将仪器布置放在一定位置，按图接线，为保证电表安全，测量中应当严格做到操作有序.

先将开关 K_2 置“1”处，合上电源开关 K_1，观察 $A_{改}$ 和 $A_{测}$ 两表指针偏转，调节 $R_{限}$ 使测量表指针指示在一较大数值。断开电源开关 K_1 后，将置换开关 K_2 置“2”处（与电阻箱接通），再合上电源开关 K_1，（想一想，为什么要按这样的次序进行?），保持回路总电流不变，调节电阻箱（电阻箱初始位置应置 0）R_s，使测量表示值与“1”位置时的示数相同，此时 $R_s=R_g$，R_s 由电阻箱读出.

3．将 500μA 表头改为 10.0mA 的电流表，并进行校准，作出校准曲线.

将表头内阻 R_g 和扩程倍数代入(3-9)式，计算出分流电阻 R_1，并用电阻箱作 R_1，将示值为 R_1 的转柄电阻箱与表头并联，即构成一个新的改装电流表.

将改装的电流表和标准电流表同时串联在电路中，如图 3-16 然后进行校准.先校准改装表的满标电流值（满量程），即调节滑线电阻 R，当标准表指示在 10.00mA 位置时，改

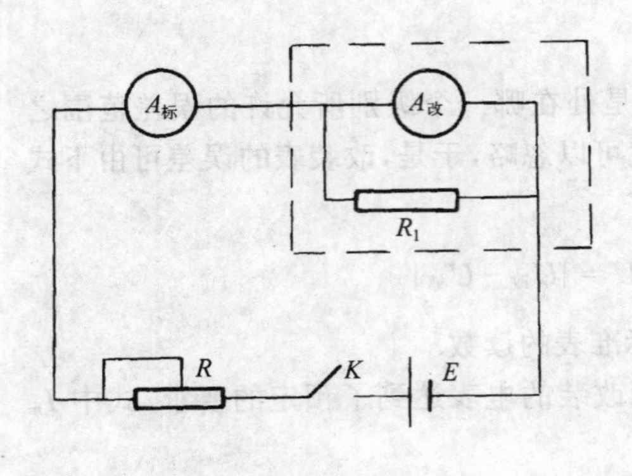

图 3-16　校准电流表

校准分度值时，每隔 2.00mA，记录一次标准表和改装表对应的读数，测出若干组对应值.要求取电表示数上升、下降两方向的平均值，作出校准曲线.

4. 将 500μA 表改装成 1.00V 的电压表，校准并作出校准曲线.

将表头内阻和扩程倍数代入(3-10)式，计算出电阻 R_2，同样用电阻箱作 R_2，将示数为 R_2 的电阻箱与改装表头串联，即构成改装的电压表.将改装表与标准电压表同时并联在线路中，如图 3-17，参照电流表校准步骤，进行电压表的校准.先校满标值，记录 R_2'，固定 R_2' 后，再校准电压表的分刻度值，得到两方向的平均值后，作出校准曲线.

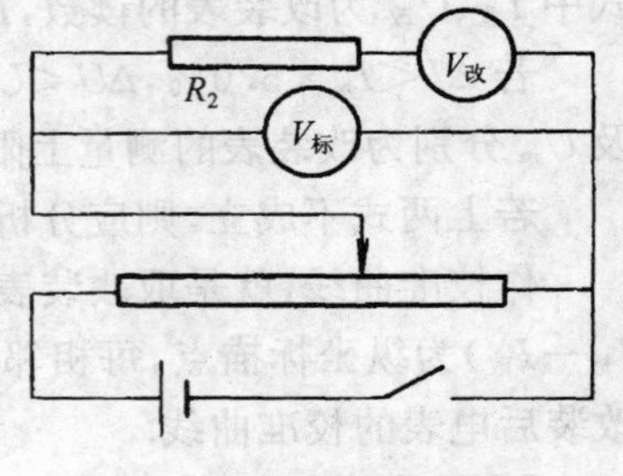

图 3-17　校准电压表

实验记录表格要求自行设计.

［思考题］

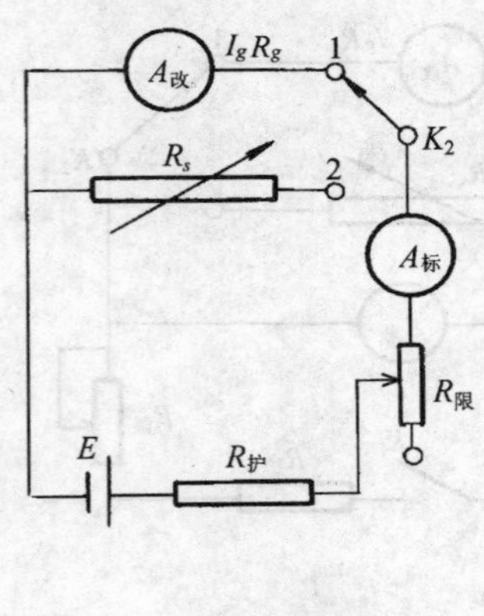

图 3-18

1. 在测量电表内阻 R_g 时，有人认为若将图 3-15 改接线为 3-18 图，让测量表 $A_{测量}$ 串接在回路中，当开关 K_2 投向 1、2 位置时，如果测量表指示电流数相同，那么 $R_s=R_g$，这样改好吗？它与图 3-15 相比有何区别？

2. 你还能设计出其他测表头内阻的实验线路吗？

［附录］　万用表使用简介

万用表是磁电式电表配合测量电路来实现多种电量测量的仪表.它在生产和科学实验中应用极为广泛.

一般万用表可以用来测量直流电流、直流电压、电阻及交流电压等.有的还可以用来测量交流电流、电功率、电感量和电容量等.为了正确使用万用表必须注意下述几点：

1. 插孔选择：表笔必须正确地插入接线插孔，红笔必须插入标有“＋”号的插孔内，黑笔必须插入标有“－”的插孔内.

2. 参量选择：为了测量不同类型的电量，必须将选择开关旋至所需的位置.如测直流电流时则旋至 A 区间，测交流电压时旋至 $\underset{\sim}{V}$ 或 ACV 区间……如果选择旋错就有导致表头或内部元件被烧毁的危险.

3. 量程选择：由于万用表是多量程的测量仪表，所以对同一电量有不同的量程选择，我们在测某一电量时，一般对该电量应有一个基本数量级的估计，然后根据该量的数量级来选择量限.如估计某电路电流在几十毫安范围，则选用 100mA 档测量.量程选小了容易使表针打坏或损坏电表内元件.有的万用表的参量选择和量程选择是通过一个旋钮的转换实现的.

我们在测某一电量时，一般对该电量应有一个基本数量级的估计，然后根据该量的数量级来选择量限. 如估计某电路电流在几十毫安范围，则选用 100mA 档测量. 量程选小了容易使表针打坏或损坏电表内元件. 有的万用表的参量选择和量程选择是通过一个旋钮的转换实现的.

4. 欧姆档的正确使用：

(1) 欧姆档的表头标尺数是不均匀刻度. 故被测电阻阻值愈接近中值电阻则测量愈精确. 所以测量不同阻值的电阻必须选择不同量限.

(2) 测量电阻之前应先将表笔短接，并同时调节调零电位器，使指针刚好指到“Ω”标尺的零位，才能开始测量.

(3) 测量某导体电阻时，不要在带电时测量，也不要在并联支路时测量.

5. 停止使用时，应拨到空档. 无空档的拨到交流高压档.

实验十二　静电场的描绘

在工程技术上，常常需要知道电极系的电场分布情况，以便研究电子或带电质点在该电场中的运动规律. 例如，为了研究电子束在示波管中的聚集和偏转，这就需要知道示波管中电极电场分布情况. 在电子管中，需要研究引入新的电极后对电子运动的影响，也要知道电场的分布. 一般说来，为了求出电场的分布，可以用解析法和模拟实验法. 但是，只有在少数几种简单情况下，电场分布才能用解析法求得. 对于一般的或较复杂的电极系统通常都用模拟实验法加以测定. 模拟实验的缺点是精度不高，但对于一般工程设计来说，已能满足要求.

[**学习要求**]

1. 懂得模拟实验法的适用条件；
2. 对于给定的电极，能用模拟法求出其电场分布.

[**实验目的**]

1. 描绘二无限长直圆柱体间电场分布；
2. 描绘示波管内聚焦电极间的电场分布.

[**实验原理**]

电场强度 $\boldsymbol{E}$ 是一个矢量. 因此，不管在电场的计算或测试中都是先研究电位的分布情况. 因为电位是标量，我们可以先测得等位面，再根据电力线与等位面处处正交的特点，作出电力线，则整个电场的分布就可以用几何图形清楚地表示出来了. 有了电位 U 值的分布. 由

$$\boldsymbol{E}=-\nabla U \tag{3-11}$$

便可求出 $\boldsymbol{E}$ 的大小和方向，整个电场就算确定了.

但如果利用磁电式电压表直接测定静电场的电位，这是不可能的，因为任何磁电式电表都需要有电流通过才能偏转，而静电场是无电流的. 再则任何磁电式电表的内阻都远小于空气或真空的电阻，若在静电场中引入电表，势必使电场发生严重畸变；同时，电表或其他探测器置于电场中，要引起静电感应，使原场源电荷的分布发生变化. 人们在实践中发

现，有些测量在实际情况下难于进行时，可以通过一定的方法，模拟实际情况而进行测量，这种方法称为“模拟法”.

模拟法要求两个类比的物理现象遵从的物理规律具有相同的数学表达形式. 从电磁学理论知道，电解质中的稳恒电流场与介质（或真空）中的静电场之间就具有这种相似性. 因为对于导电媒质中的稳恒电流场，电荷在导电媒质内的分布与时间无关，其电荷守恒定律的积分形式为

$$\begin{cases} \oiint_s \boldsymbol{j} \cdot d\boldsymbol{s} = 0 & (3\text{-}12) \\ & \text{（在电源以外区域）} \\ \oint_L \boldsymbol{j} \cdot d\boldsymbol{L} = 0 & (3\text{-}13) \end{cases}$$

而对于电介质内的静电场. 在无源区域内，下列方程式同时成立：

$$\begin{cases} \oiint_s \boldsymbol{E} \cdot d\boldsymbol{s} = 0 & (3\text{-}14) \\ \oint_L \boldsymbol{E} \cdot d\boldsymbol{L} = 0 & (3\text{-}15) \end{cases}$$

由此可见电解质中稳恒电流场的 $\boldsymbol{j}$ 与电介质中的静电场的 $\boldsymbol{E}$ 遵从的物理规律具有相同的数学公式，在相同的边界条件下，二者的解亦具有相同的数学形式，所以这两种场具有相似性，实验时就用稳恒电流场来模拟静电场，用稳恒电流场中的电位分布模拟静电场的电位分布. 实验中，将被模拟的电极系放入填满均匀的电导远小于电极电导的电解液中或导电纸上，电极系加上稳定电压，再用检流计或高内阻电压表测出电位相等的各点，描绘出等位面，再由若干等位面确定电场的分布.

通常电场的分布是个三维问题，但在特殊情况下，适当选择电力线分布的对称面便可以使三维问题简化为二维问题. 实验中，通过分析电场分布的对称性，合理选择电极系的剖面模型，置放在电解液中或导电纸上，用电表测定该平面上的电位分布，据此推得空间电场的分布.

[实验仪器]

QJ-2 型静电场描迹仪.

本仪器是专供测量不同形状带电体电场分布的专用仪器. 它由主机和测量架两部分组成. 主机可向被测电极提供 5V、10V、15V、20V 不同电压，并从电压表指示出输出电压值. 同时主机电压表也用来读取探针所在导电纸上某点电位值. 测量架分上下两层，下层装测量板（包括电极和导电纸），上层装坐标记录纸，上下探针同步移动. 当下探针测出等位点时，按动上探针，测量点就被记录在坐标纸上.

仪器使用方法：

按图 3-19 接线.

打开电源开关指示灯亮，先将内外选择开关扳向“内”，电表即示出加在电极两端的电压值. 输出电压大小由“电压选择开关”控制，如选在 10V，电压表指示出 10V 的电压值，如果指针不到 10V，应调节“电压调节”旋钮至 10V 满度值. 然后将“内外选择”开关扳向“外”，这时电压表即指示出下探针所在导电纸上某点的电位值.

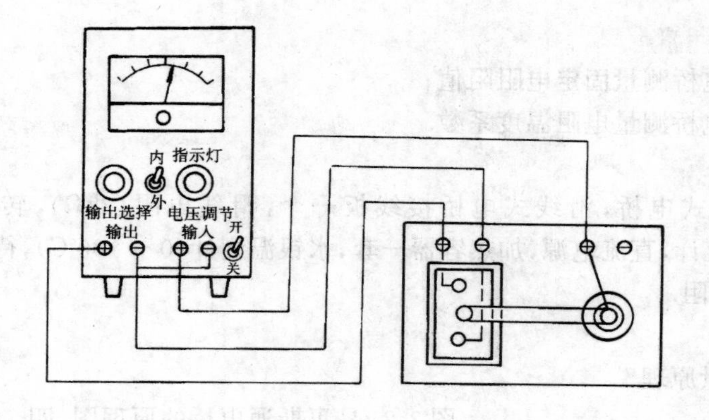

图 3-19　描绘电场

［实验内容］

1. 测试二无限长直圆柱体间电场分布.

将圆柱形电极模型测试板装入测量架下层，并按仪器使用方法，调整仪器，输出电压调至 10V，先测出两柱心连线中点的电位值，并找出与中点电位值相同的等位点，然后在中点的对称位置上每隔 1.5V 向正负电极方向测等位线，而每条线不得少于 13 个点.

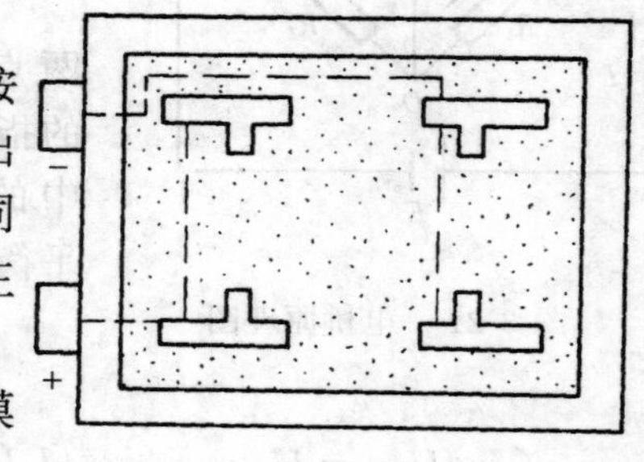

图 3-20　示波管电极

2. 用与上面相同的方法测试示波管聚焦电极模型如图 3-20 的电场分布.

［思考题］

1. 若将实验使用的电源电压加倍或减半，电场的分布形状会不会有变化？为什么？

2. 为什么在本实验中要求电极的电导远大于导电纸的电导？

3. 通过本实验以后，你对模拟法有何认识？它的适用条件是什么？是否只有电学量才能使用？

4. 怎样由所测的等位线绘出电力线？电力线的方向如何确定？

实验十三　惠斯通电桥

电桥是用比较法测量电阻的仪器，电桥测量特点是灵敏、精确、使用方便. 它已被广泛地应用于现代工业自动控制电气技术、非电量电测法中. 电桥不但可以测量电阻、电容、电感，而且加上传感器还可以测量温度、压力等非电量.

电桥分为直流电桥和交流电桥两大类. 惠斯通电桥为直流电桥，主要用于测量中值电阻.

［学习要求］

1. 了解惠斯通电桥测量电阻的原理、线路组成；

2. 学会用电桥法测量电阻.

［实验目的］

1. 用板式电桥测量固定电阻阻值；

2. 用箱式电桥测量电阻温度系数.

［实验仪器］

QJ-24 型箱式电桥，滑线式电桥接线板一个，滑线电阻（2kΩ），转柄电阻箱（0～99999.9Ω），检流计，直流电源，加热容器一套，水银温度计（0～100℃），待测电阻（金属膜固定电阻），铂电阻.

［实验原理］

1. 电桥测量原理

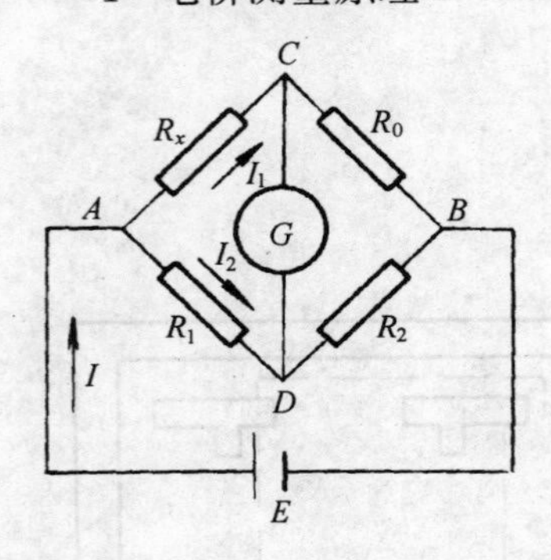

图 3-21　电桥原理图

图 3-21 是惠斯通电桥的原理图. 四个电阻 R_x、R_1、R_2、R_0 连成四边形，称为电桥的四个臂. 四边形的一个对角线接有检流计，称为“桥”，四边形的另一个对角线接上电源 E，称为电桥的电源对角线.

电源接通，电桥线路中各支路均有电流通过. 当 C、D 两点之间的电位不相等时，桥路中的电流 $I_g \neq 0$，检流计的指针发生偏转；当 C、D 两点之间的电位相等时，“桥”路中的电流 $I_g = 0$，检流计指针指零，这时我们称电桥处于平衡状态.

当电桥平衡时，

$$\because \quad I_g = 0$$

$$\therefore \quad \begin{cases} U_{AC} = U_{AD} \\ U_{CB} = U_{DB} \end{cases} \qquad 即 \begin{cases} I_1 R_x = I_2 R_1 \\ I_1 R_0 = I_2 R_2 \end{cases}$$

于是 $\dfrac{R_x}{R_0} = \dfrac{R_1}{R_2}$　　显然　$R_x R_2 = R_0 R_1$

此式说明，电桥平衡时，电桥相对臂电阻的乘积相等. 这就是电桥的平衡条件.

根据电桥的平衡条件，若已知其中三个臂的电阻，就可以计算出另一个桥臂电阻，因此，电桥测电阻的计算式为

$$R_x = \frac{R_1}{R_2} R_0 \tag{3-16}$$

电阻 R_1R_2 为电桥的比率臂，R_0 为比较臂，R_x 为待测臂，R_0 作为比较的标准，常用电阻箱.

由（3-16）式可以看出，待测电阻 R_x 由比率值 $\dfrac{R_1}{R_2}$ 和标准电阻 R_0 决定. 检流计在测量过程中起判断桥路有无电流的作用，电阻的测量结果与检流计的精度无关，由于标准电阻可以制作得十分精密，所以利用电桥的平衡原理测电阻的准确度很高，大大优于伏安法测电阻. 这也是电桥应用十分广泛的重要原因.

2. 电桥的灵敏度

电桥是否达到平衡，是以桥路里有无电流来进行判断的，而桥路中有无电流又是以检流计的指针是否发生偏转来确定的. 但检流计的灵敏度总是有限的. 这就限制了对电桥是

否达到平衡状态的判断. 例如,若使用指针偏转一格所对应的电流为 1μA 的检流计,那么当桥路里的电流小于 0.1μA 时,检流计指针偏转不到 0.1 格,很难觉察出指针的偏转,因此,就导致引入电桥灵敏度问题,从实验九中已知,电表(检流计) 的灵敏度 S_i 是以单位电流变化量 ΔI_g 所引起电表指针偏转的格数 Δn 来定义的,即

$$S_i = \frac{\Delta n}{\Delta I_g} \tag{3-17}$$

同样在完全处于平衡的电桥里,若测量臂电阻 R_x 改变一个微小量 ΔR_x,将引起检流计指针所偏转的格数 Δn,定义为电桥灵敏度,即

$$S = \frac{\Delta n}{\Delta R_x} \tag{3-18}$$

但是电桥灵敏度不能直接用来判断电桥在测量电阻时所产生的误差,故用其相对灵敏度来衡量电桥测量的精确程度,即有

$$S = \frac{\Delta n}{\frac{\Delta R_x}{R_x}} \tag{3-19}$$

检流计指针偏转的格数 Δn,与测量电阻 R_x 的相对误差($\Delta R_x/R_x$) 的比值,定义为电桥的相对灵敏度,有时也称它为电桥灵敏度. S 越大说明电桥越灵敏,电桥的相对灵敏度 S 和哪些因素有关呢?

将(3-17) 式整理代入(3-19) 式中:

$$S = S_i \cdot R_x \frac{\Delta I_g}{\Delta R_x}$$

因 ΔI_g 和 ΔR_x 变化很小,可用其偏微商形式表示

$$S = S_i \cdot R_x \frac{\partial I_g}{\partial R_x} \tag{3-20}$$

当电桥处于非平衡状态时由基尔霍夫定律联立方程,用行列式求解,得非平衡电流(流经检流计之电流 I_g) 为

$$I_g = \frac{E(R_x R_2 - R_1 R_0)}{A} \tag{3-21}$$

其中,$A = R_1 R_2 R_x + R_2 R_0 R_x + R_0 R_2 R_1 + R_0 R_1 R_x + R_g(R_1 + R_x) \times (R_2 + R_0)$,暂时将 A 视为常量,由(3-21) 式对 R_x 求微分得

$$\frac{\partial I_g}{\partial R_x} = \frac{R_2 E}{A} \tag{3-22}$$

将(3-22) 式代入(3-20) 式中,得电桥灵敏度 S 为

$$S = \frac{S_i \cdot R_x \cdot R_2 E}{A}$$

最后经整理，设法约去分子中的 $R_2 \cdot R_x$ 推证得：

$$S=\frac{S_iE}{(R_1+R_2+R_0+R_x)+R_g\left[2+\left(\frac{R_1}{R_x}+\frac{R_0}{R_2}\right)\right]} \tag{3-23}$$

由(3-23)式分析可知：

(1) 电桥灵敏度 S 与检流计的灵敏度 S_i 成正比，检流计灵敏度越高电桥的灵敏度也越高.

(2) 电桥的灵敏度与电源电压 E 成正比，为了提高电桥灵敏度可适当提高电源电压 E.

(3) 电桥灵敏度随着四个桥臂上的电阻值 $R_0R_1R_2R_x$ 的增大而减小，随着 $\left(\frac{R_1}{R_x}+\frac{R_0}{R_2}\right)$ 的增加而减小，臂上的电阻阻值选得过大，将大大降低其灵敏度，臂上的电阻阻值相差太大，也会降低其灵敏度.

有了以上分析，就可找出在实际工作中组装成的电桥出现灵敏度不高测量误差大的原因. 同时一般成品电桥为了提高其测量灵敏度，通常都安装有外接检流计与外接电源接线柱. 但是外接电源电压的选定不能简单为提高其测量灵敏度而无限制地提高，还必须考虑桥臂电阻的额定功率，不然就会出现烧坏桥臂电阻的危险.

[实验内容]

1. 用滑线式电桥测电阻

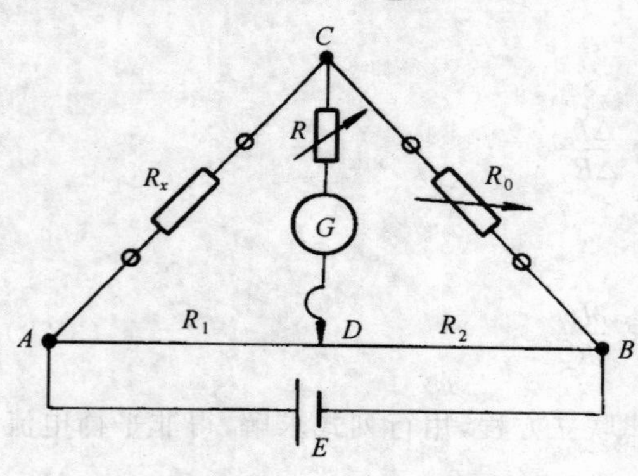

图 3-22　滑线式电桥

滑线式电桥是为了便于理解电桥的原理而设计制作的一种教学用电桥. 线路如图 3-22 所示. AB 为一均匀的长为 l 的电阻丝，滑动触头 D 可在电阻丝上滑动，当电桥平衡时，

$$R_xR_2=R_0R_1$$

于是

$$R_x=\frac{R_1}{R_2}R_0$$

由于电阻丝粗细均匀，又是由同一种材料制成，它们间的电阻之比就可用其长度之比来表示：

$$R_x=\frac{l_{AD}}{l_{BD}}R_0$$

其中 l_{AD}、l_{BD} 分别表示电阻丝 AD 和 BD 段的长度. 设 $l_{AD}=l_x$，$l_{BD}=l-l_x$，故

$$R_x=\frac{l_x}{l-l_x}R_0 \tag{3-24}$$

可见，欲求 R_x 只需确定出 AD 与 BD 段电阻丝的长度之比，读出标准电阻(电阻箱)的阻

值，即可求得.

现讨论滑动触头 D 处在什么位置时，测量误差最小？

由(3-24)式

$$\ln R_x = \ln l_x - \ln(l - l_x)$$

于是

$$\frac{dR_x}{R_x} = \left(\frac{1}{l_x} + \frac{1}{l - l_x}\right) dl_x$$

显然，测量的最有利位置是$\left(\frac{1}{l_x} + \frac{1}{l - l_x}\right)$为极小值.

由 $\frac{d}{dl_x}\left(\frac{1}{l_x} + \frac{1}{l - l_x}\right) = \frac{1}{(l - l_x)^2} - \frac{1}{l_x^2}$，它的二阶导数始终大于零，因此一阶导数等于零便可求出极小值的条件：

$$\frac{1}{(l - l_x)^2} - \frac{1}{l_x^2} = 0 \qquad \text{故} \quad l_x = \frac{l}{2}$$

这表明，当滑动触头 D 处在电阻丝的中点位置时使电桥平衡，是测量的最优位置.

上述讨论假定电阻丝是均匀的，实际上电阻丝并非完全均匀，而且使用愈久，电阻丝中间部分磨损愈严重. 为消除电阻丝不均匀引起的系统误差，可将待测电阻与标准电阻箱交换位置进行测量，并求平均值作为测量结果.

要同时满足以上要求，测量时可先将触头 D 置于电阻丝 AB 的中点位置，然后调节电阻箱的阻值，若阻值为 R_0 时，电桥达到平衡；再将 R_x 和 R_0 交换位置进行测量. 触头 D 保持在中点位置不动，再调节电阻箱，当电桥再次实现平衡时，此时电阻箱阻值设为 R_0'，根据平衡条件，应有关系式：

$$\frac{R_x}{R_0} = \frac{l_x}{l - l_x} \quad \text{和} \quad \frac{R_0'}{R_x} = \frac{l_x}{l - l_x}$$

由此可得

$$\frac{R_x}{R_0} = \frac{R_0'}{R_x} \qquad R_x = \sqrt{R_0 R_0'}$$

这样就避免了因长度测量不准带来的误差. 重复测量五次，求出测量结果：

$$\overline{R} \pm \sigma_{Rx} \qquad \sigma_{Rx} = \sqrt{S_{Rx}^2 + \Delta_{Rx}^2} \qquad \Delta_{Rx} = R_x \times \text{级别}\ \%$$

测量装置如图 3-23，图中桥路里的滑线电阻 R 是检流计的保护电阻，当电桥处于极不平衡状态时，桥路 CD 有较大的电流，为了保护检流计，这时 R 阻值应置于最大位置；当电桥接近平衡时，桥路电流很小，为提高测量的灵敏度，R 的阻值应逐渐滑到“0”位置. 为更好地判断检流计中是否有电流通过，要反复使滑动触头 D 不断地与电阻丝接触、断开，即用跃接法. 若用跃接法检流计指针都不发生偏转，说明电桥已达到平衡.

2. 用箱式电桥测定铂电阻的电阻温度系数

工业生产和研究中测量电阻都用成品箱式电桥，它的基本原理和调节使用方法与滑

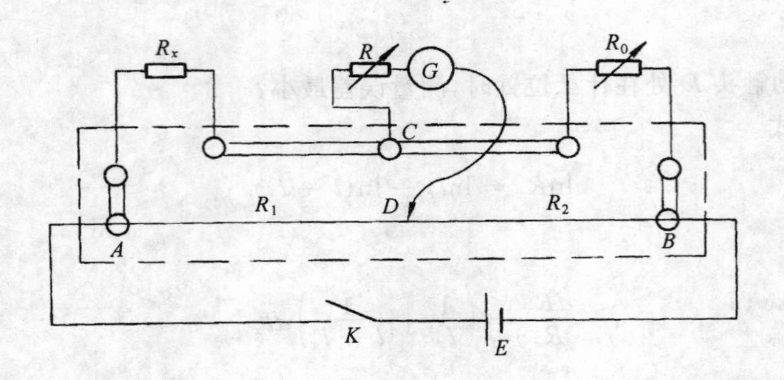

图 3-23　板式电桥

线式电桥相同.箱式桥是把电桥的各个元件,包括标准电阻箱、检流计、保护电阻、电源、开关等,装在一个箱子里,便于携带、使用方便.箱式电桥型号各异,本实验使用的是 QJ-24 型直流单臂电桥,又叫惠斯通电桥,适用于测量 1Ω 以上的中值电阻.

图 3-24 是惠斯通电桥的面板图和内部线路图.使用时应先熟悉面板各部分的作用和使用方法.将待测电阻 R_x 接在接线柱 x_1、x_2 之间,根据待测电阻阻值的大小,适当选择比率臂 K 值(可参看倍率选择表).K 值的大小要使比较臂(电阻箱)上的四个刻度转盘(S_1

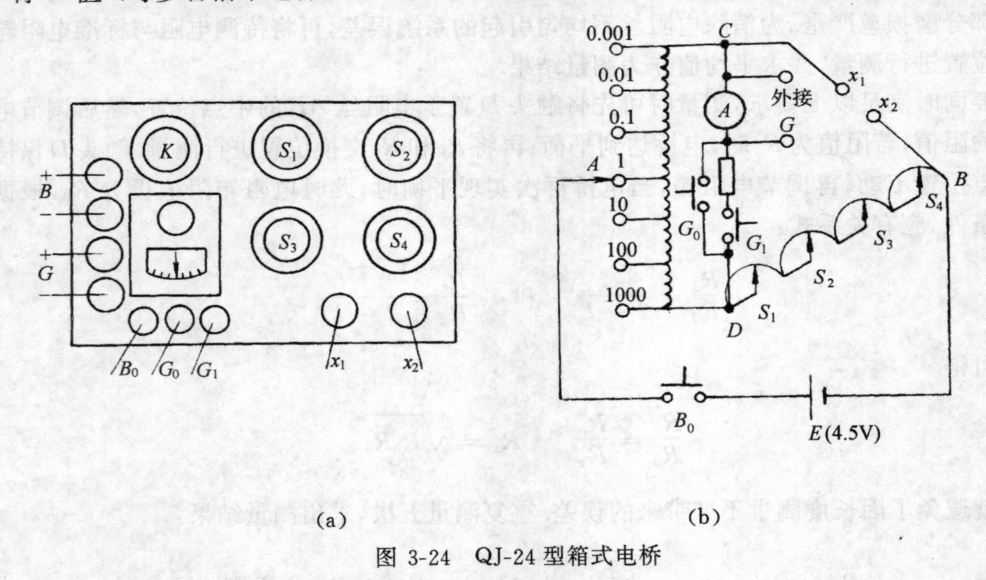

(a)　　(b)

图 3-24　QJ-24 型箱式电桥

$\sim S_4$)都要参与调节,即保证电阻的测量结果达到四位有效数.比较臂初始值一般应置于 1000Ω.按下电源按钮 B_0,(旋转一个方向即固定)电源 E 接入电桥回路,揿按检流计的粗调接钮 G_1(此时桥路有保护电阻),观察检流计(测量前应调节零点)指针偏转,观察指针是在"+"一边晃动还是在"−"一边晃动,如果指针是偏向"+"的一边,说明待测电阻 R_x 大于 1000Ω,这时应当增大比较臂上电阻的示值;反之若检流计指针是偏向"−"一边,说明待测电阻 R_x 比 1000Ω 小,应减小比较臂上电阻示值.逐个调节比较臂电阻箱上的四个旋钮(四个旋钮的调节顺序应由大到小),直到检流计接近零.此时放开 G_1,揿按细调钮

G_0,再次仔细调节电阻箱的四个读数盘,检流计完全指零,电桥平衡.比较臂上四个盘读数之和乘上倍率 K 值即为待测电阻的阻值.

$$R_x = KR_0 \tag{3-25}$$

倍率选择表

被测电阻值(Ω)	比率臂选择
9.999 以下	0.001
10 ~ 99.99	0.01
100 ~ 999.9	0.1
1000 ~ 9999	1
10000 ~ 99990	10
100000 ~ 999900	100
1000000 ~ 9999000	1000

大多数金属的电阻都有随温度变化而变化的性质.当温度变化不大时,电阻值与温度存在着线性关系,即

$$R_t = R_0(1 + \alpha t) \tag{3-26}$$

式中 R_0 是 0℃ 时的电阻,R_t 是温度为 t℃ 时的电阻,α 是电阻温度系数(单位是度$^{-1}$).

本实验所用铂电阻,当温度在 0℃ ~ 100℃ 范围内变化时,其电阻值约为 100Ω ~ 140Ω,根据(3-26)式,用箱式电桥测出铂电阻在各个温度时对应的电阻值,并作出 R_t-t 坐标图线,图线应是一条直线,直线的斜率 $\mathrm{tg}\alpha = \dfrac{\Delta R_t}{\Delta t} = R_0\alpha$,图线的截距为 R_0,因此由 R_t-t 图线就可求出 α.

实验装置如图 3-25,将铂电阻引线接在箱式电桥的待测接线柱上,铂电阻浸入热水浴中,加热在烧杯中进行,杯中盛有足够的水,加热器——通电电阻静置于水杯中,用水银温度计测定电阻的温度.测量从室温开始,每隔 10℃ 测量记录一次电阻值,若有可能测降温过程更理想.为尽量防止检流计猛烈撞击,并能在所测温度时刻电桥能即时达到平衡,测量前应首先熟悉箱式电桥的调节,务必操作熟练,因此可在通电加热前,将铂电阻置于空气中,根据铂电阻阻值的大小,选好比率臂 $K(=0.1)$,比较臂 $S_1 \sim S_4$ 初始值置于1000Ω,反复操作,调节电桥平衡,然后再将铂电阻浸入加热容器中,随温度变化,铂电阻阻值改变,不断调节比较臂电阻(指 S_2,S_3,S_4),使电桥随时处于接近平衡状态.

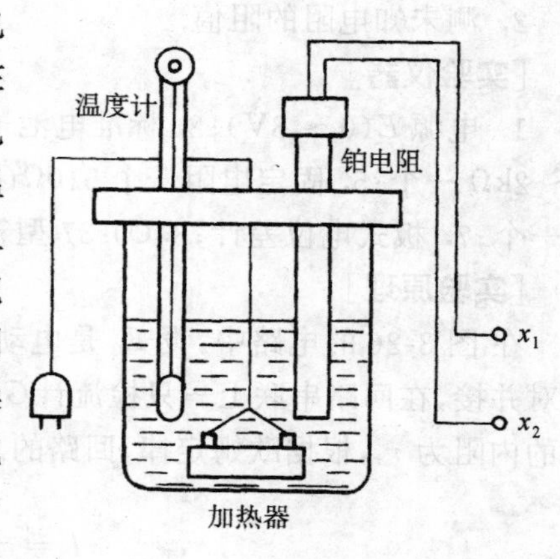

图 3-25　测铂电阻装置

记录电桥平衡时的电阻和对应时刻的温度，测出 5～6组数据. 作出 R_t-t 图线，并由图求出电阻温度系数 α 值.

自行设计数据记录表格.

注意：

1. 加热前烧杯中要盛足够(200 毫升) 的水.

2. 通电过程中，切勿把通电电阻提出水面，以防电阻曝裂.

3. 通电加热过程中，手切勿伸入烧杯的水中，以防触电.

［思考题］

1. 为了提高电桥测量的灵敏度，应采取哪些措施？为什么？

2. 用电桥测电阻时，线路接通后，检流计指针总是偏向一边，无论怎样调节，电桥达不到平衡，试分析是什么原因？

3. 如何用板式电桥测量 200μA 电流表的内阻？画出测量线路图，并说明为保证电表安全，应注意些什么？

实验十四　电位差计

电位差计是用补偿的方法来进行电压测量的，是电学测量中较为精密、应用广泛的测量仪器之一，它可以用来精密测量电动势、电压、电阻、电流、温度和校准电表. 在自动控制中经常用到它，因此学习使用电位差计是基础实验中的重要内容.

［学习要求］

1. 了解补偿法测量原理；

2. 了解电位差计的结构、正确使用电位差计.

［实验目的］

1. 测干电池的电动势；

2. 测未知电阻的阻值.

［实验仪器］

1. 电源 $E(0\sim 3\text{V})$；2. 标准电池一个；3. 待测电池一只；4. 滑线电阻 $0\sim 50\Omega$ 一个，$0\sim 2\text{k}\Omega$ 一个；5. 固定电阻一个 510Ω(作限流用)，待测电阻一个(15Ω 左右)；6. 转盘电阻箱一个；7. 板式电位差计；8. UJ-37 型箱式电位差计；9. 检流计一个.

［实验原理］

在图 3-26 的电路中，设 E_0 是电动势可调的标准电源，E_x 是待测电池，它们的正负极相对并接，在回路串联上一只检流计 G，用来检测回路中有无电流通过. 设 E_0 的内阻为 r_0，E_x 的内阻为 r_x，根据欧姆定律，回路的总电流为

$$I=\frac{E_0-E_x}{r_0+r_x+R_g+R} \tag{3-27}$$

如果我们调节可调电源 E_0，使回路无电流，检流计指针不发生偏转，说明 E_0 和 E_x 相等. 由 (3-27) 式可知，此时 $I=0$. 这时称电路的电位达到补偿. 若在电位补偿的情况下，已知 E_0 的大小就可确定 E_x 的大小. 这种测定电动势或电压的方法就叫做补偿法. 很显然，用补偿

法测定 E_x 除要求 $E_0 > E_x$ 外，还必须要求 E_0 便于调节，而且稳定，又能准确读数.

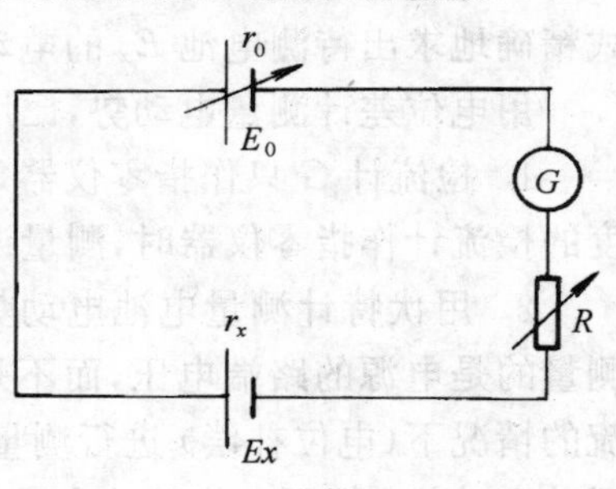

图 3-26　补偿原理

在实验电路中用的是一个分压器来代替图 3-26 中的 E_0，如图 3-27 所示.

由电源 E、限流电阻 R_1 以及均匀电阻丝 R_{AD} 构成的回路叫做工作回路. 由它提供稳定的工作电流 I_0，并在电阻丝 R_{AD} 上产生接近于 E 值的均匀电压降. 改变 B、C 之间的距离，可以从中分出大小不同连续变化的电压来，起到了和 E_0 相似的作用. 为了能够准确读数，用一个换接开关 K，当开关倒向“1”端，接入标准电池 E_s，BKE_sGC 称为校准回路，调节 R_1 及 B、C 间的距离，总可以找到一个位置（如图中的位置），使校准回路的

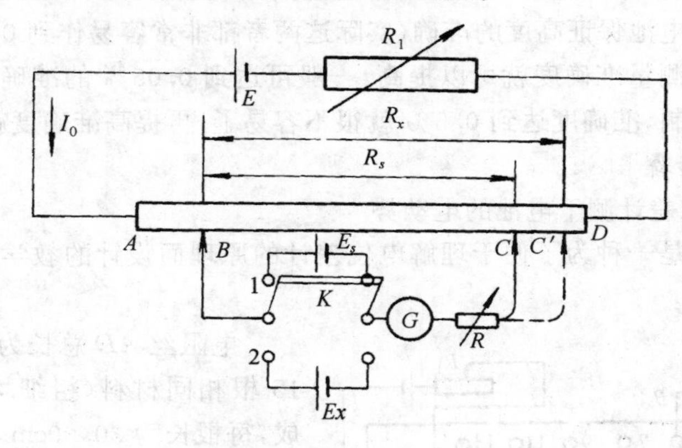

图 3-27　电位差计原理图

电流为零，即 R_s 上的电压降与 E_s 之间的电位差为零. 即达到补偿，由欧姆定律可知：

$$E_s = I_0 R_{BC} = I_0 R_s \tag{3-28}$$

这一过程就叫做电位差计的“校准”.

此时再把换接开关投“2”端，接入待测电池 E_x，于是 BKE_xGC' 构成了测量回路. 调节 BC 之间的距离，总可以找到另一位置 BC' 使测量回路的电流为零，即 R_x 上的电压降和 E_x 之间的电位差为零，测量回路达到补偿. 于是有

$$E_x = I_0 R_{BC'} = I_0 R_x \tag{3-29}$$

以上这种调节补偿的方法，叫做“定流变阻”调节法. 由(3-28)(3-29)式可得

$$\frac{E_x}{E_s} = \frac{R_x}{R_s} \qquad E_x = \frac{R_x}{R_s} E_s \tag{3-30}$$

由于电阻丝 AD 是粗细均匀的，所以上式中的电阻 R_x、R_s 之比，可以用电阻丝的长度 $L_{BC'} = L_x$，$L_{BC} = L_s$ 之比代替. 即

$$E_x = \frac{L_x}{L_s} \cdot E_s \tag{3-31}$$

只要精确测出L_x、L_s的长度，而标准电池的电动势E_s是准确知道的，就可以由(3-31)式精确地求出待测电池E_x的电动势，这就是用补偿法测电池电动势的原理.

用电位差计测量电动势，比用伏特计测量有以下三个优点：

1. 检流计G只作指零仪器，消除了利用偏转指示所产生的系统误差.当选用高灵敏度的检流计作指零仪器时，测量误差可以减至很小.

2. 用伏特计测量电池电动势时(实际不可能)，必定有电流流过伏特计，因此伏特计测量的是电源的路端电压，而不是电源的电动势.用电位差计测量时，正是在回路中无电流的情况下(电位补偿)进行测量的，故测量结果就是电源的电动势.精密测量电动势(如温差电动势)都用电位差计来进行.

3. 电位差计在测量时，工作电流I一经调定就不能再动，保持为一常数.由(3-29)式可知待测电动势E_x就和电阻丝的电阻R_x保持一一对应的线性关系，只要电阻丝的电阻和作校准用的标准电池保证高度的准确(实际这两者都非常容易作到0.05%的准确度或更高)，电位差计的测量准确度就可以提高，一般可达到0.05%的准确度.伏特计由于受到制造工艺上的限制，准确度达到0.5%就很不容易了，再提高准确度就更困难.

[**实验内容及步骤**]

1. 用板式电位差计测干电池的电动势

板式电位差计是一种为了便于理解电位差计的原理而设计的教学用电位差计，其结构与接线见图3-28：

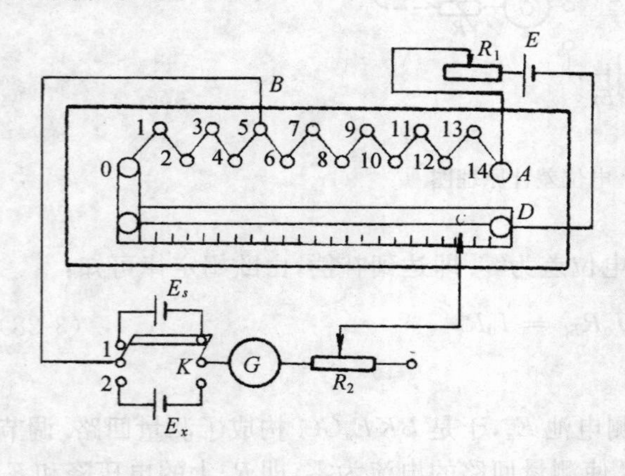

图 3-28　板式电位差计

电阻丝AD总长为4.5000m，它是由15根相同材料(粗细均匀)的电阻丝组成，每根长为30.00cm.其中14根绕成螺旋形，安装在0～14号插孔之间，另一根拉伸固定在一米尺上，并且一端通过铜片与0点相连，另一端即为电阻AD的D端.插销B可以在0～14号插孔间改变位置，每改一孔位置，即改变电阻丝长度30.00cm.称为“补偿粗调”.滑动触头C在米尺上的电阻丝上滑动，可按米尺的精度，读出测量时所需的微小长度，称为“补偿细调”.图中ER_1ADE为工作回路，$E_sGR_2CBE_s$为校准回路，当开关K倒向E_x时则为待测回路，调节滑线电阻R_1可以改变工作回路的电流.R_2为保护检流计的滑线电阻，在测量过程中，其使用与电桥实验相同.

估计选定粗调插孔B的位置，开关K置“1”位置，然后将C在OD电阻丝上跃接，观察检流计偏转情况，当检流计指针偏转较小时，C可以沿电阻丝OD滑动直至检流计指零(此时R_2应为最小).若指针偏转较大，应调工作回路限流电阻R_1，反复跃接“细调”C，检流计均指零.记录B、C间的电阻丝长度为L_s.保持工作回路总电流不变将开关K倒向“2”，待测干电池接入测量回路，不动R_1重新调节B和C，使检流计指零，即回路电流为零，电阻R_{BC}上的电压与E_x达到补偿.记录此时的电阻丝BC间的长度为L_x.于是由前面的(3-31)

式可得：

$$E_x = \frac{L_x}{L_s} E_s$$

为了求出 E_x 的平均值，再适当改变 R_1（即改变工作电流）重复上面的步骤 2、3 再测两次.

［**数据记录及处理**］

$$E_s = 1.0183\text{V}$$

次　数	L_s(mm)	L_x(mm)	$Ex = \frac{L_x}{L_s} \cdot E_s$(V)	ΔE_x(V)
1				
2				
3				
平　均				

$$E = \frac{\overline{\Delta E_x}}{\overline{E_x}} \times 100\% =$$

$$E_x = \qquad \pm \qquad (\text{V})$$

注意：(1) 板式电位差计线路连接时电源 E、标准电池 E_s、待测电池 E_x 三者极性必须相对连接，否则不可能达到补偿，而且实验选定的工作电源 E 的电压值的大小、工作回路中电流 I_0 的大小，应当满足电阻 R_{AD} 上的电压 $U > E_x$.（想想为什么？）

(2) 测量前应当估计粗调 B 插销的插孔位置，这可以根据 E_x（或 U_x）、E_s 值，由电阻 R_{AD} 单位长度的电压值（或伏 / 根）来确定. 电压 U_{AD} 可由实验室提供，操作时应当杜绝盲目瞎碰，以免烧坏检流计.

(3) 记录 L_s、L_x 的长度应当是 BC 间电阻丝的长度，既要注意插孔个数也要注意反映米尺的有效位数.

2. 用箱式电位差计测定未知电阻

本实验是用 UJ-37 型箱式电位差计测电阻，箱式电位差计的线路结构如图 3-29，由图可知箱式电位差计线路组成与滑线式电位差计相同，箱式电位差计的各元件包括电源 E 均装在箱子里面，便于携带，使用时只需扳动面板开关（或旋钮），使检流计指针指零，即可从刻度盘上得出待测电压值. 使用十分方便. 图 3-30 为 UJ-37 型箱式电位差计面板图. 各元件与图 3-29 一一对应.

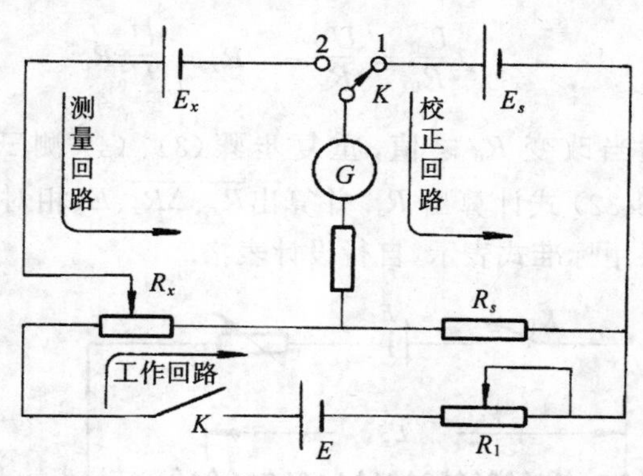

图 3-29　UJ-37 型电位差计线路

测量电压时，先将待测电压接在输入端，注意正负极性不能接错！调节好检流计 G 的

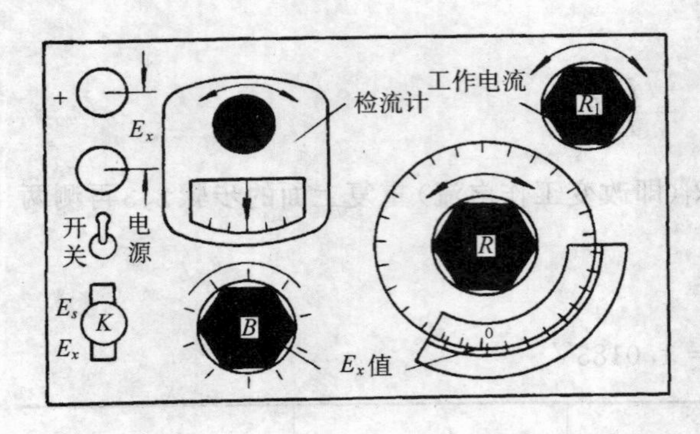

图 3-30　UJ37 电位差计面板图

零点，打开电源开关，将 K 倒向“标准”(E_s)，即校准回路接通，调节工作电流旋钮(R_1)，当 R_s 上的电压降与标准电池 E_s 达到补偿时，检流计指针指零. 工作电流经校准为一定值，然后再将开关 K 倒向“未知”(E_x)，调节 B 旋钮和 R 转盘. 当 R_x 上的电压与待测电压达到补偿时，检流计指零. 此时 B 上示数与 R 盘上的读数的和为待测电压.

用箱式电位差计测量未知电阻，实际上是通过测电阻两端的电压降而间接测出的. 这就要求电位差计必须与精密可调、可读的电阻箱配合使用. 其测量线路如图 3-31.

(1) 首先按上面介绍的箱式电位差计的校准方法校准好箱式电位差计.

(2) 按图 3-31 接好线路.

(3) 将双刀双掷开关 K 合在“1”上，测出标准电阻 R_0 两端的电压降 U_0.(注意：R_0 为指定数值的位置)

(4) 保持所有条件不变，再将双刀双掷开关 K 倒向“2”端，测出待测电阻 R_x 两端的电压降 U_x. 因为 R_x 和 R_0 是串联关系，在串联回路里，通过 R_0 和 R_x 上的电流相等，所以有

$$\frac{U_0}{R_0}=\frac{U_x}{R_x} \qquad R_x=\frac{U_x}{U_0}R_0 \tag{3-32}$$

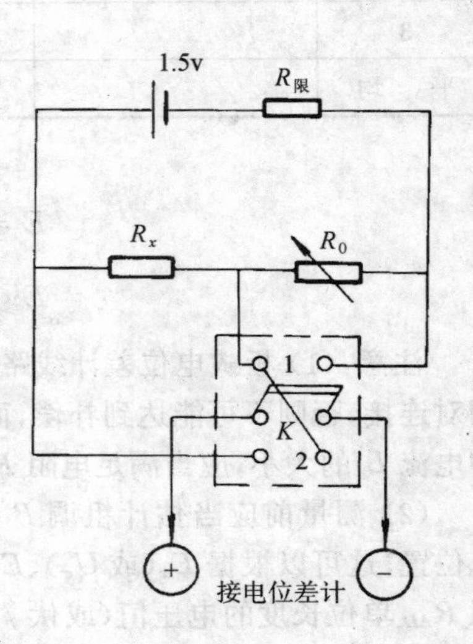

图 3-31　测电阻

适当改变 R_0 之值，重复步骤(3)、(4) 测三次，代入(3-32) 式计算出 R_x. 并算出$\overline{R_x}$、$\overline{\Delta R_x}$、E(相对误差). 结果用标准式表示，自行设计表格.

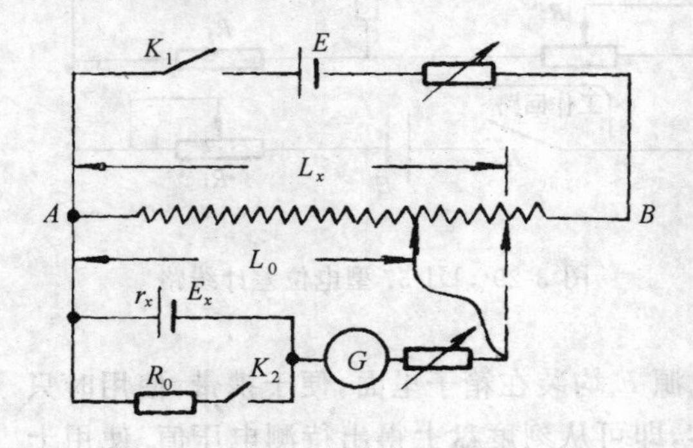

图 3-32

注意：

由于 UJ-37 型电位差计测量电压量程很小(103mV). 因此在回路中应串入较大的限流电阻(本实验用 $R_{限}=510\Omega$)，同时待测电阻也应较小(一般几十欧).

［思考题］

1. 为什么电位差计可以实现高精确度的测量？

2. 在用板式电位差计测量 E_x 时，无论滑动触头 B 和 C 在什么位置，检流计指针都始终偏向一边. 试分析产生这种现象的原

因.

3. 图 3-32 是板式电位差计测电池电动势和内阻 r_x 的一种电路，图中 R_0 是一个精密电阻箱，L_0、L_x分别是 K_2 接通和断开时电位差计处于补偿状态的电阻丝长度，试证明电池 E_x 的内阻 r_x 为

$$r_x=\left(\frac{L_x}{L_0}-1\right)R_0$$

［**附录**］ 标准电池

标准电池的特点是其电动势稳定性非常好，一级标准电池在一年时间内电动势的变化不超过几微伏. 因此常用来作为电压测量的比较标准. 最常用的是 Weston 标准电池，其结构如图 3-33，正极为汞，上面放置硫酸镉和硫酸汞糊剂，负极为镉汞剂. 上面放置硫酸镉晶体，最后在"H"型玻璃管内注入硫酸镉溶液，就构成了标准电池. 它的电动势随温度变化也是很小的，在 20℃ 时，它的标准电动势为 1.0183V. 其它温度下，可由下列经验公式修正：

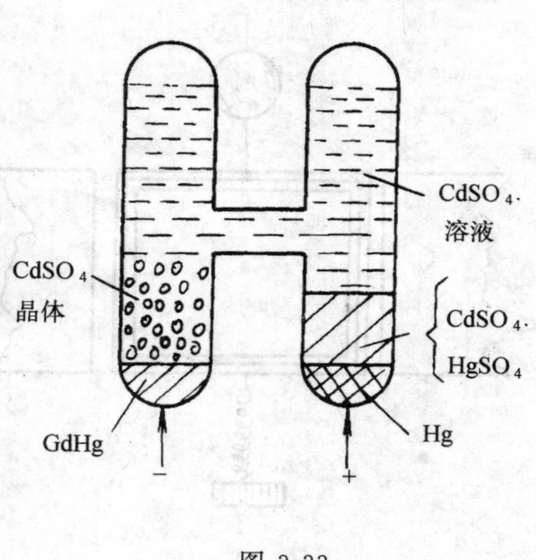

图 3-33

$$E_n=1.0183[1-4.06\times10^{-5}\times(t-20)-9.5\times10^{-7}\times(t-20)^2+1\times10^{-9}(t-20)^3]$$

在 t 与 20℃ 相差不远时，只用前两项已足够精确了.

标准电池只能用作电动势测量的比较标准，绝不能作电能能源使用，故只能和电位差计配合使用，并且在使用时严格遵守下列三项要求：

(1) 绝对不能倒置，不能振动.

(2) 电池在使用中的电流绝对不超过 10^{-6}A.

(3) 绝对不允许用伏特计或万用电表测量其电动势.

一旦违反上述三项要求，标准电池将立即失去"标准"成为废物. 二级以上的标准电池每件都装有 AB 两个电池，A 电池叫"比较"标准，B 电池叫"工作"标准，平时只能接 B，长时间使用后再用 A 校准 B.

实验十五　冲击电流计

［**学习要求**］

1. 了解冲击电流计的构造及原理；

2. 学会使用冲击电流计.

［**实验目的**］

1. 测量冲击电流计的冲击常数 β；

2. 用冲击电流计测量电容、绘制 RC 放电曲线及求高电阻.

［实验仪器］

AC4/3型冲击电流计，RX7/0型标准电容箱；0～3V电压表，1.5V干电池；滑线变阻器(5kΩ，0.1A)，单刀单掷、单刀双掷、双刀双掷开关.

［实验原理］

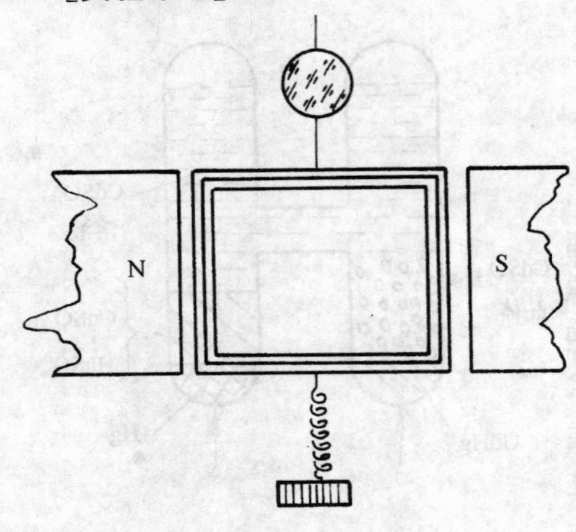

图 3-34　冲击电流计线圈

冲击电流计与灵敏电流计的构造一样，都做成悬线磁电式电表，以便得到较高的灵敏度，不同的是它的线圈做成扁长的形状，如图3-34，以增大它的转动惯量J，从而增大其扭转摆动的自由周期T_0：

$$T_0 = 2\pi\sqrt{J/D} \tag{3-33}$$

(3-33)式中D为悬丝的扭转系数.冲击电流计的扭转摆动自由周期$T_0 > 10s$(一般灵敏电流计的T_0仅约1～2s).由于周期较长，因而决定了它与普通电流计的用途不一样.普通电流计是用来测量电流强度I的，而冲击电流计则是用来测量极短时间内通过它的脉冲电流所迁移的微小电量q的(也可以用来测量与q有关的磁感应强度B、电容C和高电阻R_H等物理量).由于用途不同，故用法也不一样.一般电流计读取的是指针(或光标)稳定的偏转角α，而冲击电流计读取的是运动"光标"第一次最大摆角α_m(或叫冲掷角).其工作原理如下：当冲击电流计中通过一脉冲电流i，其波形如图3-35所示.在$0 \sim \tau$时间内被迁移的电量为

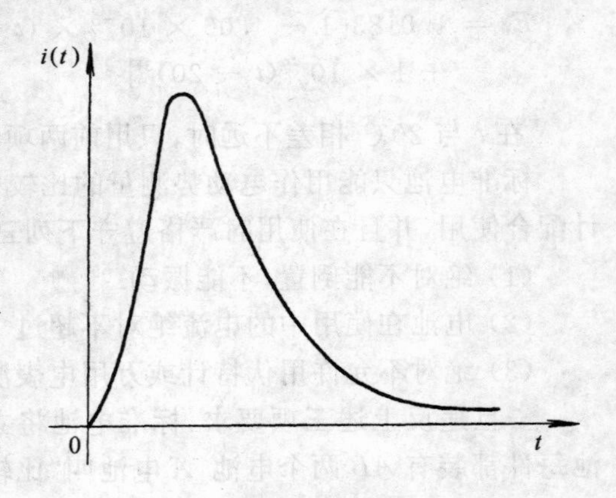

图 3-35　脉冲电流

$$q = \int_0^\tau dq = \int_0^\tau i dt \tag{3-34}$$

线圈所受瞬时电磁力矩大小为

$$M = BNAi \tag{3-35}$$

其中B为磁感应强度，N为线圈匝数，A为线圈面积.由动量矩原理知道线圈在$0 \sim \tau$时间内所受冲量矩等于其角动量的增量，即

$$\int_0^\tau M dt = BNAq = J\omega_\tau - J\omega_0 \tag{3-36}$$

由于初角动量$J\omega_0 = 0$，由(3-36)式可得$t = \tau$时，线圈的角速度：

$$\omega_\tau = \frac{BNA}{J} q \tag{3-37}$$

如前所述，摆动周期 $T_0 \gg \tau$，故此时线圈转角 $\alpha_\tau = 0$. 在 $t > \tau$ 后，脉冲电流 $i = 0$，线圈转动力矩 $M = 0$，但因惯性原因，线圈只受悬线弹性恢复力矩作用，故其机械能守恒. 线圈在平衡位置时的转动能量等于其最大角位移时悬线扭变弹性势能. 即

$$\frac{1}{2}J\omega_\tau^2 = \frac{1}{2}D\alpha_m^2 \tag{3-38}$$

其冲掷角

$$\alpha_m = \sqrt{\frac{J}{D}}\omega_\tau \tag{3-39}$$

将(3-37) 式代入(3-39) 式消去 ω_τ

$$\alpha_m = \frac{BNA}{\sqrt{DJ}}q \tag{3-40}$$

由于 $BNAD$ 和 J 均为常数，故令常数 $K = BNA/\sqrt{JD}$，于是(3-40) 式简化为

$$\alpha_m = Kq \tag{3-41}$$

即冲击电流计的最大冲掷角 α_m 与被迁移的电量 q 成正比.

实际测量时线圈偏转角 α 是通过标尺上光标偏转格数这一光学方法来测定的. 冲击电流计的线圈上面固定了一个小平面镜(如图 3-34)，镜面与标尺相距 L 较远，由反射定律可知，当平面镜随线圈转过 α 角时，则反射光线转过 2α 角，如图 3-36 所示.

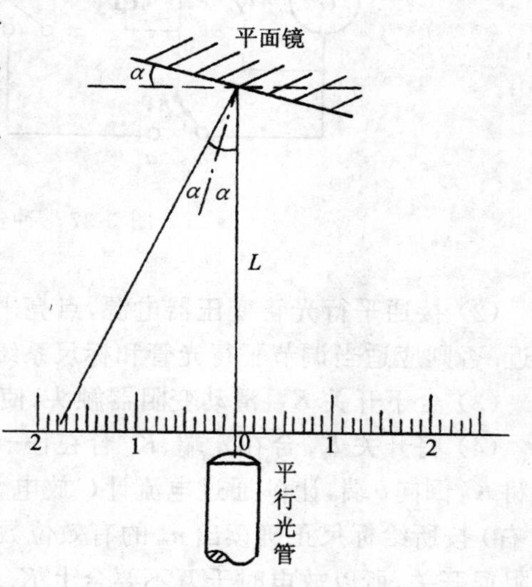

图 3-36 镜尺光标法

设反射光线在标尺上的偏转格数为 n，因 α 角较小，则有

$$n = L\mathrm{tg}2\alpha \approx 2\alpha L$$

或

$$\alpha = n/2L \tag{3-42}$$

将(3-42) 式代入(3-41) 式，消去 α_m，并用 n_m 表示线圈最大冲掷角 α_m 相对应的光标第一次最大偏转格数. 同时考虑到 KL 均为常量，故在使用冲击电流计时，引入一个叫做冲击常数 β 的量，所以有

$$q = \beta n_m \tag{3-43}$$

其中 $\beta = \frac{1}{2KL}$. 这就表明短时间内通过线圈的电量 q 与标尺上光标的最大偏转格数 n_m 成正比. 必须指出，这是假定线圈转动时不存在电磁阻尼力矩的情况下推导出来的，但是，当线圈转动时，因其所在电路是闭合的，因而存在电磁阻尼力矩，并且这个力矩跟电路中的

总电阻成反比. 虽然如此，电量 q 仍然与最大偏转格数 n_m 成正比，只不过比例系数 β 不同而已.

由于冲击常数 β 与电路中的总电阻有关，故应在实验中加以测定. 至于冲击电流计铭牌上所给的 β 值，只是在电路断开（即 $R_{外}=\infty$）时的值. β 的单位是 C/mm，冲击电流计的电量灵敏度是用 β 的倒数表示的，即

$$S_q=\frac{1}{\beta}=\frac{n_m}{q}$$

其物理意义是，当冲击电流计中通过单位电量时，标尺上的最大偏转格数，单位是 mm/C.

［**实验内容及步骤**］

1. 测量冲击电流计的冲击常数 β：

(1) 照图 3-37 接好电路.

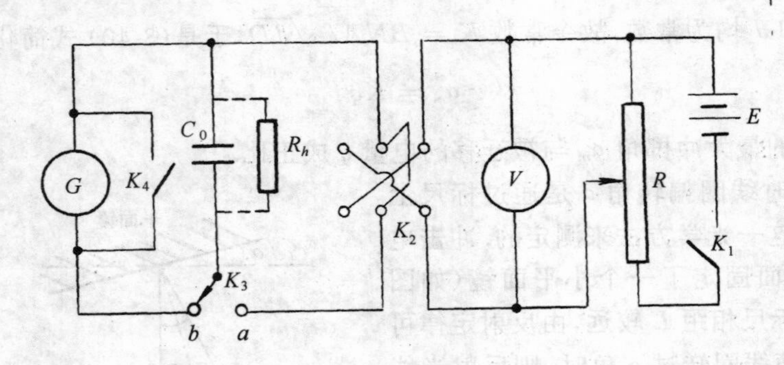

图 3-37　冲击电流计测量线路

(2) 接通平行光管变压器电源，点亮平行光管灯泡，使反射回来的光落在标尺"0"点附近. 否则应适当调节平行光管和标尺系统.

(3) 合下开关 K_1，滑动变阻器触头，使伏特计电压为 1V.

(4) 将开关 K_3 合在 a 端、K_2 合在任一（左或右）端，则电容器 C_0 充电. 几秒种后，迅速将 K_3 倒向 b 端，让 C_0 通过电流计 G 放电，并注意读取光标第一次最大偏移格数 n_m 左（或 n_m 右）按所给标尺正确读出 n_m 的有效位数，并记下此时电容 C_0 和电压表的读数. 因为 K_4 是阻尼开关，所以放电时千万不要合上 K_4.

(5) 当第一次放电后，线圈将在平衡位置来回摆动，光标就将在"0"点左、右来回摆动，为了使其尽快停止，当光标接近"0"点时，将 K_4 合上使电流计 G 的线圈短路，利用电磁阻尼作用使线圈尽快停止摆动.

(6) 保持 C_0、V 读数不变，将 K_3 倒向 a 端，K_2 反向，相对于第一次来说，对 C_0 反向充电. 几秒种后，迅速将 K_3 倒向 b 端，C_0 通过电流计 G 放电，此时，光标在标尺上的移动与第一次放电时的移动方向相反，并注意读取光标最大偏移格数 n_m 右（或 n_m 左）. 将正、反两次光标的最大偏转格数取平均值，以消除"0"点不准产生的系统误差.

(7) 改变 C_0（或 U）的大小，重复步骤(4)、(5)、(6) 做五次，再根据 $q=UC_0$ 和 $q=\beta n_m$，求出五个 β 值，并取平均值 $\bar{\beta}$ 作为测量结果.

注意：每次记录的 n_m 左右值，都应是最大值.

2. 测绘 RC 放电曲线，求高电阻 R_H 值.

(1) 在图 3-37 中的电容器 C_0 两端并联一个高电阻 R_H，选取 C_0 为一定值，并合上 K_1 调节 R 使电压表读数为 1V.

(2) 将 K_2 合上，K_3 倒向 a 端对电容器 C_0 充电，此时 C_0 上的电量为 $q_0 = C_0U$.

(3) 将 K_3 断开，C_0 将通过高电阻 R_H 放电，C_0 所剩余的电量与经高电阻 R_H 放电的时间 t 按指数关系变化，即

$$q_t = q_0 e^{-\frac{t}{R_H C_0}} \tag{3-44}$$

(4) 经过高电阻 R_H 放电 t 秒后，把开关 K_3 倒向 b 端，让剩余电量 q_t 通过电流计放电，并依次测出经 R_H 放电时间 t 分别为 5、10、15、…40 秒时所对应的剩余电量经电流计放电的光标偏移格数 n_5、n_{10}、n_{15}、…、n_{40} 进而测出剩余电量 q_5、q_{10}、q_{15}、…q_{40}.

(5) 用 q_t 作纵坐标，用 t 作横坐标绘出电容的放电曲线，以研究 RC 放电特性.

(6) 为了求出高电阻 R_H，对(3-44) 式两边取自然对数，得线性方程：

$$\ln q_t = \ln q_0 - \frac{t}{R_H C_0}$$

令

$$\ln q_0 = B, \qquad -\frac{1}{R_H C_0} = K$$

则上式为

$$\ln q_t = B + K_t \tag{3-45}$$

用 $\ln q_t$ 作纵坐标，用 t 作横坐标绘出 $\ln q_t$-t 关系图，并求取斜率 K：

$$K = \frac{\Delta \ln q_t}{\Delta t} = -\frac{1}{R_H C_0}$$

$$\therefore \quad R_H = -\frac{1}{KC_0} = -\frac{\Delta t}{C_0 \Delta \ln q_t} \tag{3-46}$$

[**数据记录及处理**]

测冲击常数 β：

测量值 \ 次数	1	2	3	4	5	平均
U(V)						
C_0(10^{-6}F)						
$n_{m左}$ n_m(mm)						
$n_{m右}$ n_m(mm)						
β(10^{-9}C/mm)						
$\Delta\beta$(10^{-9}C/mm)						

$$\overline{\beta} \pm \overline{\Delta\beta} = \qquad , \quad E_\beta = \overline{\Delta\beta}/\overline{\beta} \times 100\% =$$

测电容放电曲线：

t(s)	0	5	10	15	20	25	30	35	……
n_m(mm)									
$q_t(10^{-9}C)$									
$l_n q_t$									

$$R_H =$$

[思考题]

1. 利用所给装置如何测一未知电容 C_x?说明其原理和方法，导出测量公式.

2. 冲击电流计是利用 $q = \beta n$ 测量电量的，式中的 n 是如何测得的?

3. 将本实验线路图 3-37 分解成四个简单回路，单独画出，标出名称，并说出各自的作用.各回路至少有一个开关.

实验十六　双臂电桥

双臂电桥又名开尔文电桥，它是在惠斯通电桥基础上发展来的，它可以消除(或减小)附加电阻对测量的影响，因此是测量 1Ω 以下低电阻的常用仪器.如测量金属材料的电阻率、电机、变压器绕组的电阻、低阻值线圈电阻等.

同时双臂电桥中采用的四端接线法，也是为实现准确测量、精确定义电阻而安排的，生产实际中常常采用，如标准电阻都有电压接头电流接头各一对，掌握双臂电桥线路构成具有普遍意义.

[学习要求]

1. 了解双臂电桥测低电阻的原理及结构特点；

2. 学会低电阻的测量方法.

[实验目的]

组装双臂电桥、并测量铜、铝、铁棒材的电阻和电阻率.

[实验仪器]

AC15/5 型直流复射式检流计；金属膜固定电阻(36.00 ± 0.05)Ω2 个；ZX-21 型 6 位转柄电阻箱(0.1 级)2 个；BZ-10 型四端钮标准电阻(阻值 0.01Ω，0.01 级)；0-3A 直流电流表 1 只；待测四端钮低电阻(铜、铝、铁棒)；0 ～ 50Ω 滑线电阻 1 个；J-T14 型低压电源(输出直流 0 ～ 11V、3.5A)；米尺、游标尺、导线；QJ-26-1 型直流双臂电桥；

[实验原理]

用惠斯通电桥测中值电阻时，是可以忽略连接导线本身电阻和电阻连接处的接触电阻(总称附加电阻)的影响,但用它测低电阻时,因附加电阻(约为$10^{-3}\Omega$),不能忽略,否则将引起相当大的误差.如所测低电阻为0.01Ω时,附加电阻影响可达10%,对0.001Ω以下的低电阻,就无法得出测量结果了,因此将惠氏电桥改进而成的开尔文电桥,克服了附加电阻的影响,下面对照惠氏电桥说明开尔文电桥的结构和工作原理.

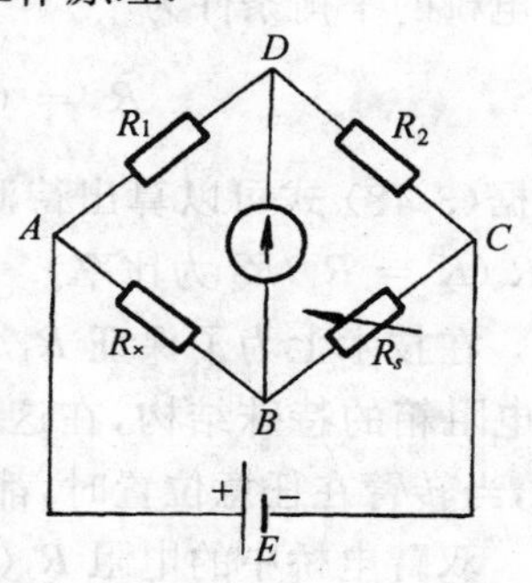

图 3-38　惠斯通电桥

在图3-38所示的惠斯通电桥线路中,有12根导线和A、B、C、D四个接点,其中由A、C点经电源和由B、D点经检流计的导线电阻可分别并入电源和检流计"内阻"中,对测量结果没有影响,由于比率臂R_1和R_2可用阻值较高的电阻,因此和R_1、R_2相连的四根导线(A—R_1、D—R_2、D—R_1、C—R_2)的电阻对测量结果带来的影响很小,可忽略不计,由于待测电阻是低电阻,比较臂R_s也应该是低电阻,因此和R_x、R_s相连的四根导线和四个接点电阻对测量结果影响就会很大,为了消除这些电阻的影响,对惠斯通电桥作改进变成如图3-39所示的开尔文电桥,为避免A—R_x和C—R_s的导线电阻,将此两段导线尽量缩短,最好缩短为零,使A点与R_x直接相接,C点与R_s直接相接.为消除A、C点接触电阻,又将A点分成A_1、A_2两点,C点分成C_1、C_2两点,使A_1、C_1点接触电阻并入电源的内阻,A_2、C_2点的接触电阻分别并入R_1、R_2中,为消除B点的接触电阻及导线B—R_x、B—R_s两段导线电阻影响,在线路中增加R_3和R_4两个电阻,让B点移至与电阻R_3、R_4和检流计相连,同时把与R_x和R_s的接点各自分成B_1、B_3和B_2、B_4这样就可把B_3、B_4的接触电阻并入到较高电阻R_3、R_4中,用粗短导线将B_1、B_2相连,并设B_3、B_4间连线电阻与接触电阻的总和为r,而r的影响是可通过调节R_1、R_2、R_3、R_4和R_s的阻值消去的.

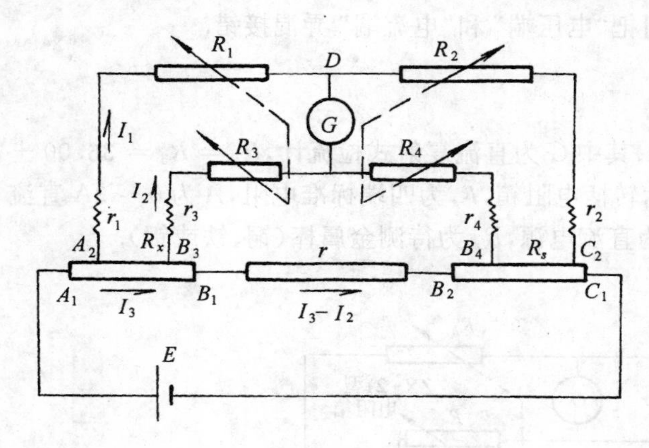

图 3-39　双臂桥原理

调节电桥平衡的过程,就是调节电阻R_1、R_2、R_3、R_4和R_s的阻值,使检流计中的电流I_g等于零的过程.

当电桥达到平衡时$I_g=0$,通过R_1和R_2的电流相等(为I_1);通过R_3和R_4的电流相等(为I_2);通过R_x和R_s电流也相等(I_3).由B、D两点电位相等,可得

$$I_1R_1=I_3R_x+I_2R_3$$
$$I_1R_2=I_3R_s+I_2R_4$$
$$I_2(R_3+R_4)=(I_3-I_2)r$$

联立求解,得到

$$R_x = \frac{R_1}{R_2}R_s + \frac{rR_4}{R_3 + R_4 + r}\left(\frac{R_1}{R_2} - \frac{R_3}{R_4}\right) \tag{3-47}$$

如果满足 $R_1 = R_3, R_2 = R_4$ 或者 $R_1/R_2 = R_3/R_4$，则(3-47) 式右边第二项为零，于是开尔文电桥的平衡条件为

$$R_x = (R_1/R_2) \cdot R_s \qquad (当 R_1/R_2 = R_3/R_4 时) \tag{3-48}$$

根据(3-48) 式可以算出待测低电阻 R_x. 可见用双臂电桥如同惠斯通电桥测电阻：$R_x = KR_s(K = R_1/R_2$ 为比率).

在技术上为了保证 $R_1/R_2 = R_3/R_4$，通常将两对比率臂(R_1/R_2 和 R_3/R_4) 采用同轴十进电阻箱的特殊结构，在这种电阻箱里，两个相同的十进电阻箱的转臂固定在同一转轴上，当转臂在任意位置时，都保持 $R_1 = R_3, R_2 = R_4$.

双臂电桥中的电阻 R_x(或比较臂 R_s) 有四个接线端，称为四端电阻，采用四端电阻可以大大减小测电阻时附加电阻对测量结果的影响，由于流经 A_1、R_x、B_1 的电流比较大，常称接点 A_1、B_1 为"电流端"，用符号 C_1、C_2 表示，而接点 A_2 和 B_3 则称为"电压端"，用符号 P_1 和 P_2 表示. 在使用双臂电桥时，切不可把"电压端"和"电流端"弄混接错.

［**实验内容**］

1. 组装双臂电桥测金属棒的电阻

(1) 按图 3-40 连线组装双臂电桥，其中 G 为直流复射式检流计，$R_1 = R_3 = 36.00 \pm 0.05\Omega$，为金属膜固定电阻，$R_2$、$R_4$ 为六转柄电阻箱，R_s 为四端标准电阻，A 为 0 ~ 3A 直流电流表，R 为滑线电阻(0 ~ 50Ω)，E 为直流电源，R_x 为待测金属棒(铜、铁或铝).

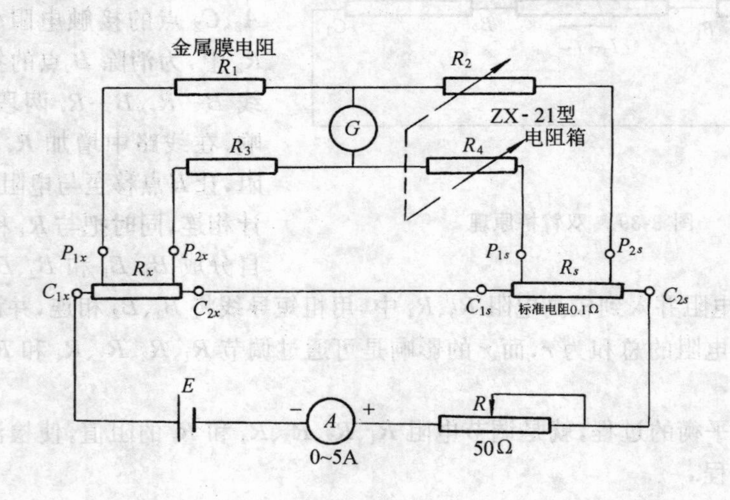

图 3-40　组装双臂电桥

组装时，仪器要求合理布置，既安全又操作方便，线路经教师检查后才得进行测量.

(2) 灵敏检流计的分流器旋钮拨于低灵敏度的 × 0.01 档，然后接通检流计光标照明电源(用市电 220V)，则在标尺上一般可以见到光标，待标尺上的光标出现后，再缓慢进行机械调零，使光标移到零点位置.

(3) 根据大约估算出的 R_x 及 R_1、R_3、R_s 的值估算 $R_2(=R_4)$ 的值，并将 R_2、R_4 的初始值(绝对不能置于零) 置于适当位置(可由教师给定)，注意：这一步很重要，否则当电源接通后会因电桥严重失去平衡，导致检流计光标偏离标尺，甚至烧坏检流计.

(4) 将滑线电阻 R 置于最大位置，然后合上电源开关，再缓慢调节滑线电阻，使电流表 A 示值约为 1A.

(5) 同步调节 R_2、R_4 两电阻箱的阻值，从初始值开始，使二者等值地变化，观察检流计光标位置的变化，当二电阻箱调节到使光标在标尺零位置时，即粗调电桥平衡；然后将检流计分流器旋钮转至 ×0.1～×1 位置，分别逐一仔细调节 R_2、R_4 使光标位于标尺零线，即电桥平衡，记录 $R_2=R_4$ 最后的阻值.

(6) 更换给定的其余两种待测金属棒(R_x)，重复以上调节步骤，依次测出 $R_2(=R_4)$ 的值，将 R_1、R_s 和 R_2 代入(3-48) 式算出三种金属棒的电阻。

2. 测量和计算上面所测各低电阻材料的电阻率

用米尺单次测量待测金属棒电位端 P_{1x}、P_{2x} 之间的距离 L，用游标尺测量待测金属棒不同部位直径 d 五次.

将各材料的 R_x、L_x、d_x 代入，计算出电阻率：

$$\rho_x=\frac{\pi d_x^2}{4l_x}\cdot R_x \qquad \text{或} \quad \rho_x=\frac{\pi d_x^2}{4l_x}\cdot\frac{R_1}{R_2}\cdot R_s$$

计算不确定度，写出各量测量结果之标准式.

［**数据记录及处理**］

1. 测金属棒的电阻

给定 $R_1=R_3=(36.00\pm0.05)\Omega$； $R_s=(0.10000\pm0.00001)\Omega$

材料 \ 测量值	$R_2(\Omega)$	$\Delta R_2(\Omega)$	$R_x(\Omega)$	E	$\sigma_x(\Omega)$	$R_x\pm\sigma_x(\Omega)$
铜						
铝						
铁						

电阻箱仪器误差 $\Delta R_2=\Delta R_4=$ 示值 $\times 0.1\%=\sigma_{R_2}=\sigma_{R_4}$

$$\sigma_x=R_x\cdot E \qquad R_x=(R_1/R_2)\cdot R_s$$

2. 测定金属材料的电阻率(记录表格自己设计)

$\sigma_l=0.05(\text{cm})$

$$\sigma_d=\sqrt{S_d^2+\Delta_{仪}^2}$$

$$S_d=\sqrt{\frac{\sum\limits_1^n\Delta d_i^2}{n-1}}$$

$$E_{\rho_x} = \sqrt{\left(\frac{2\sigma_d}{d}\right)^2 + \left(\frac{\sigma_l}{l}\right)^2 + \left(\frac{\sigma_{R_1}}{R_1}\right)^2 + \left(\frac{\sigma_{R_2}}{R_2}\right)^2 + \left(\frac{\sigma_{R_s}}{R_s}\right)^2}$$

$$\rho_x = \frac{\pi d_x^2}{4l_x} \cdot \frac{R_1}{R_2} R_s \quad (\mathrm{cm} \cdot \Omega)$$

$$\sigma_{\rho_x} = \rho_x \cdot E_{\rho_x}$$

$$\rho_x \pm \sigma_{\rho_x} =$$

[思考题]

1．双臂电桥和单臂电桥在结构和用途上有哪些不同？

2．为什么对低电阻的测量都要采用四端钮接法？

[附录] QJ-26-1 型直流双臂箱式电桥的使用方法

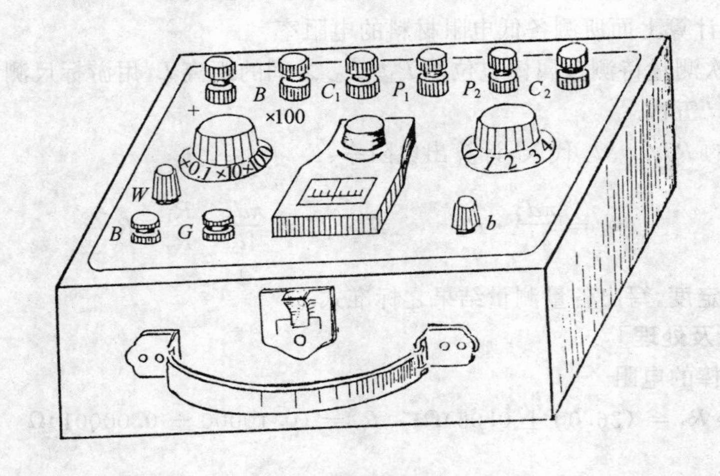

图 3-41 QJ-26-1 型直流双臂箱式电桥板面图

1．按四端钮连线将被测低电阻 R_x 对应地接到箱式双臂电桥的对应接线柱 C_1P_1、P_2C_2 上.

2．用机械调零旋钮"A"将检流计指针调零.

3．按下按钮"G"，再顺时针方向转动放大器零点调节旋钮（带开关电位器）"W"使检流计指针再次指零.

4．适当选择比率臂"M"旋钮位置（参考值：铝棒选 × 0.01 档，铁棒选 × 0.01 或 0.1 档；铜棒选 × 0.01 档），按下并顺时针方向旋转按钮"G"使之锁住，再按下电源按钮"B"，调节读数盘"C"和微调旋钮"b"（控制微读数盘 0～0.01Ω 范围内变化，其示值标尺与检流计的示值标尺装于同一窗口内）至检流计指针指零. 此待测低电阻的阻值为：

$$R_x = M(0.01 \times C + b)\Omega$$

$$\Delta R_x = 0.2\% \times R_x$$

5．使用完毕后，松开"G"、"B"，关闭"W"（逆时针旋转到底）.

注意：1．无论是组装的还是箱式双臂电桥，工作时其工作电流都较大，故应尽量加快测量速度(如因故不能快速测量,应断开电源)避免长时间通电使电阻发热而导致测量结果误差偏大.

2. QJ-26-1 型箱式直流双臂电桥的测量范围为 0.0001 ~ 11Ω,等级为 0.2 级,电源电压为 1.5 ~ 2.2V. 接线柱"+、B、−"为测量电感性电阻时外接电流表、电源等使用.

3. 如果用该箱式双臂电桥测电感性电阻时,在使用方法"3"中应先接通电源按钮"B",待充电以后再按下检流计按钮"G".

实验十七　示波器原理及使用

示波器是一种能显示电压波形及函数图形,并能测出其大小、频率和相位的一种多功能电子仪器. 它可以把人们眼睛看不见的电量和非电量的变化,转化成可见的图像,直观地供人们研究. 示波器广泛地应用于科学研究和生产实践中.

[学习要求]

1. 了解通用示波器的基本结构及工作原理;

2. 熟悉通用示波器各主要旋钮的作用和用法,掌握观察波形的调整步骤.

[实验目的]

1. 使用示波器对常见电压波形进行观测;

2. 用示波器粗略测量信号电压的频率和幅值;

3. 用李萨如图比较法测量正弦电压的频率.

[实验仪器]

HH4313(或 4314)型通用示波器一台,SC2000 型波形发生器一台,专用电缆线二根.

[实验原理]

一、示波器的基本结构

示波器的主要部分有:

1. 示波管;

2. 带衰减器的 Y 轴放大器;

3. 带衰减器的 X 轴放大器;

4. 扫描电路(锯齿波发生器);

5. 电源.

如图 3-42 所示.

示波管:如图 3-43 包括电子枪、偏转系统、荧光屏三部分,被封装在一个高真空的玻璃泡内.

(1)电子枪:灯丝给阴极加热,使阴极发射电子. 栅极上加有比阴极更低的负电压,用来控制阴极发射的电子数,从而控制荧光屏上显示光点的亮度(辉度). 第一阳极和第二阳极加有直流高压,使电子在电场作用下加速,并有静电透镜的作用,能把电子束会聚成一点(聚焦).

(2)偏转系统:由靠近第二阳极的一对 Y 偏转板和一对 X 偏转板构成. 当在偏转板上加有电压形成电场时,电子束通过电场其运动方向将发生偏转.

如果 Y 偏转板两极间加上电压 U_y,电子束经过电极时受极间电场作用而产生垂直方

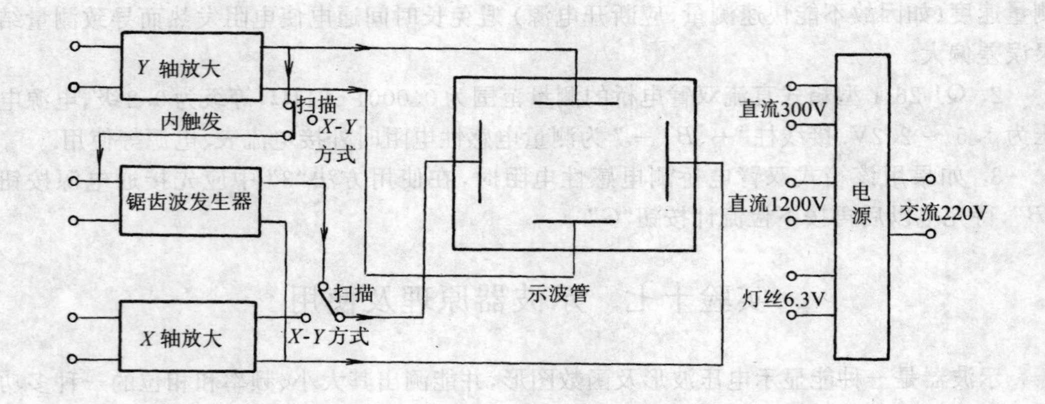

图 3-42　示波器的基本结构示意图

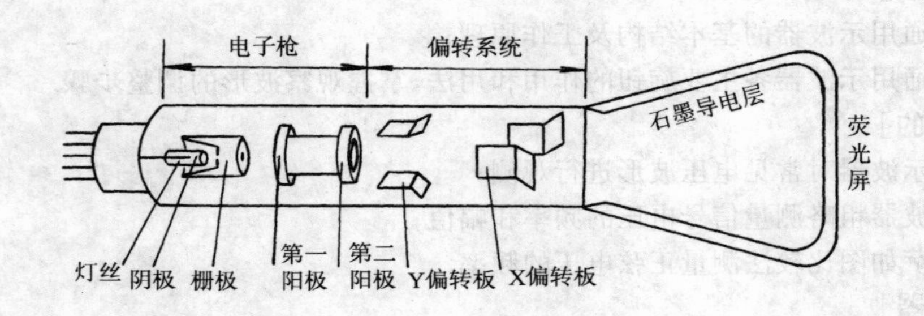

图 3-43　示波管

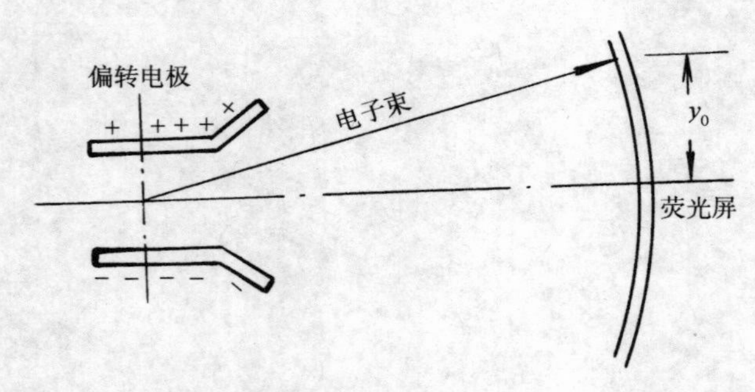

图 3-44　电子束偏转

向上的移动. 如图 3-44 所示，偏转距离 Y 正比于电极间加的电压：

$$Y=S_Y\cdot U_Y \tag{3-49}$$

同理，X 轴偏转板控制电子束在水平方向的偏转，其偏转距离：

$$X=S_X\cdot U_X \tag{3-50}$$

式(3-49)、(3-50)中的 S_Y、S_X 分别称为示波器的 Y 轴偏转板灵敏度和 X 轴偏转板灵敏度. 它表示加单位电压时所引起的电子束的偏转距离. 它们的数值随 Y 轴、X 轴放大器放大倍数的增大而增加.

如果偏转板上均未加有电场，则电子束直线前进，荧光屏中央出现一亮点.

(3)荧光屏：屏上涂有荧光物质，电子射线打到荧光物质上能使它发光，屏上即显示出电子到达之点.

二、扫描原理

若在示波管的 Y 偏转板上加一个随时间周期性变化的电压 $U_{Y(t)}$，则电子束在垂直方向上作周期性的移动，荧光屏上出现一条竖直亮线. 同理，若在 X 偏转板上加一个随时间周期性变化的电压 $U_{X(t)}$，荧光屏上出现一条水平亮线. 通常在示波管的 X 偏转板上加一个锯齿形电压，即在一个周期内 U_X 的大小随时间增加而线性变化，它使光点由左向右匀速移动，称为扫描电压. 见图 3-45.

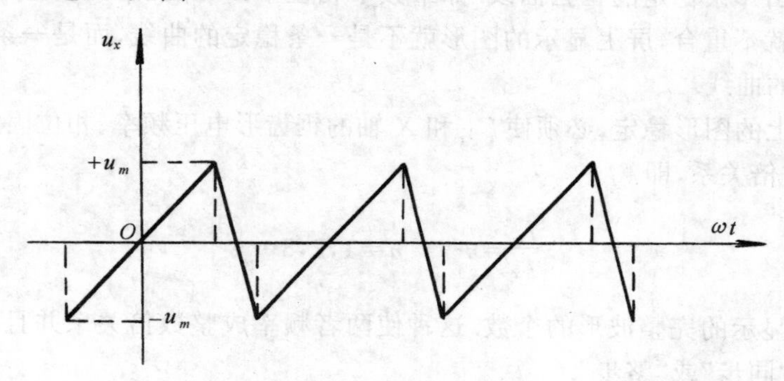

图 3-45　锯齿波

如果在 Y 轴上加一正弦电压 $U_Y=U_m\sin(\omega t+\varphi)$，$X$ 轴同时加一锯齿形电压，则每一瞬时，屏上光点的位置决定于两电压 U_X、U_Y 的值及周相.

如图 3-46 所示，在一定条件下，屏上会显示一条正弦曲线.

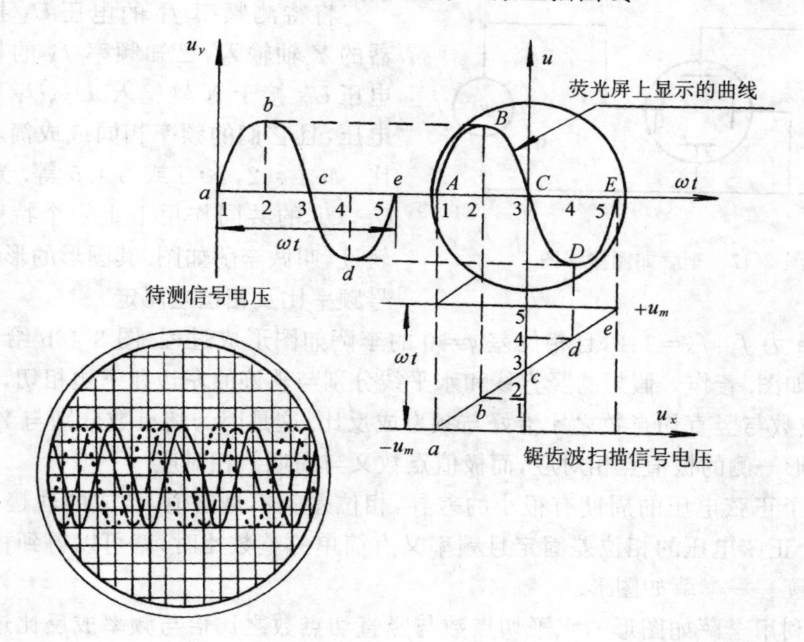

图 3-46　扫描原理

显然，我们在屏上看见的正弦曲线，实际上是 U_X、U_Y 两个互相垂直的运动合成的轨迹. 也可以这样说：要观察加在 Y 轴上电压 U_Y 随时间变化的规律，必须同时在 X 轴上加一锯齿形电压，把 U_Y 产生的竖直亮线按时间展开，这个展开的过程叫“扫描”.

三、同步原理

由图 3-46 可以看出，当 U_Y 和 X 轴的扫描电压频率、相位相同时，亮点扫完整个正弦曲线后锯齿形电压随即复原，于是又扫出一条与前一条完全重合的正弦曲线. 如此重复，荧光屏上显示出一条稳定的正弦曲线. 如果频率相位不同，那么第二次、第三次扫出的曲线与第一次的就不重合，屏上显示的图形就不是一条稳定的曲线，而是一条不断移动的，甚至更为复杂的曲线.

为了使屏上的图形稳定，必须使 U_Y 和 X 轴的锯齿形电压频率、相位固定，并且 U_Y 与 U_X 频率成整数倍关系，即

$$\frac{f_y}{f_x}=n \qquad n=1,2,3\cdots \tag{3-51}$$

式中 n 为屏上显示的完整波形的个数. 这种使两者频率成整数倍关系并且相位差恒定的调节过程称为“同步”或“整步”.

实际上，由于 U_y、U_X 产生于不同的振荡源，它们之间的起始时间不易满足上述关系. 为了达到同步的目的，示波器中设有一种装置，它用 U_y 电压去触发锯齿波电压 U_X，使之满足上述条件，使屏上图形稳定、清晰. 这种装置叫做“整步调节”.

四、用李萨如图测定频率原理

示波器测频率的原理很多，这里介绍一种常用的李萨如图法. 测量原理见图 3-47.

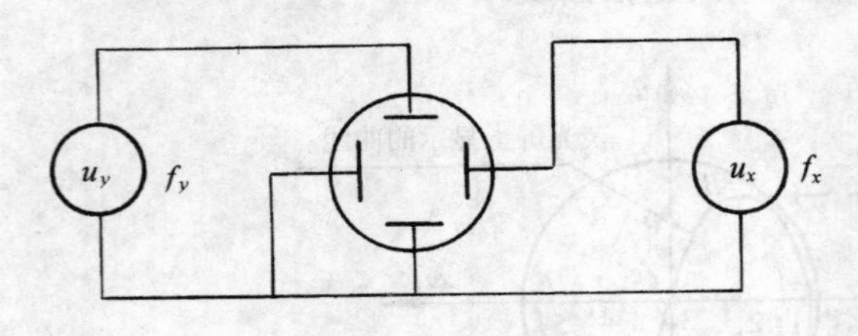

图 3-47　李萨如图接线图

将待测频率 f_Y 的电压 U_Y 接于示波器的 Y 轴输入，已知频率 f_X 的标准频率电压 U_X 接于 X 轴输入. U_X、U_Y 均为正弦电压，且它们的频率相同或成简单的整数比. 如 1∶2，2∶1或 3∶5 等. 光点将在 U_X、U_Y 的共同作用下走一个特殊形状的轨迹，叫做李萨如图. 其图形的形状由两信号频率比及相位差而定.

图 3-48a 为 $f_y:f_X=1:2$，且相位差 $\varphi=0$ 的李萨如图形成过程. 图 3-48b 给出了几种简单的李萨如图. 若作一假想的竖直线和水平线分别与轨迹的左边和下边相切，由图可看到：水平切点数与竖直切点数之比恰好与频率成反比. 这是因为切点数分别与 Y 轴、X 轴所加电压波形一侧的极值点相对应，而极值点数又与周期数相对应.

如果两个正弦电压的周期有很小的差异，相位差就不是定值，合成的轨迹将不断移动. 如果两个正弦电压的相位差固定且频率又有简单的整数比时，就可以得到稳定的、封闭的合成轨迹——李萨如图形.

本实验利用李萨如图形的水平切点数与竖直切点数之比恰与频率成反比这一特点，用比较法由一已知正弦电压的频率来测定另一未知正弦电压的频率.

设水平切点数为 n_x，加于 X 轴上的正弦电压频率为 f_x；竖直切点数为 n_y，加于 Y 轴的正弦电压的频率为 f_y，则

$$f_y : f_x = n_x : n_y$$

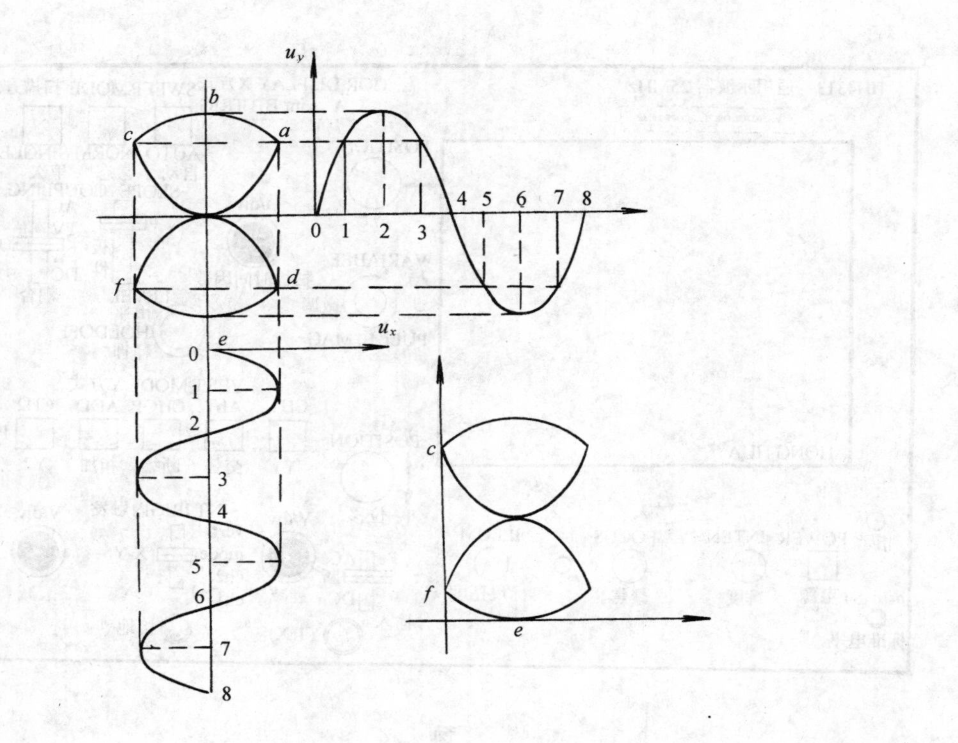

图 3-48a　李萨如图形成

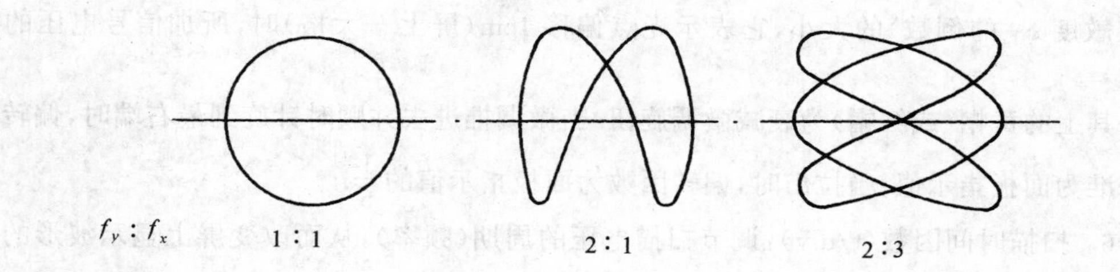

图 3-48b　几种简单的李萨如图形

$$\therefore \quad f_y = \frac{n_x}{n_y} \cdot f_x \tag{3-52}$$

本实验采用 HH4313(或 4314)型双踪示波器,它的特点是在单踪示波器上增设一个电子开关,用来实现可同时观察两个电压波形的功能.

图 3-49 是 HH4313 型示波器的面板图. 图上主要旋钮的作用如下:

1. Y 轴位移(POSITION ↕):调节光点在垂直方向上的移动.
2. X 轴位移(POSITION⟷):调节光点在水平方向上的移动.
3. 辉度(INTEN):调节光点的亮度.
4. 聚焦(FOCUS):调节光点的大小(亮线的粗细).
5. 衰减开关(V/div):调节屏上垂直方向信号幅度的大小.

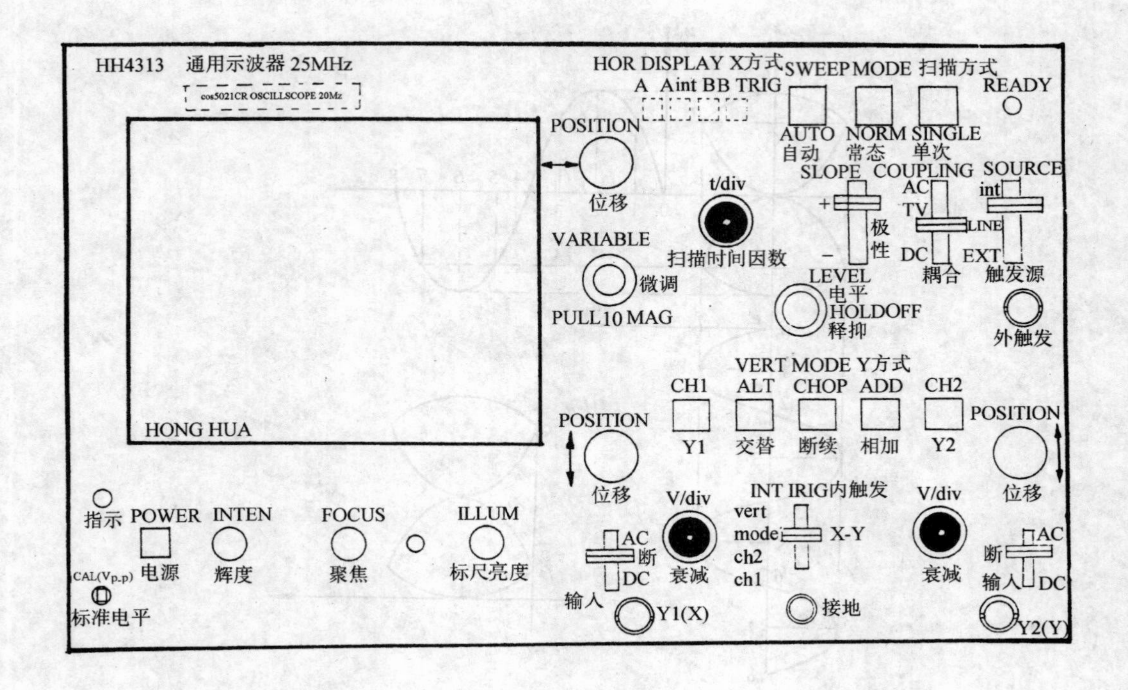

图 3-49

面板上的示数从 5mV/cm 到 5V/cm 共分 10 档，用以选择垂直偏转因数(垂直偏转板灵敏度 S_Y 的倒数)的大小，它表示光点偏移 1cm(屏上一大格)时，所加信号电压的大小.

其上的黄帽(或红帽)为衰减微调旋钮. 当微调推进去并顺时针旋到最右端时，偏转因数校准为面板指示值；当拉出时，偏转因数为面板指示值的$\frac{1}{5}$.

6. 扫描时间因数(t/div)：调节扫描电压的周期(频率)，从而改变屏上显示波形的个数.

当置于“X-Y EXTHOR”位置时，则断开扫描电压发生器与 X 偏转板的连接，此时由 $Y_1(X)$输入的电压加到 X 偏转板上.

面板上示数从 0.2μs/cm 到 0.5s/cm 共分 20 档，其值表示在屏上水平方向展开波形时，每扫过 1cm 长度所用的时间，它的校准方法与“衰减开关”相同. 扫描微调(VARIABLE)旋钮拉出时，扫描时间因数为面板值的$\frac{1}{10}$.

7. 内触发(INT TRIG)：选择机内的整步信号源. 该信号源将对扫描电压起整步作用，从而使波形稳定. 有三档：

CH1：以 Y_1 输入信号作为触发信号.

CH2：以 Y_2 输入信号作为触发信号.

Y 方式(vert mode)：把显示在屏上的输入信号作为触发信号(用于同时观察两个波形时选择).

8. 电平(LEVEL)和释抑(HOLDOFF)：二双联控制旋钮用于调节整步信号，使波形稳定不动.使用时先将二钮向左旋至“锁定”(LOCK)位置,再向右旋转“电平”(上面的小旋钮)即可.

9. Y 方式(VERT MODE):用于选择垂直系统工作方式.双踪示波器可由 $Y_1(X)$ 或 $Y_2(Y)$ 单独输入一个信号电压,也可由 $Y_1(X)$ 与 $Y_2(Y)$ 同时输入两个信号电压加于垂直偏转板上.有5个选择按钮:

CH1:Y_1 单独工作.

CH2:Y_2 单独工作.

交替(ALT):Y_1 和 Y_2 交替工作,适用于较高扫速.

断续(CHOP):以频率为250kHz的速率轮流显示,适用于低扫速.

相加(ADD):用来测量代数和(Y_1+Y_2).

[**实验内容及步骤**]

一、实验前的准备

动手操作前,应首先对照面板图,熟悉示波器的主要调节旋钮及其作用.

示波器的基本调整步骤如下:

1. 将“扫描时间因数”投到“X-Y EXTHOR”档;两个“衰减”开关均旋到最左端.

2. 打开电源开关,调节 X 位移“$\longleftrightarrow$”和CH1(X)的 Y 位移“$\updownarrow$”,即可看到电子束打在屏上的光点.

3. 适当调节“聚焦”与“辉度”旋钮,使光点清晰,且亮度适中.

4. 将“扫描方式(SWEEP MODE)”开关按下“自动”,顺时针转动“扫描时间因数”旋钮,可观察到一条水平亮线,这就是扫描电压引起光点水平偏转产生的扫描时基线.

5. 将“触发源(SOURCE)”投到“int”(内触发状态),“释抑”和“电平”旋钮(系同轴双控制旋钮)均逆时针转到最左端(LOCK)位置,极性(SLOPE)、耦合(COUPLING)、“输入”开关均扳到最上端。至此,观察波形前示波器的准备工作已经完成.

二、实验内容

1. 利用示波器观察波形发生器输出的各种电压波形,记录指定电压的波形图.

(1) 用电缆线将示波器的“CH1(X)”输入端口与波形发生器的“信号输出”端口相接,“内触发”开关拨到“CH1”,Y 方式按下“CH1”按钮.接通波形发生器的电源(开关在后侧面的左端),将输出频率调到1000Hz,输出电压调到3V,波形选择调到正弦波.此时,示波器屏上显示一条形状较复杂且不断移动的光波带.

(2) 顺时针转动示波器上CH1(X)的“衰减”旋钮,调节电压幅度,使屏上的光带幅度适中,再向右微微转动“电平”旋钮(上面小旋钮)调同步,直到屏显稳定不动的正弦波形,最后调节“扫描时间因数”旋钮以改变波形个数,使屏上显示2~3个周期的波形.至此,正弦电压的波形显示调整完毕.

(3) 改变波形发生器的“波形选择”,在示波器上依次显示其余11种电压的波形进行观察.将观察到的正弦、矩形、锯齿、三角波的波形图如实记录到坐标纸上.

2. 用示波器测定正弦、矩形、锯齿、三角四种电压的频率和幅值.

用示波器进行电压频率和瞬时值的定量测定前,必须将“扫描时间因数”的微调旋钮置于校准(即左面的“VARIABLE”旋到最右端),“Y 衰减”的微调旋钮(其上的黄钮)推进去并旋到最右端(校准位置).调节波形发生器输出的波形、频率和电压(峰值),使其分别达到指定的波形和指定的值．对每种波，分别调节“扫描时间因数”、“电平”、和“衰减”旋钮，使屏上显示出1～2个周期且幅度较大的稳定波形

(1) 记录波一个周期的水平宽度L(cm)和扫描时间t(s/cm)(t即“扫描时间因数”旋钮的指示值，记录时注意看清楚单位和小数点位置)，则根据“扫描时间因数”示值的意义以及频率与周期的关系，可得到待测电压频率的计算式为

$$f=\frac{1}{T}=\frac{1}{Lt} \quad (\mathrm{Hz}) \tag{3-53}$$

用(3-53)式计算出各种待测信号电压的频率，并将测量值与波形发生器显示的值f'(作标准)相比较，计算百分偏差$\left(\frac{f-f'}{f'}\right)$.

(2) 记录波在垂直方向上的峰-峰高度H(cm)和“衰减”旋钮所示电压值V(V/cm)，则待测电压的幅值为

$$U_p=\frac{U_{p\text{-}p}}{2}=\frac{H\cdot V}{2} \quad (\mathrm{V}) \tag{3-54}$$

用(3-54)式计算出各待测信号电压的幅值，并计算百分偏差$\left(\frac{U-U'}{U'}\right)$.$U'$为波形发生器输出电压显示值．

数据记录表格自己设计．

3．利用李萨如图用比较法测量波形发生器输出的正弦电压的频率．

(1) 将波形发生器单独输出的电压(“100Hz 正弦”)作为待测电压U_Y，用电缆线把它的输出端与示波器的“CH2(Y)”输入端相连接，再将波形发生器的“信号输出”端与示波器的“CH1(X)”输入端相接．

(2) 把示波器的“触发源”、“扫描时间因数”和“内触发”都拨到“X-Y”位置，Y方式按下“CH2(X-Y)”。这时扫描电压发生器与X偏转板断开，由波形发生器通过“信号输出”通道输出的正弦电压将通过X轴放大系统加到X偏转板上，其电压为U_X.

(3) 打开示波器和波形发生器，将波形发生器的输出波形选择为正弦波(以后不再动)，输出电压调到3V，示波器上的两个“衰减”旋钮置于合适位置，使屏上显示的图形X、Y轴方向幅度接近．调节水平位移和CH2(Y)的垂直位移旋钮，使图形在屏的正中．

(4) 在10～500Hz的范围内，调节波形发生器输出正弦电压的频率(f_x)，使屏上显示稳定的李萨如图．选三种简单的图形(如O、∞、8形等)，记录每种图的水平切点数(n_x)和竖直切点数(n_y)以及获得图形时波形发生器的输出频率值(f_x)．由(3-52)式计算待测正弦电压的频率，以三次的平均值作为测量结果.

自己设计数据记录表．

［**实验注意事项**］

1．荧光屏上的光点亮度不能调得太强，并且不能让光点长时间停留在屏上，以免损坏荧光屏.

2．使用示波器时务必轻轻旋动各旋钮，当旋钮转不动时切不可强拉硬扳，否则将损坏仪器.

[思考题]

1．说明图 3-50 所示的几种波形调节中存在什么问题？应如何纠正．

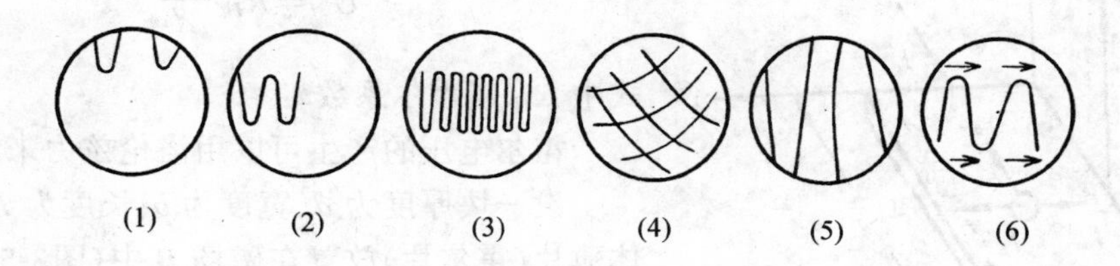

图 3-50

2．如果要观察李萨如图，必须在示波器的 X、Y 偏转板上各接何种电压？应将 HH4313 型双踪示波器的“触发源”、“扫描时间因数”、“内触发”等各扳向什么位置？Y 方式应按下什么键？为什么？

3．你能设计一个用示波器观察电流波形的线路吗？画出示意图并说明原理．

4．试拟定一个实验方案，用本实验所给仪器，用比较法（与“扫描时间因数”面板示值无关）测定一脉冲信号电压的重复频率．

实验十八　霍尔效应及磁场的测定

霍尔效应是霍尔①于 1879 年在研究金属的导电机构时发现的．这一效应在磁场等物理量的测试、自动化和信息技术等方面有着极其广泛的应用．例如，可以用这一效应来测量“点”磁场和缝隙中的磁场，还可以鉴别半导体中载流子的类型及测量载流子的浓度等．

[学习要求]

1．了解产生霍尔效应的机理；

2．了解用霍尔效应测量磁场的原理和基本方法．

[实验目的]

1．研究霍尔元件的特性，并测定其灵敏度；

2．测量电磁铁气隙中的磁感应强度．

[实验仪器]

霍尔效应仪一台（含霍尔元件一个、电磁铁一个、换向开关三只），WJY-30C 型晶体管稳压电源一台，PZ114 型直流数字电压表（0～200mV，0.015 级）一个，直流安培表（0～3A，2.5 级）一个，直流毫安表（0～10mA，0.5 级）一个，单刀单掷开关二个，干电池二节，50Ω 滑线变阻器两个，CT3 型交直流特斯拉计一台，导线若干．

[实验原理]

一块长方形金属薄片或半导体薄片，若在某方向上通有电流 I_C，在其垂直方向上加一磁场 $\boldsymbol{B}$，则在垂直于电流和磁场的方向上将产生电位差 U_H，这个现象称为“霍尔效应”．U_H 称为“霍尔电压”．霍尔发现这个电位差 U_H 与电流强度 I_C 成正比，与磁感应强度 $\boldsymbol{B}$ 成

① 霍尔（E. H. Hall，1855～1938）当时为美国霍普金斯大学研究生院二年级研究生．

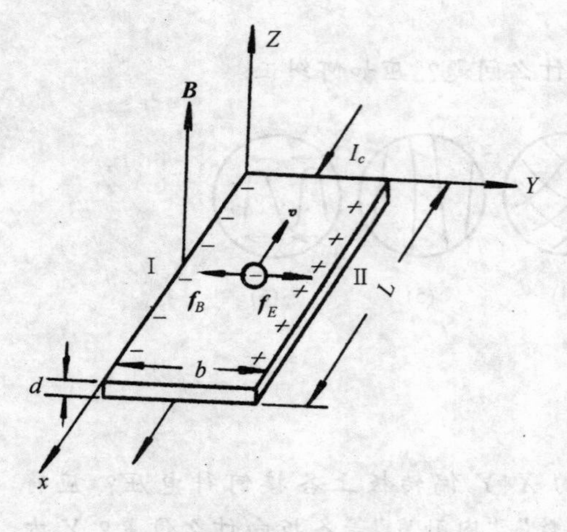

图 3-51　霍尔效应原理图

正比，与薄片的厚度 d 成反比，即

$$U_H=R_H\frac{I_CB}{d} \tag{3-55}$$

式中 R_H 叫霍尔系数.

霍尔电压的产生可以用洛伦兹力来解释.

设一块厚度为 d、宽度为 b、长度为 L 的半导体薄片（霍尔片）放置在磁场 $\boldsymbol{B}$ 中（图3-51所示），磁场 $\boldsymbol{B}$ 沿 Z 轴正方向，当电流沿 X 轴正方向通过半导体，设薄片中的载流子（设为自由电子）以平均速度 $\bar{v}$ 沿 X 轴负方向作定向运动，所受的洛伦兹力为

$$\boldsymbol{f}_B=e\,\boldsymbol{v}\times B \tag{3-56}$$

自由电子受力偏转的结果，向板面"Ⅰ"积聚，同时在板面"Ⅱ"上出现同数量的正电荷，这样就形成一个沿 Y 轴负方向上的横向电场，使自由电子在受沿 Y 轴负方向上的洛伦兹力 $\boldsymbol{f}_B$ 的同时，还受一个沿 Y 轴正方向的电场力 $\boldsymbol{f}_E$. 设 $\boldsymbol{E}$ 为电场强度，U_H 为Ⅰ、Ⅱ面之间的电位差（即霍尔电压），则

$$f_E=eE=e\frac{U_H}{b} \tag{3-57}$$

$\boldsymbol{f}_E$ 将阻碍电荷的积聚，最后达稳定状态时有

$$f_B=f_E \tag{3-58}$$

即

$$evB=e\frac{U_H}{b}$$

或

$$U_H=vBb \tag{3-59}$$

设载流子浓度为 n，单位时间内体积为 $v\cdot d\cdot b$ 里的载流子全部通过横截面，则电流强度 I_C 与载流子平均速度 v 的关系为

$$I_C=vdbne \quad \text{或} \quad v=\frac{I_C}{dbne} \tag{3-60}$$

将式(3-60)代入(3-59)得

$$U_H=\frac{1}{ne}\cdot\frac{I_CB}{d} \tag{3-61}$$

式中 $\frac{1}{ne}$ 即为前述的霍尔系数 R_H.

考虑霍尔片厚度 d 的影响，引进一个重要参数 K_H，$K_H=\frac{1}{ned}$，则(3-59)式可写为

$$U_H=K_HI_CB \tag{3-62}$$

K_H 称为霍尔元件的灵敏度．由(3-62)式可见：

1．在一定的外磁场中，霍尔电压 U_H 和通过霍尔片的电流强度 I_C(工作电流)成正比．

2．在一定的工作电流 I_C 下，霍尔电压 U_H 和外磁场磁感应强度 B 成正比．

因此，根据工作电流和对 U_H 的测量，就可以算出 B 值：

$$B=\frac{U_H}{K_HI_C} \tag{3-63}$$

这就是霍尔效应测磁场的原理．若将测得的 U_H 值进行放大，最后用电表来指示，并通过一定的换算，在电表面板上直接刻以 B 的数值，这样就成为测量磁场的特斯拉计了．

由于霍尔效应的建立需要的时间很短(约在 $10^{-12}\sim10^{-14}$s 内)，因此使用霍尔元件时可以用直流电或交流电，若工作电流用交流电 $I_C=I_0\sin\omega t$，则

$$U_H=K_HI_CB=K_HBI_0\sin\omega t$$

所得的霍尔电压也是交变的。在使用交流电情况下，(3-62)式仍可使用，只是式中 I_C 和 U_H 应理解为有效值．

值得注意的是以上讨论都是在磁场方向与电流方向垂直的条件下进行的，这时霍尔电压最大，因此测量时应使霍尔片平面与被测磁感应强度矢量 $\boldsymbol{B}$ 的方向垂直，这样测量才能得到正确的结果．

利用霍尔效应不仅可以测量磁场，而且还可以根据霍尔电压的正负及磁场的方向确定半导体中载流子的类型．半导体材料有 n 型(电子型)和 p 型(空穴型)两种．前者的载流子为电子，带负电；后者的载流子为空穴，相当于带正电的粒子．由图 3-51 可以看出，对 n 型载流子，霍尔电压 $U_H<0$；对 p 型载流子，$U_H>0$．

伴随霍尔效应还存在其它几个副效应，给霍尔电压的测量带来附加误差．例如，由于测电位的两电极位置不在同一等位面上而引起的电位差 U_0 称为不等位电位差．U_0 的方向随电流方向而变，与磁场无关．另外还有几个副效应引起的附加误差 U_E、U_N、U_{RL}(详见附录 2)．由于这些电位差的符号与磁场、电流方向有关，因此在测量时改变磁场、电流方向就可以减小和消除这些附加误差，故取$(+B,+I_C)$、$(+B,-I_C)$、$(-B,-I_C)$、$(-B,+I_C)$四种条件下进行测量，将测量到的四个电压值取绝对值平均，作为 U_H 的测量结果．

实验的装置和电路如图 3-52 所示，分成以换向开关 K_2、K_4、K_5 为中心的三个部分，即供给励磁电流部分、供给霍尔元件工作电流部分和测量霍尔电压部分．图中 E_1 为 WJY-30C 型晶体管稳压电源，使用时调节输出粗调和微调旋钮，使电压表指示 24V 左右．E_2 为二节干电池．T 为电磁铁，用于产生磁场，由仪器上标出的绕线方向可确定磁场方向．H 为霍尔元件，1、2 是霍尔电压极，3、4 是工作电流极．Ⓐ为直流安培表(0～3A)．(mA)为直流毫安表(0～10mA)．(mV)为 PZ114 型自动量程直流数字式电压表．使用前应预热 1 小时，量程转换开关应置“自动”，显示屏上的红色光点指明所显示数字的单位．R_1 和 R_2

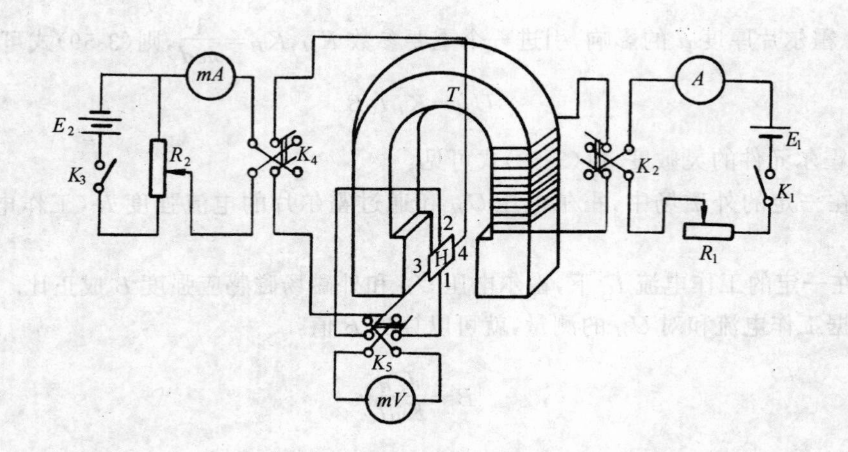

图 3-52 霍尔效应的实验电路图

为 50Ω 滑线变阻器,用以调节励磁电流和工作电流的大小.

［实验内容及步骤］

1. 测绘霍尔电压和工作电流的关系曲线,并测定霍尔元件的灵敏度 K_H.

按图 3-52 接好线路. 将霍尔片移至电磁铁气隙中心,即 X、Y 位置坐标分别为 68.00mm 和 18.00mm 处. 各换向开关(即 K_2、K_4、K_5)置于接通位置,调电磁铁励磁电流为 0.8A,霍尔元件的工作电流依次取 1mA、2mA、3mA、4mA、5mA、6mA、7mA、8mA. 测出相应的霍尔电压 U_H. 要消除副效应的影响,即在($+B,+I_C$)、($+B,-I_C$)、($-B,-I_C$)、($-B,+I_C$)四种条件下测量. 在坐标纸上作出霍尔电压 U_H 与工作电流 I_C 的关系曲线.

理论上讲,U_H-I_C 关系图是一条过坐标原点"0"的直线. 其斜率为 K_HB. 根据作出的 U_H-I_C 关系图和给出的 B 值,测出霍尔元件的灵敏度 K_H 为多少(V/A·T).

(各仪器的电磁铁在励磁电流 $I_m=0.80$A 时,气隙中心的 B 值已在仪器左上角的编号标签上注明,请记录)

2. 电磁铁气隙中 B 的测定

将霍尔片移至 $X=60.00$mm、$Y=30.00$mm 处(即电磁铁气隙右端),工作电流 I_C 调为 6mA,励磁电流 I_m 调为 1A,测出霍尔电压的大小(要消除副效应的影响),由(3-63)式算出该处磁场的磁感应强度 B. 估计测量结果的不确定度 σ_B,写出测量结果的标准形式

$$B\pm\sigma_B= \quad (T)$$

3. 将霍尔片移离该位置,用 CT3 型特斯拉计测出该处的 B 值(特斯拉计的使用详见附录 1). 比较用霍尔效应仪和特斯拉计测出的 B 值,以特斯拉计测出的 B 为准算一下百分偏差.(此项内容选作)

［实验注意事项］

①接线前,请先检查霍尔效应仪上的电极接线是否正确:霍尔电压——蓝色和浅蓝色线,工作电流——紫色和浅紫色线,励磁电流——黑色和褐色线. 仪器上各换向开关内部交叉线已接好.

实验完毕,上述接线请勿拆除.

②霍尔片又薄又脆,引线接头细,是易损元件.测量时不可挤压、碰撞或扭曲.在使用特斯拉计时,变送器(即由霍尔元件做成的测 B 的探头)拔出或插进金属套应沿直线进行,以免金属套碰到变送器头部使霍尔元件受损害.

③电磁铁通电时间不宜过长.时间过长,电磁铁和滑线变阻器 R_1 会发热过多而影响测量结果.因此实验时单刀开关 K_1 应随用随合,不要长时间闭合.

④霍尔元件的工作电流不得超过额定值 10mA,否则会因过热而损坏.合上开关 K_3 前,滑动变阻器 R_2 的滑动片应置于上端输出电压最小处.

⑤霍尔效应仪上的三个换向开关可能接触不良,所以每次换向后都应注意观察 I_C、I_m 是否改变,改变后要及时调整过来.

[实验数据记录]

内容:测绘 U_H—I_C 关系曲线,测 K_H.

仪器编号:______号霍尔效应仪.

霍尔片位置:$X=$　　mm;$Y=$　　mm.

励磁电流 $I_m=$　　A;$B=$　　T.

次　数		1	2	3	4	5	6	7	8
工作电流 I_c(mA)									
霍尔电压(mV)	$U_1(+B,+I_c)$								
	$U_2(+B,-I_c)$								
	$U_3(-B,-I_c)$								
	$U_4(-B,+I_c)$								
	$\overline{U_H}$								

注:$\overline{U_H}=\dfrac{U_1-U_2+U_3-U_4}{4}$

第二个实验内容的记录表由自己设计.

[思考题]

1. 试分析霍尔效应法测磁场的误差来源.

2. 怎样利用霍尔效应确定载流子电荷的正负和测量载流子浓度?

3. 除了换向法外,还有否其它方法能消除霍尔效应副效应的影响?

4. 用霍尔元件也可测量交变磁场.在图 3-52 所示的装置中,若将 E_1 换成低压交流电源,那么为了测量电磁铁缝隙间的交流磁场,图中的装置和线路应作哪些改进?试说明之.

[附录 1]　CT3 型特斯拉计的使用方法

特斯拉计是磁测量仪器中结构最简单,操作最快又能直接读数的测 B 仪器.它的工作电流采用频率为几千赫兹的交流电,由此消除了埃廷豪森、能斯特、里纪-勒杜克效应等副效应.仪器内有不等位电压的补偿网络,通过仪器的调零,消除不等位效应,从而实现对交直流磁场 B 的准确测量.

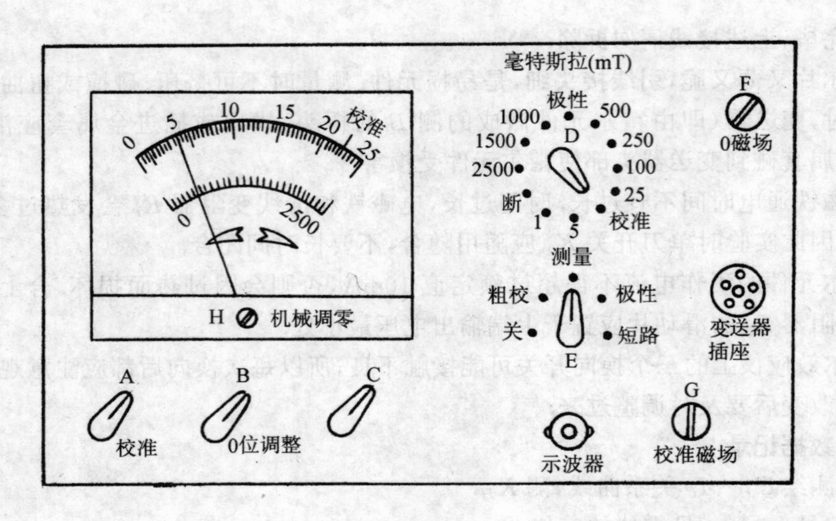

图 3-53　CT3 型交直流特斯拉计面板图

1. 准备

(1)检查霍尔变送器编号是否与仪器标度盘上规定的编号符合.

(2)将旋钮 E 置于"关"位置,调 H 机械调零钮,使指针对准零刻线.

(3)将仪器左侧面的电源转换开关指示"220"V 后接通电源.

2. 粗校

将变送器插入变送器插座中,旋钮 E 置于"粗校". 3 分钟后,调校准旋钮 A,使指针对准"校准刻线".

3. 零位调节

由调相位和调幅度两只旋钮 B 和 C 来完成. 将旋钮 D 置于"25"mT,旋钮 E 置于"测量". 先调任一调零旋钮,使指针指示最小值,再调另一旋钮使指到更小值,如此反复逐一调节,并将旋钮 D 逐步减小到 5mT 到 1mT,使指针在 1mT 黑色零位线之内,愈接近零愈好.(测量大于 50mT 的磁场时,调零要求可放宽些)

4. 校准

将旋钮 D 指示"校准",旋钮 E 指示"测量",将变送器插到"校准磁场"孔底,并稍微转动,使指针指示最大值,然后抽出变送器,旋转 180°后插入孔底,稍微转动再取最大值,最后调校准旋钮 A,使指针指在两次最大读数的平均值位置. 本实验中,由于待测磁场较强(为几百毫特斯拉),可以不进行"校准"这一步骤.

5. 测量

将旋钮 D 指示到≥欲测磁场范围的量程,旋钮 E 指示"测量"档. 测直流磁场时,将变送器放入待测磁场,并缓慢转动,使指针指示最大值,记下读数,取出变送器,旋转 180°,再重新放入磁场并缓慢转动,取最大值读数,两次读数的平均值即为磁场的大小. 测交变磁场时,就不需进行第二次测量.

[**附录 2**]　霍尔效应的副效应及其消除方法

在测量霍尔电压时,会伴随产生一些副效应,影响到测量的精确度,这些副效应是:

1. 不等位效应

由于制造工艺技术的限制，霍尔元件的电位电极不可能接在同一等位面上，因此，当电流 I_C 流过霍尔元件时，即使不加磁场，两电极间也会产生一电位差，称不等位电位差 U_0. 显然，U_0 只与电流 I_C 有关，而与磁场无关.

2. 埃廷豪森效应(Etinghausen effect)

由于霍尔片内部的载流子速度服从统计分布，有快有慢，它们在磁场中受的洛伦兹力不同，则轨道偏转也不相同：动能大的载流子趋向霍尔片的一侧，而动能小的载流子趋向另一侧. 载流子的动能转化为热能，使两侧的温升不同，形成一个横向温度梯度，引起温差电压 U_E. U_E 的正负与 I_C、$\boldsymbol{B}$ 的方向有关.

3. 能斯特效应(Nernst effect)

由于两个电流电极与霍尔片的接触电阻不相等，当有电流通过时，在两电流电极上有温度差存在，出现热扩散电流. 在磁场的作用下，建立一个横向电场 E_N，而产生附加电压 U_N. U_N 的正负仅取决于磁场的方向.

4. 里纪-勒杜克效应(Righi-Leduc effect)

由于热扩散电流的载流子的迁移率不同，类似于埃廷豪森效应中载流子速度不同一样，也将形成一个横向的温度梯度而产生相应的温度电压 U_{RL}。U_{RL}的正、负只与 $\boldsymbol{B}$ 的方向有关，和电流 I_C 的方向无关。

综上所述，由于附加电压的存在，实测的电压，不仅包括霍尔电压 U_H，而且还包括 U_0、U_E、U_N 和 U_{RL}等这些附加电压，形成测量中的系统误差来源。但我们利用这些附加电压与电流 I_C 和磁感应强度 $\boldsymbol{B}$ 有关，测量时改变 I_C 和 $\boldsymbol{B}$ 的方向基本上可以消除这些附加误差的影响。具体方法如下：

当$(+B,+I_C)$时测量，$U_1=U_H+U_0+U_E+U_N+U_{RL}$ (3-64)

当$(+B,-I_C)$时测量，$U_2=-U_H-U_0-U_E+U_N+U_{RL}$ (3-65)

当$(-B,-I_C)$时测量，$U_3=U_H-U_0+U_E-U_N-U_{RL}$ (3-66)

当$(-B,+I_C)$时测量，$U_4=-U_H+U_0-U_E-U_N-U_{RL}$ (3-67)

式(3-63)－(3-64)＋(3-65)－(3-66)并取平均值，则得

$$U_H+U_E=\frac{1}{4}(U_1-U_2+U_3-U_4)$$

可见，这样处理后，除埃廷豪森效应引起的附加电压 U_E 外，其它几个主要的附加电压全部被消除了。但因 $U_E \ll U_H$，故可将上式写为

$$U_H=\frac{1}{4}(U_1-U_2+U_3-U_4)$$

第四章 光学实验

光学在现代科学技术中占有十分重要的地位．特别是激光技术的发展，使得光学在工程技术中得到更加广泛的应用，如全息照相术、干涉计量在质和量上都得到充分满足．由于电光、磁光元件引入，促进光学实验方法和技术进一步提高，许多新技术新工艺逐步形成新的物理光学分支，发展和丰富了光学内容．

本章以几何光学和物理光学中的基本理论为依据，常见的光学元件和光学仪器为基础，介绍基本光学参数测量方法和相应的测量技术．通过这些基本实验将使我们获得有关光的知识的物理图像，并且为实际应用提供有力的帮助．

光学仪器是贵重精密仪器，它的光学元件和机械部件都比较娇气，为了实现准确测量，实验中不但要求仪器完好，而且要十分光亮清洁，因此使用光学仪器要特别注意以下几点：

1．光学元件的光面不能用手去触摸，更不能随便擦抹．若有污痕、尘埃等要在教师指导下用特制的镜头纸或吹气球拂去．不要对着镜面说话、哈气、咳嗽、打喷涕等．

2．光学元件易损，使用时要特别小心，要轻拿轻放，切勿挤压、磨擦、碰撞，仪器不用时，要放在专用的盒子里，或盖上防尘罩．

3．使用光学仪器，要遵守操作规程，正确使用，不准强拉硬扳，不准随意拆卸仪器部件，不准拆卸仪器镜头．

4．激光束的强度会造成眼睛视网膜永久性损伤，千万不要直视激光束．

5．手拿光学元件的正确方法如图所示．手只能接触毛面（有斜线者），不能摸光面．

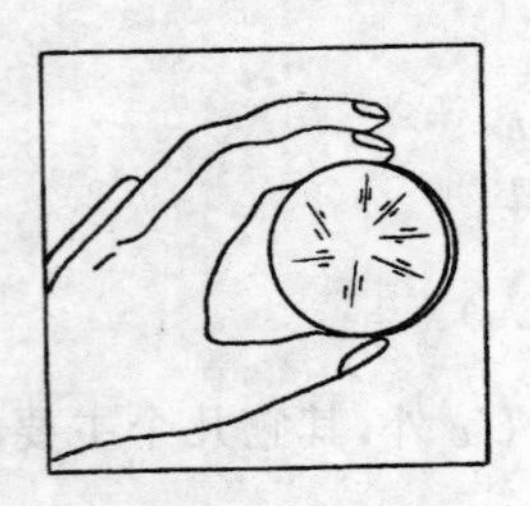
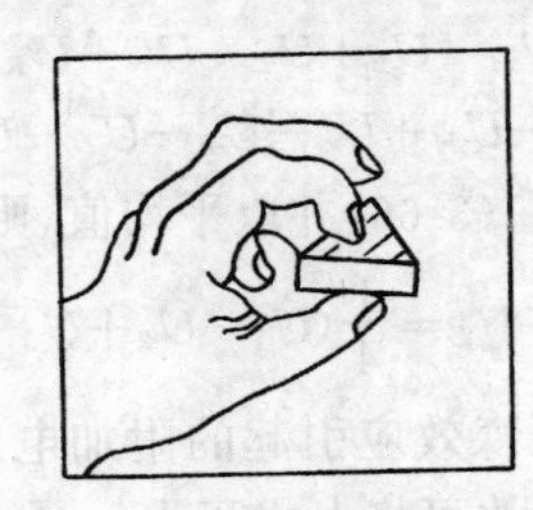

图 4-1　拿光学器件的正确方法

实验十九　薄透镜焦距的测定

一般光源所发出的光都是散光．有时由于特殊的需要，往往希望把它变成平行光束，或者会聚光束，这就需要用一个光学系统来完成，而组成光学系统的基本单元，就是透镜．常用照相机、望远镜、显微镜或其他光学测量仪器，都是由透镜或透镜组所组成的．由于使用的目的不同，就必须对透镜进行选择，而标志透镜性质的一个主要参量就是焦距．因此，如果要设计一个简单的光学系统和了解它的工作原理，就必须理解透镜成像规律，掌握光路调整技术和焦距的测量方法.

[学习要求]

1. 了解透镜成像规律；

2. 掌握简单光路的调整技术.

[实验目的]

测薄透镜的焦距.

[实验仪器]

光具座全套，待测透镜，平面镜.

[实验原理]

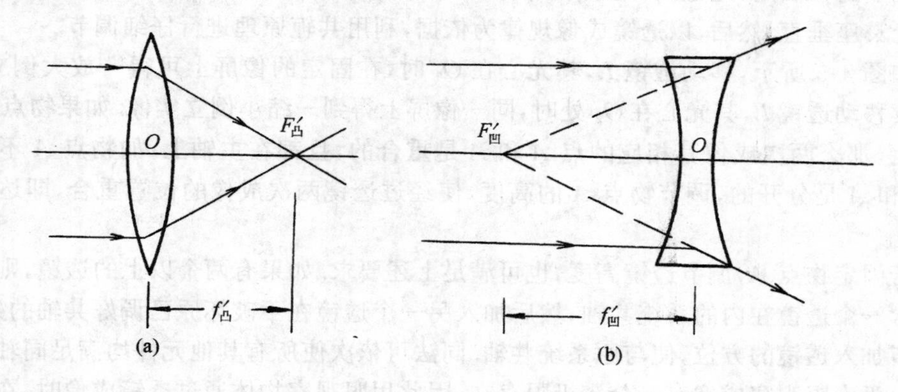

图 4-2 透镜

透镜是具有两个折射面的简单共轴球面光学系统，当透镜的两个折射面在光轴上的顶点距离远比它的焦距小得多时，则可忽略其厚度称为薄透镜.

当一束与光轴平行的光线通过透镜后会聚于轴上一点 $F'_{凸}$，如图 4-2(a)所示，这类透镜称为会聚透镜或凸透镜. $F'_{凸}$称为透镜的像方焦点或后焦点. 镜心 O 到 $F'_{凸}$的距离 $OF'_{凸}=f'_{凸}$称为透镜的像方焦距. 若有轴上一点发出的光束经过透镜后成为与光轴平行的平行光，则该点称为透镜的物方焦点或前焦点，用 $F_{凸}$ 表示. 镜心 O 到 $F_{凸}$ 的距离 $OF_{凸}=f_{凸}$ 称为透镜的物方焦距. 当透镜两边的介质折射率相同时 $f_{凸}=f_{凸}$，凸透镜的焦距为正.

当一束与光轴平行的光线通过透镜后成为发散光束，光线的延长线与光轴交点 $F'_{凹}$即为该透镜的像方焦点. 这类透镜称为发散透镜或凹透镜. $OF'_{凹}=f'_{凹}$为该透镜的像方焦距. 如图 4-2(b). 如前所述，透镜的物方焦点为 $F_{凹}$，物方焦距为 $f_{凹}$. 凹透镜的焦距为负. 如图 4-2(b). 如前所述，透镜的物方焦点为 $F_{凹}$，物方焦距为 $f_{凹}$. 凹透镜的焦距为负.

薄透镜成像可由公式

$$\frac{1}{u}+\frac{1}{v}=\frac{1}{f} \tag{4-1}$$

所确定. 式中 u 为物距，v 为像距，f 为焦距. u、v、f 均从透镜光心算起，u、v 的正、负由物、像的虚、实决定，虚为负、实为正.

由凸透镜成像规律知：像的大小和位置是依照物体离透镜的远近而决定的，极远处的物体经过透镜，像缩小在像方焦点附近；物越靠近前焦点像逐渐远离后焦点且像逐渐变大；物在前焦点位置，像为无限大并存在无限远处；物移到前焦点以内，像为正立放大虚像与物位于同侧. 由于虚像点是光线反方向延长线的交点，因此虚像不能用像屏接收，只能通过透镜观察.

［**实验内容**］

1. 光学元件的同轴等高调节

同轴等高是指各元件的光心均位于同一光轴上，且光轴与光具座平行. 透镜成像公式是在近轴条件下成立，利用成像公式进行实验，应满足近轴条件. 因此，为获得准确测量，必须进行同轴等高的调节.

调节的方法是：先粗调，用眼睛判断，上下左右观察，调节各元件光心同轴，物面、像屏面与光具座垂直. 然后，以透镜成像规律为依据，利用共轭原理进行仔细调节.

如图 4-5 所示，移动透镜 L，其光心在 O_1 时，在固定的像屏上可得一放大倒立实像；再继续移动透镜 L，其光心在 O_2 处时，同一像屏上得到一缩小倒立实像. 如果物点 A 在主光轴上，那么两次成像其相应的点 A' 和 A'' 是重合的，且都在主轴上；如物点 A 不在主轴上，A' 和 A'' 是分开的，调节物点 A 的高度，使经过透镜两次成像的位置重合，即达到同轴等高.

若固定物点 A，调节透镜高度，也可满足上述要求. 如果有两个以上的透镜，则应先调节包含一个透镜在内的系统共轴，然后加入另一个透镜在不破坏原已调好共轴的条件下，只调节加入透镜的方位，使与原系统共轴. 同法可依次使所有其他元件均满足同轴等高.

由于人眼观察成像有一分辨极限存在，因此用眼观察物体通过透镜成像时，在一小段范围内像都是清晰的，为了消除系统误差，故采用左右逼近法确定成像位置，即使像屏从左至右移动，当刚好呈现清晰像时，读出 x_1 位置；再将像屏从右至左移动，同样当再次出现清晰像时，记下位置 x_2，显然成像位置为 $x=\dfrac{x_1+x_2}{2}$.

2. 凸透镜焦距的测量

(1) 平面镜法(自准直法)

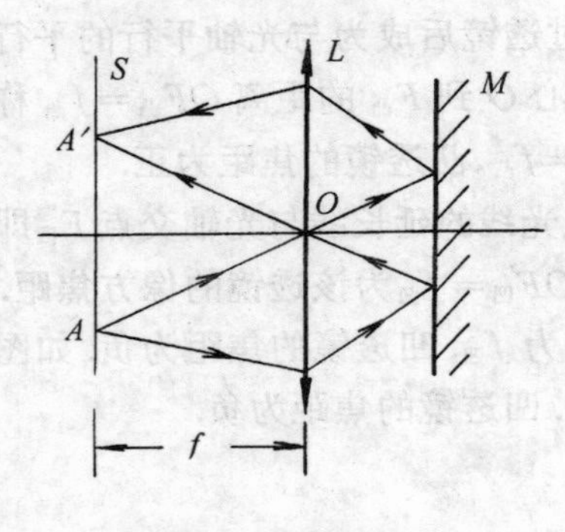

图 4-3　平面镜法

实验装置如图 4-3，平面反射镜 M 和物屏 S 分别位于凸透镜 L 的两侧，均与通过透镜光心的光轴垂直. 由物屏孔 A 处发出光，透镜沿光轴缓慢移动，根据成像规律，当物位于 L 焦面时，在物屏上即生成与 A 等大的倒立实像 A'，记录物屏和透镜之间的距离，即为待测透镜的焦距 $f_{凸}$. 测量多次求平均值.

这种方法简单、迅速，常用来粗略测定凸透镜焦距.

(2) 物距像距法

如图 4-4 所示，将透镜 L_1 置于光具座中部 O 处，用被光源照明的物屏作物装在光具座 P 处，只要 OP 大于凸透镜焦距 $f_{凸}$，就可以在 L_1 的像方装一成像屏并移动像屏 Q 得到一个清晰的与物相似的倒立实像，测量出 $OP=u$，$OQ=v$，由公式(4-1)就可算出透镜 L_1 的焦距 $f_{凸}$. 在测量中 u 的值应取多大才会使测量误差最小？根据焦距测量的相对误差公式计算，当 $u=v$ 时，误差最小，这时物距和像距正好等于二倍焦距. 为消除透镜光心不在刻度面上而引入的误差，可以将透镜转动 180°再进行测量，取两次结果的平均值.

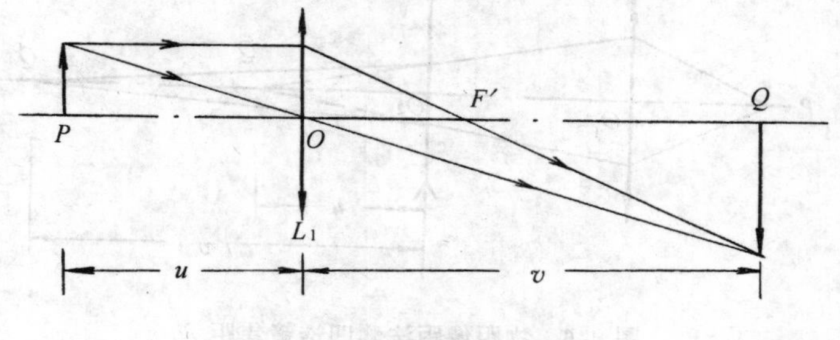

图 4-4　物距像距法

(3) 共轭法(贝尔塞法)

透镜成像位置是一一对应的，而且当物像位置互换时，其物像间距不变，仅像的大小变化，这就是物像共轭.

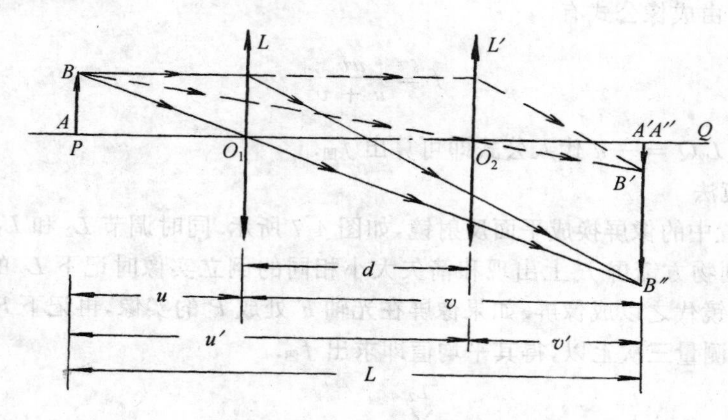

图 4-5　共轭法

在物距像距法中，如果固定物屏 P 和像屏 Q 间的距离 L 保持不变，并使 L 略大于被测透镜焦距的四倍，即 $L>4f$，如图 4-5 所示. 若移动透镜 L_1 当它在 O_1 处时，屏 Q 上得到一个放大的清晰的像 $A''B''$，当它在 O_2 处时屏上又得到一个缩小的清晰的像 $A'B'$，若透镜在两次成像时，移动的距离 $O_1O_2=d$，由共轭关系物距和像距之间满足 $u'=v, v'=u$，且 O_1 和 O_2 关于 PQ 的中心位置左右对称，所以

$$u+v=L \qquad v-u=d \tag{4-2}$$

由(4-2)式解得 $u=\dfrac{L-d}{2}$，　$v=\dfrac{L+d}{2}$　并代入(4-1)式得

$$f=\frac{L^2-d^2}{4L} \tag{4-3}$$

这就是共轭法测焦距计算式，使用这种方法测焦距，只须确定物屏 P 到像屏 Q 之间的距离 L 和透镜移动的距离 d，避免了物距、像距光心位置不准确所带来的误差.

3. 凹透镜焦距的测量

(1) 物距像距法

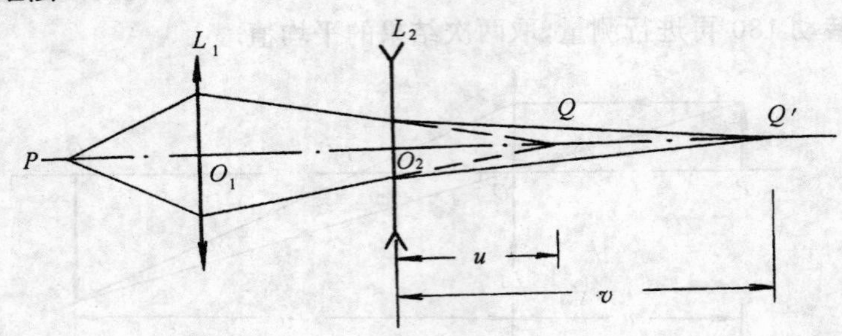

图 4-6 物距像距法测凹透镜焦距

凹透镜是发散透镜，物光经过凹透镜后被发散生成的是虚像，因而无法直接测量. 为测定 $f_{凹}$，须用一凸透镜作辅助透镜，如图 4-6 中，L_2 为待测凹透镜，P 为物，若 L_2 不存在，P 发出的光线经 L_1 成像于 Q. 如果有 L_2 置于 O_2 位置上，那么像 Q 作为 L_2 的虚物经 L_2 后成实像于 Q'，由成像公式有

$$f = \frac{uv}{u + v} \tag{4-4}$$

量出 $L_2Q' = v$，$L_2Q = -u$ 代入公式即可算出 $f_{凹}$.

(2) 平面镜法

把前面装置中的像屏换成平面反射镜，如图 4-7 所示. 同时调节 L_2 和 L_1 的相对位置 (L_1 不动)，直到物方箭屏 P 上出现和箭矢大小相同的倒立实像时记下 L_2 的位置 O_2，再取去 L_2 和平面镜代之以成像屏. 如果像屏在光轴 F 处成 P 的实像，再记下 F 的位置则有 $O_2F = f_{凹}$. 反复测量三次上以，得其平均值即求出 $f_{凹}$.

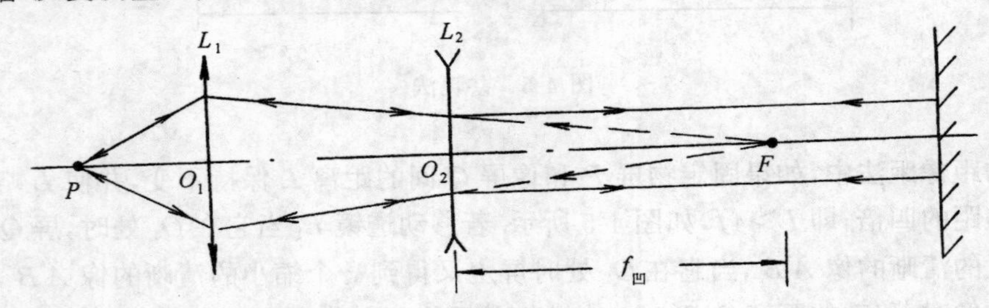

图 4-7 平面镜法测凹透镜焦距

数据记录

1. 平面镜法测凸透镜焦距 单位 cm

次数	物箭孔位置 X_u	凸透镜位置		$X_L = \frac{X'_L + X''_L}{2}$	透镜焦距 $\lvert X_u - X_L \rvert$
		左逼近 X'_L	右逼近 X''_L		
1					
2					
3					
4					
⋮					

测量结果：$\bar{f} \pm \sigma_f =$

2. 共轭法测量凸透镜焦距

确定物屏与像屏之间的距离 $L=$ cm

次数	透镜成像位置		$d=O_1O_2$	Δd	$f=\frac{L^2-d^2}{4L}$
	O_1	O_2			
1					
2					
3					
4					
⋮					

$L \pm 0.05$ (cm) 单次测量

$d \pm \sigma_d =$

$$E_f=\sqrt{\frac{(L^2+d^2)^2}{L^2(L^2-d^2)^2}\sigma_L^2+\frac{4d^2\sigma_d^2}{(L^2-d^2)^2}}$$

$\sigma_f = f \cdot E_f$

$f \pm \sigma_f =$

其余表格自拟.

[**讨论题**]

1. 总结测定透镜焦距有哪几种方法？各有什么优缺点？
2. 根据成像规律，怎样判断凸、凹透镜？
3. 用共轭法测凸透镜焦距时，为什么物像屏之间的距离一定要选择 $L>4f$？

实验二十　望远镜和显微镜的组装

人眼无法分辨极远处或近而细微的物体细节，在一般照明情况下，正常人的眼睛在明视距离(25cm)能分辨相距约 0.05mm 的两个光点. 当两光点间距离小于 0.05mm 时，即无法分辨，我们把这个极限称为人眼的分辨本领，这时两光点对人眼球中心的张角约为 $1'$，这张角称为视角. 观察物体要想能分辨细节，最简单的方法是使视角扩大. 显微镜和望远镜就是为扩大人眼视角的目视光学仪器.

[**学习要求**]

1. 了解望远镜和显微镜的成像原理；
2. 掌握望远镜和显微镜的调节使用方法.

[**实验目的**]

组装望远镜和显微镜，并测定视角放大率.

［实验仪器］

光具座全套，透明标尺，凸透镜四个.

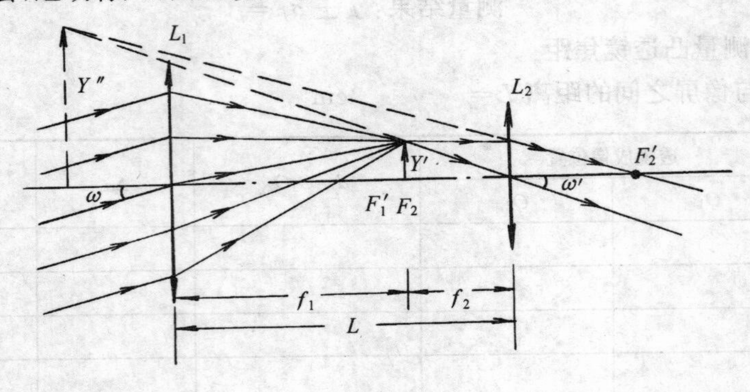

图 4-8　望远镜成像

［实验原理］

1. 望远镜：是用来观察远距离目标的目视光学仪器，通常是由两个共轴光学系统组成，我们把它简化为两个会聚透镜，如图 4-8，其中向着物方向的 L_1 称为物镜，接近人眼的 L_2 称为目镜. 物镜的作用是将无穷远物体发出的光经会聚后在它的像方焦面上生成一倒立实像，然后经目镜把实像放大，因此实像同时位于目镜的物方焦面处（注：图中实像位于前焦点以内）. 用望远镜观察不同位置的物体时，只须调节物镜和目镜的相对位置，使中间实像落在目镜物方焦面上，这就是望远镜的“调焦”. 一般测量望远镜除物镜和目镜可在镜筒中作相对移动外，在目镜物方焦面上还附有叉丝或标尺分划格，如图 4-9 所示. 因此在使用望远镜时，首先应调节目镜筒直到能清晰地看到叉丝为止，然后调目镜和叉丝整体与物镜之间的距离即对被观察物调焦.

对于望远镜来说，除了满足以上物像位置的要求外，它的视角放大率必须大于 1. 对于目视光学仪器的视角放大率，定义为通过仪器观察时，物体的像对人眼的张角 ω' 的正切与在适当条件下，直接用眼睛观察时物体的像对眼睛的张角 ω 的正切之比：

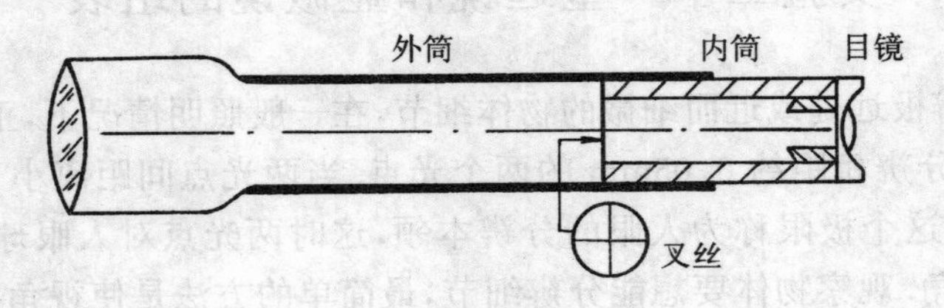

图 4-9　望远镜结构

$$M = \frac{\mathrm{tg}\omega'}{\mathrm{tg}\omega} \tag{4-5}$$

对物镜而言，根据无穷远像高的计算公式有

$$Y'_{物} = -f_1 \cdot \mathrm{tg}\omega$$

对目镜的公式有

$$Y_{目} = f_2 \cdot \mathrm{tg}\omega'$$

将以上两式代入(4-5)式,并考虑到有 $Y'_{物} = Y_{目}$ 的关系,则有

$$M = \frac{\mathrm{tg}\omega'}{\mathrm{tg}\omega} = -\frac{f_1}{f_2} \tag{4-6}$$

公式中的负号表示为倒像. 若要使 M 的绝对值大于 1,一般应有

$$f_1 > f_2$$

由于光的衍射效应,制造望远镜时,还必须满足:

$$M = \frac{D}{d} \tag{4-7}$$

式中 D 为物镜的孔径,d 为目镜的孔径,否则视角虽放大,但不能分辨物体的细节.

2. 显微镜:是用来观察近距离微小目标的目视光学仪器,它也是由物镜和目镜两个共轴光学系统组成,其光路如图 4-10 所示. 物体 Y 首先经过物镜在目镜的物方焦平面上生成一个倒立的放大实像 Y',再经过目镜放大成正立像于无穷远处.

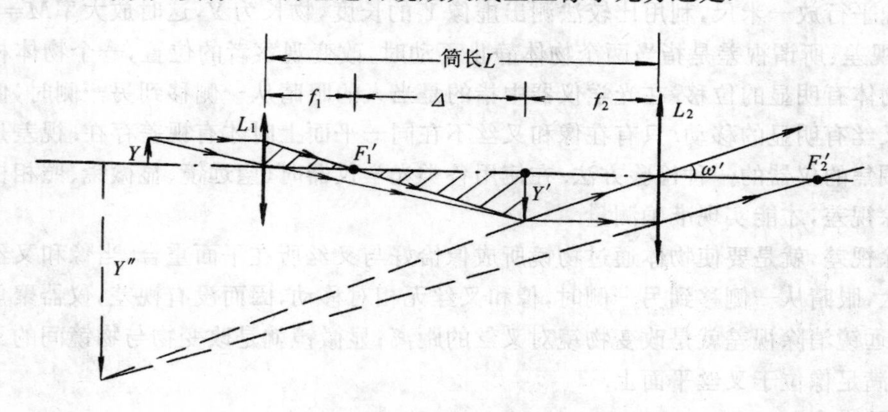

图 4-10 显微镜成像

设物镜和目镜之间的光学间隔为 Δ,物镜的焦距为 f_1,目镜的焦距为 f_2,根据(4-5)式,被观察物体直接对人眼的视角的正切为

$$\mathrm{tg}\omega = \frac{Y}{250}$$

其中 250mm 为明视距离. 被观察物体,通过显微镜对人眼的张角的正切为

$$\mathrm{tg}\omega' = \frac{Y'}{f_2}$$

对于物镜的垂轴放大率:

$$\beta = \frac{Y'}{Y} = -\frac{\Delta}{f_1}$$

所以

$$Y' = -\frac{\Delta}{f_1} \cdot Y$$

将 $\mathrm{tg}\omega'$ 和 $\mathrm{tg}\omega$ 代入(4-5)式得

$$M = -\frac{\Delta}{f_1} \cdot \frac{Y}{f_2} \cdot \frac{250}{Y} = -\frac{250}{f_2} \cdot \frac{\Delta}{f_1}$$

由上式可得，显微镜的视角放大率为物镜垂轴放大率和目镜视角放大率的乘积，一般分别标注在物镜和目镜的镜筒上.

如果目镜和物镜的光学间距不变，则显微镜的放大率就是确定了的，经调焦后显微镜的筒长应为

$$L = f_1 + \Delta + f_2$$

通常，各国生产的通用显微镜都采用标准筒长($L=16\text{cm}$)，筒长固定. 实际上显微镜的调焦是调节被测物与物镜的距离.

一般测量显微镜的放大率的简单方法是：将虚像成在明视距离处，并在距目镜 25cm 处与虚像平行放一米尺，利用比较法测出虚像 Y' 的长度，物长为 Y，这时放大率 $M=Y'/Y$.

3. 视差：所谓视差是指当两个物体静止不动时，改变观察者的位置，一个物体相对于另一个物体有明显的位移. 在光学仪器中指的是当人的眼睛从一侧移到另一侧时，像相对于十字叉丝有明显的移动. 只有在像和叉丝不在同一平面上时才有视差存在. 视差是用来对正在调焦的仪器的一种检验方法. 在使用各类光学仪器时(望远镜、显微镜、照相机等)，必须消除视差，才能实现准确测量.

消除视差，就是要使物体通过物镜所成像恰好与叉丝所在平面重合，当像和叉丝在同一平面上，眼睛从一侧移到另一侧时，像和叉丝无相对移动，因而没有视差，仪器聚焦就完成了. 望远镜消除视差就是改变物镜对叉丝的距离；显微镜就是改变物与物镜间的工作距离，即均满足像位于叉丝平面上.

[实验内容]

1. 用两块凸透镜在光具座上组装望远镜

(1) 用自准直法和共轭法，分别测出两个单透镜的焦距、记录数据，并确定一个作物镜，另一个作目镜(如何选择?).

(2) 将另一个已知焦距为 f 的透镜与光源、透明标尺，组成一近似平行光当作无穷远发光物体，装上物镜，记下位置，这时远物通过物体在像方焦平面上成一实像，调节像屏测出成像位置、大小和倒正.

(3) 取走像屏，装上目镜，调节共轴，再移动目镜直到清晰地看到像，记下目镜位置，并由(2)所测像位置画出光路图.

(4) 根据(1)实测的目镜和物镜的焦距画出光路图，算出系统放大率，并与(3)光路比较.

2. 用两块凸透镜组装显微镜，并测其放大率.

(1) 测出两凸透镜焦距、记录数据、并确定一个作物镜，一个作目镜(注意选择的条

件).

(2) 组装显微镜,限定镜筒长为 30cm,仍以透明标尺作为被观察物进行调焦观察.

(3) 调整好后,用像屏观察物镜后的像,记下像的位置、大小和倒正,并以实测目镜、物镜位置画出光路图,算出显微镜视角放大率.

(4) 把毫米刻度尺放在距目镜 25cm 的地方,尺面与物面平行.然后将通过目镜看到的毫米像宽与米尺毫米刻度比较,得出组装显微镜实测的放大率,如图 4-11.

自己设计记录表格,并进行计算.

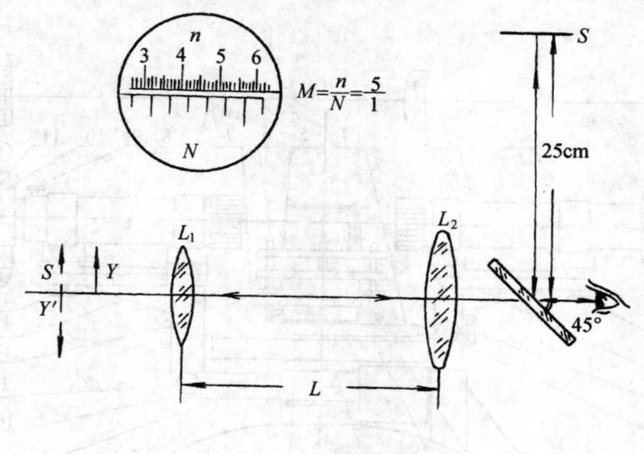

图 4-11 测放大率

[思考题]

(1) 试总结望远镜和显微镜在结构原理和使用中有何异同?

(2) 在实验中常用目测法来确定望远镜的放大率,其计算式为 $M=\frac{Y_2}{Y}$,式中 Y 是被测物的大小,Y_2 是与物处在同一平面上被测物虚像的大小,试说明确定 M 的操作方法.

(3) 在望远镜中如果把目镜更换成一只凹透镜,即为伽利略望远镜,试说明此望远镜成像原理,并画出光路图.

实验二十一 分光计的调节和使用

分光计又叫分光测角仪,用来精确测量平行光线的偏转角度.它是测定棱镜、晶体折射率或折射角必备的仪器,用它还可进行摄谱、检查棱镜的棱角是否合格、平行玻璃面是否平行等,用途十分广泛.调节使用分光计是光学实验的基本技能之一.

分光计是精密的光学仪器,部件多且结构复杂,初学者使用往往难于掌握,操作时一定要弄清各部件的作用,了解其工作性能,严格按规则使用,切忌乱扳硬拉,以免损坏仪器.

[学习要求]

了解分光计的结构原理,掌握分光计的调整和使用.

[实验目的]

调节使用分光计,用分光计测定三棱镜的顶角.

[实验仪器]

JJ-Y 型分光计、平面镜、三棱镜、钠光源.

仪器的结构及使用:

一、分光计的结构

分光计由底座、载物平台、望远镜、平行光管和读数圆盘五部分组成.详细结构如图 4-12 所示.

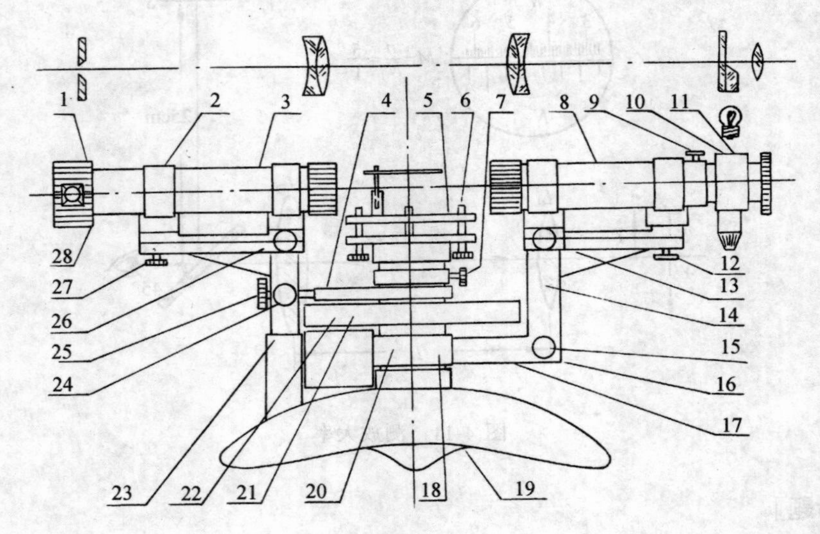

图 4-12 分光计结构

1. 狭缝装置,2. 狭缝锁紧螺钉,3. 平行光管部件,4. 制动架,5. 载物台,6. 载物台调平螺钉(3 只),7. 载物台锁紧螺钉,8. 望远镜部件,9. 望远镜套筒锁紧螺钉,10. 阿贝式自准直目镜,11. 望远镜目镜焦距调节鼓轮,12. 望远镜光轴高低调节螺钉,13. 望远镜光轴水平调节螺钉,14. 支臂,15. 望远镜微调螺钉,16. 主刻度盘度盘止动螺钉,17. 望远镜制动螺钉,18. 制动架,19. 底座,20. 转座,21. 游标盘,22. 主刻度盘,23. 立柱,24. 游标盘微调螺钉,25. 游标盘制动螺钉,26. 平行光管光轴水平调节螺钉,27. 平行光管光轴高低调节螺钉,28. 狭缝宽窄调节螺钉

底座(19):是整个分光计的支座.底座中心有沿铅直方向的转轴,称为仪器的中心转轴.

载物平台(5):能上下移动又能绕中心转轴水平转动,平台上可放置平面镜、三棱镜或其他光学元件,圆台下方有等边分布的三个水平调节螺钉(6),可以调节平台水平.

读数圆盘:能绕中心转轴旋转的水平刻度圆盘.由度盘(22)和游标盘(21)组成,共同套在中心轴 O 上,度盘上刻有分格为半度的 360°圆周角.在游标盘两对称方向设两个游标读数.测量时读出两个读数值 α 和 β,然后取平均值,这样可以消除度盘偏心引起的误差.

平行光管(3):安装在固定立柱(23)上,它由可变狭缝和一组消色差透镜组成.平行光管的光轴位置,可以通过立柱上的调节螺钉(26,27)来进行微调.调节狭缝到透镜的距离,使狭缝位于透镜的焦面上，平行光管即出射平行光. 调节螺钉(28)，可改变狭缝宽度，可调范围为 0.02～2mm.

自准直望远镜(8)：安装在支臂(14)上，支臂与转座(20)固定在一起，并套在度盘上. 可绕中心轴转动. 望远镜转动位置，可由读数圆盘读出所转角度. 望远镜自准直系统由阿贝式目镜(分划板带照明灯泡)和物镜组成，见图 4-13. 螺钉(12,13)可调节望远镜光轴对中心轴的倾角.

二、分光计的调节

为保证准确测量，使用分光计必须按要求对分光计进行调节.

1. 熟悉结构. 先把分光计专用电源接通，使灯泡发光. 对照分光计的结构图和实物，熟悉分光计各部件的功能，为熟悉各螺钉的作用，可逐一转扭螺旋、转动、锁紧、微动.

2. 目视粗调. 用眼睛估测进行目视调节，将望远镜转至与平行光管在一条直线上，调节望远镜筒和平行光管的仰角螺钉，使二者处于同一水平线上. 调节载物平台的高度及螺钉(6)使台面水平并与中心转轴垂直，同时保持平台与望远望光轴平行. 然后再对各部分进行精细调节.

目视粗调这一步调节很重要，只要这步调节较好，就可以大大减少精细调节的盲目性，缩短精细调节过程.

3. 分光计的精细调节

分光计精细调节要求满足以下三点：

(1) 将望远镜聚焦调到无穷远(自准直调节).

望远镜要能按受平行光，首先应将它调焦到无穷远. JJ-Y 型分光计的望远镜属于阿贝式自准直望远镜，它的内部结构如图 4-13. 在分划板下方有一个照明灯泡，灯泡发出的光，经紧贴分划板的棱镜反射，把分划板叉丝照亮，由目镜观察在分划板下部可看到棱镜的十字透光窗，当望远镜调焦到无穷远时，物镜的像方焦平面与目镜的物方焦平面重合，分划板所处位置正好在物镜和目镜的焦平面上，由分划板下方亮“十”字发出的光由物镜平行射出. 如果把平面反射镜置于载物台上，且与望远镜光轴垂直，那么由物镜射出的光，经平面反射镜反射，经物镜再次聚焦，在分划板上方就形成亮“十”字反射像，此时从目镜中既看到叉丝发亮“十”字，又看到反射“十”字像. 如果通过目镜只看到叉丝是清晰的，而反射的“十”字像却是模糊的，说明望远镜没有调焦到无穷远，不能接受平行光.

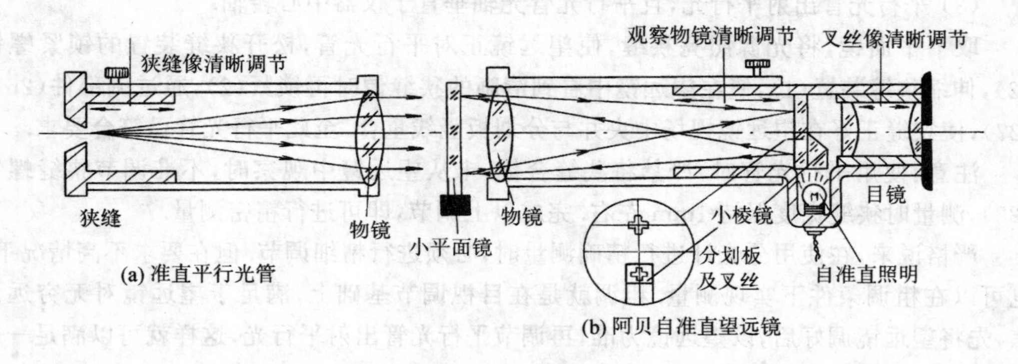

图 4-13　平行光管、望远镜自准直调节光路图

调节方法：接通灯泡电源，通过目镜观察分划板，同时转动目镜筒(11)直至看清分划板上刻线和发光"十"字. 然后于载物台上放上平面反射镜(或三棱镜的一个反射面)，使反射面与望远镜光轴垂直. 再通过目镜在分划板上去寻找亮"十"字反射像，一般情况(目视调节较好)此时可以看到一个亮斑，微微转动载物台，亮斑也要随着移动. 松开锁紧螺钉(9)移动目镜筒，调节物镜至分划板距离即对望远镜进行调焦，使反射"十"字像清晰. 望远镜调好各部分的相对位置就不能再动!

(2) 调节望远镜光轴和仪器中心转轴相垂直. 上面调节是使望远镜能接受平行光，但一般看到的清晰"十"字像不与分划板上方"十"字叉丝重合，偏高或偏低，这表明望远镜光轴不与仪器中心转轴相垂直.

调节方法：调节望远镜水平调节螺钉(3)，使"十"字像的竖直线与分划板叉丝竖线重合，如图 4-14 由(a)到(b).

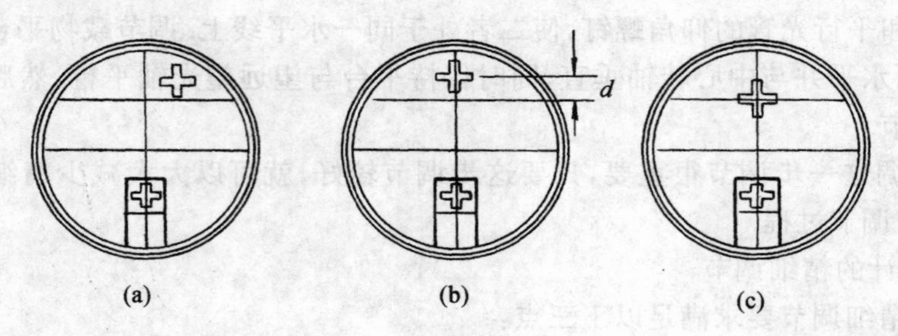

图 4-14 调望远镜光轴与中心轴垂直

注意：为便于调节，载物台上放置的平面镜反射面应垂直于平台下方螺钉(6)任意两个的连线. 当"十"字像位于图 4-14(b)所示位置，调节望远镜光轴高低调节螺钉(12)，使"十"字像向分划板上横线靠近一半的距离，再调正对平面反射镜下方的平台螺钉(6)，使"十"字像位于图 4-14(c)所示的位置. 转动载物平台使平面镜另一个反射面正对望远镜，重复上述调节步骤，使反射"十"字像与分划板叉丝上方"十"字重合. 如此反复调节，使两个反射面对准望远镜物镜时，反射的"十"字像都位于叉丝上方中心为止，此时望远镜光轴与仪器中心转轴垂直.

(3) 平行光管出射平行光，且平行光管光轴垂直于仪器中心转轴.

取下平面镜，将光源照亮狭缝，使望远镜正对平行光管，松开狭缝装置的锁紧螺钉(2)，伸缩狭缝装置(1)，使在望远镜中看到清晰的狭缝像时再锁紧(2)，通过调部件(26)、(27)，使狭缝正好在望远镜视场中央并与分划板竖线重合. 至此平行光管已符合要求.

注意：使用平行光管时，严禁将狭缝合拢，未从望远镜中观察时，不准调节狭缝螺钉(28)，测量时狭缝宽度保持 1mm 左右. 完成以上调节，即可进行精密测量.

严格说来，在使用分光计进行精确测量时，必须进行精细调节. 但在要求不高情况下，也可以在粗调条件下实现测量. 粗调就是在目视调节基础上，满足于望远镜对无穷远调焦，先将望远镜调好后，以望远镜为准，再调节平行光管出射平行光，这样就可以满足一般测量. 其望远镜和平行光管的调节与上面相同.

三、分光计的使用

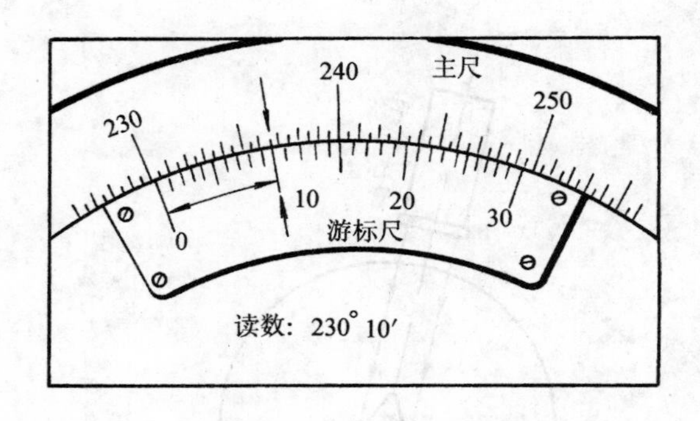

图 4-15　弯游标读数

1. 分光计上的读数：分光计读数装置为弯游标，刻度原理和读数方法与直游标相同。弯游标由刻度外圆盘(主尺)和游标内盘(游尺)组成。外圆盘刻有 360°，每度分为两小格，即主尺最小分格读数为 30′，游尺刻有 30 格，故游标格值数为 1′，如图 4-15 所示。分光计的游标度盘和主尺盘在加工和装置的过程中不可能使圆心十分吻合，这种由于两圆不同心而产生的读数偏差，称为偏心差，属于仪器的系统误差。消除它的方法是在刻度盘上对称的位置安置两个游标窗口(位置恰好相差 180°)，每取得一个角度的读数必须分别从两个窗口 α、β 上读数。要测一个角度必须还要有另一组 α、β 之读数，故所测角度之值：

$$\alpha_2-\alpha_1=\theta_1 \quad (在\ \alpha\ 窗口)$$

$$\beta_2-\beta_1=\theta_2 \quad (在\ \beta\ 窗口)$$

α_1、β_1 为第一次测试读数之值，α_2、β_2 为第二次测试读数之值。望远镜实际转动角度为

$$\varphi=\frac{1}{2}(|\alpha_2-\alpha_1|+|\beta_2-\beta_1|)$$

2. 使用分光计测三棱镜顶角：

(1) 反射法测定三棱镜顶角。

图 4-16 所示，置三棱镜于载物台上，顶角 A 正对平行光管，且使顶角几乎位于平台中央而稍微偏向平光管，使 AB、AC 两面均能看到狭缝的反射像为准，将望远镜转至 AB 面一边，使 AB 面反射的狭缝像的中心与望远镜分划板竖线重合，记下两读数窗口数 α_1、β_1；在固定载物台情况下，将望远镜转至 AC 面的一边，使狭缝像同样对准分划板竖线，记下 α_2、β_2 读数值，于是有

$$\varphi=\frac{1}{2}(|\alpha_2-\alpha_1|+|\beta_2-\beta_1|)$$

根据几何关系可以证明顶角：

$$A=\frac{1}{2}\varphi=\frac{1}{4}(|\alpha_2-\alpha_1|+|\beta_2-\beta_1|)$$

(2) 用自准直法测三棱镜顶角

如图 4-17 所示。固定平台，转动望远镜，使望远镜光轴与棱镜 AB 面垂直(即使棱镜 AB 面反射叉丝像与分划板上方叉丝重合)，记下读数 α_1、β_2，然后转动望远镜，使其光轴

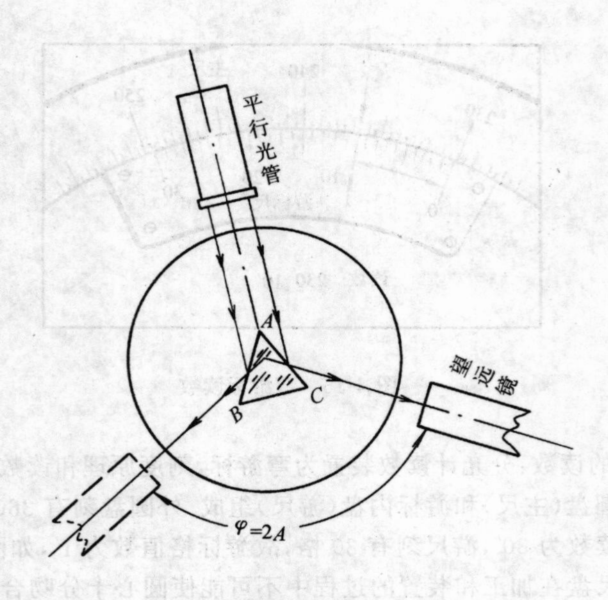

图 4-16　反射法测棱镜顶角

与 AC 面垂直，再记下读数 α_2、β_2，两次读数相减即得顶角的补角 φ，从而得到：

$$A = 180° - \varphi$$

其中

$$\varphi = \frac{1}{2}(|\alpha_2 - \alpha_1| + |\beta_2 - \beta_1|)$$

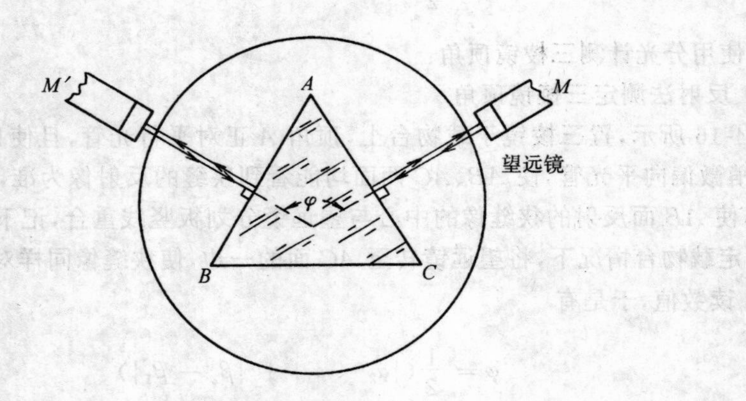

图 4-17　自准直法测棱镜顶角

［思考题］

1. 总结分光计精细调节应满足哪几点要求？怎样判断是否调节好？

2. 绘出示意图说明如何进行望远镜的自准直调节？

3. 测角 θ 时，望远镜由 $\alpha_1 = 330°00'$ 经 0° 转到 $\alpha_2 = 30°15'$，望远镜的 α 窗口实际所转角度是多少？写出计算 θ 角的通用式.

实验二十二　等厚干涉——牛顿环、劈尖

光的干涉实验，在光学发展史上，证实了光的波动性．由同一光源发出的光，入射到不平行透明物质界面上时，介质上下表面反射的光，在空间相遇就会形成等厚干涉条纹．牛顿环干涉现象是一种典型的等厚干涉．在实际生产和科学研究中，人们不但利用牛顿环干涉来进行精密测长，而且可以利用牛顿环干涉条纹的疏密和是否规则均匀来检查光学元件、精密机械表面加工光面的光洁度、平整度，以及半导体器件上镀膜厚度的测量等．

［**学习要求**］

1．了解等厚干涉条纹的形成；

2．掌握测量显微镜的使用．

［**实验目的**］

1．观察等厚干涉现象，了解干涉条纹特点；

2．利用干涉原理测透镜曲率半径和细丝直径．

［**实验仪器**］

测量显微镜、牛顿环、劈尖、钠光源、游标尺．

［**实验原理**］

一、牛顿环

一个曲率半径很大的平凸透镜的凸面与一个平面玻璃接触在一起，如图 4-18．在透镜凸面和平板玻璃间形成一层空气薄膜，且空气层以接触点 O 为中心向四周逐渐增厚，当单色光垂直入射到透镜上时，则空气薄层下缘面的反射光 $1'$ 与空气膜上缘面的反射光 $2'$ 在空间相遇产生干涉，其干涉图样是以 O 为中心的明暗交替的一簇同心圆——牛顿环，如图 4-18(b)．

设 e_K 表示 p 点处空气薄膜的厚度，则反射光 $1'$ 比反射光 $2'$ 多走的路程近似等于 $2e_K$，又由于因光从光疏媒质(空气)射入光密媒质(玻璃)的反射光 $1'$ 与反射光 $2'$ 有相位突变 π，故两相干光的程差为

$$\Delta = 2e_K + \frac{\lambda}{2} \tag{4-8}$$

由干涉条件可知，当

$$\Delta = 2e_K + \frac{\lambda}{2} = K\lambda \tag{4-9}$$

时，为亮条纹；

$$\Delta = 2e_K + \frac{\lambda}{2} = (2K+1)\frac{\lambda}{2} \tag{4-10}$$

时，为暗条纹，式中 $K=0,1,2,3\cdots$ 为干涉条纹的级次．干涉条纹仅与空气层厚度有关，因此为等厚干涉．

在图 4-18 中，R 为透镜的曲率半径，r_K 为第 K 级干涉环的半径，由图中几何关系可得

$$R^2 = (R - e_K)^2 + r_K^2 \tag{4-11}$$

因此得到 $e_K = \frac{r_K^2}{2R}$（因为 $R \gg e_K$，e_K^2 忽略）.

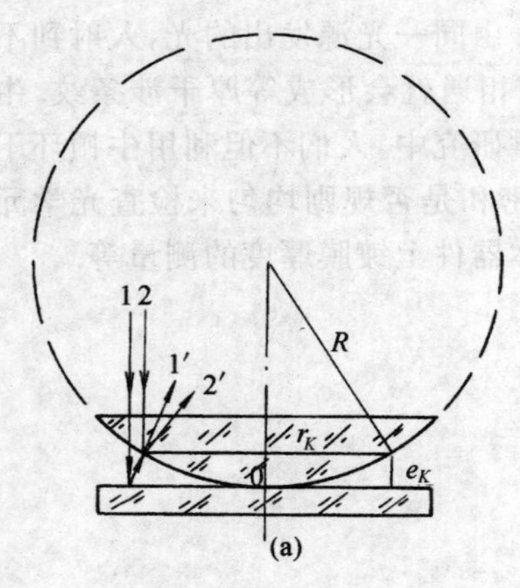

上式说明：e_K 与 r_K^2 成正比，所以离牛顿环中心愈远光程差增加愈快. 牛顿环靠中心是低级次，干涉条纹离开中心愈远，干涉级次愈高.

将(4-10)式代入(4-11)式，整理得：

$$r_K^2 = K\lambda R \tag{4-12}$$

由(4-12)式，若已知入射光波长 λ，测出 K 级干涉环半径 r_K，则可计算出凸透镜的曲率半径 R. 反之，若已知 R，亦能求得入射光波长.

公式(4-12)是在透镜与平玻面相切于一点($e_0 = 0$)时的情况，实际上并非如此，观察到的牛顿环中心是一个小圆斑或明或暗，这是因为接触面间或有弹性形变，使得 $e_0 < 0$；或因面上有灰尘中心 $e_0 > 0$，所以用公式(4-12)很难准确判定干涉级次. 因此实验中是用以下方法来计算曲率半径 R 的.

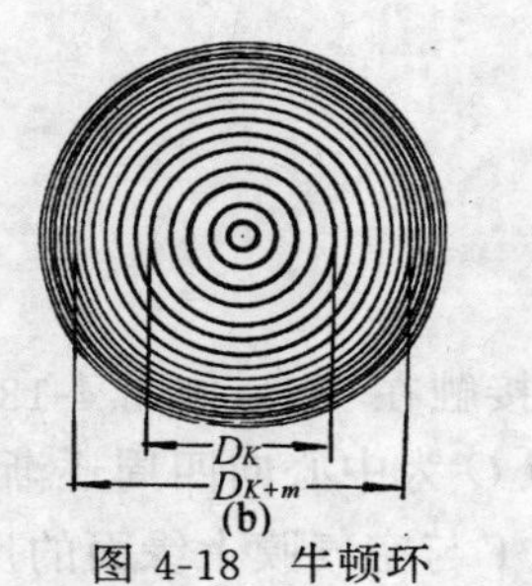

图 4-18　牛顿环

设第 K 级干涉圆环的直径为 D_K，第$(K+m)$级干涉圆环直径为 D_{K+m}，故

$$D_K^2 = 4KR\lambda$$

$$D_{K+m}^2 = 4(K+m)R\lambda$$

则

$$D_{K+m}^2 - D_K^2 = 4mR\lambda$$

∴

$$R = \frac{D_{K+m}^2 - D_K^2}{4m\lambda} \tag{4-13}$$

(4-13)式中，R 只与级差 m 有关，波长 λ 已知，测出 D_K 和 D_{K+m} 后，便得 R.

二、劈尖

将两块平玻璃板叠在一起，一端夹入细丝，则玻板间形成一空气劈尖，当单色光垂直入射时和牛顿环干涉一样，劈尖薄膜上下表面的反射光形成等厚干涉. 其干涉条纹是一组平行于玻板交棱的明暗相间且等间距的直条纹，如图 4-19.

当 $\Delta = 2e_K + \frac{\lambda}{2} = (2K+1)\frac{\lambda}{2}$ 时为暗条纹，e_K 为第 K 级条纹对应的空气层厚度.

设每相邻两级暗纹(或亮纹)的条纹间距为 l，则其对应的空气层厚度差 $\Delta h = \frac{\lambda}{2}$. 由图可知：

$$\mathrm{tg}\theta = \frac{\Delta h}{l} = \frac{\lambda}{2l}$$

若劈尖棱边到细丝处的长度为 L，细丝直径为 d，则 $\mathrm{tg}\theta = \frac{d}{L}$.

由 $\frac{d}{L} = \frac{\lambda}{2l}$ 得

$$d=\frac{L\lambda}{2l} \qquad (4\text{-}14)$$

［实验内容］

一、利用牛顿环测透镜曲率半径将牛顿环置于测距显微镜载物台上，装置如图 4-20 所示.

调节反射玻片的角度，使光垂直投射到透镜上，移动牛顿环，使显微镜的视场中充满亮光.

将显微镜筒下降接近反射玻片，旋紧紧固螺钉，眼睛从目镜中观察，旋转升降螺旋，使镜筒慢慢上升，直到看到清晰的干涉条纹.旋转水平刻度螺旋，使干涉环中心在视场中央.仔细观察牛顿环干涉条纹特点.

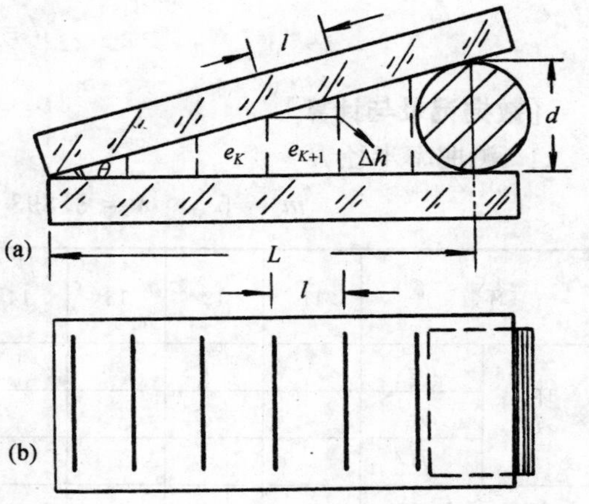

图 4-19 劈尖干涉

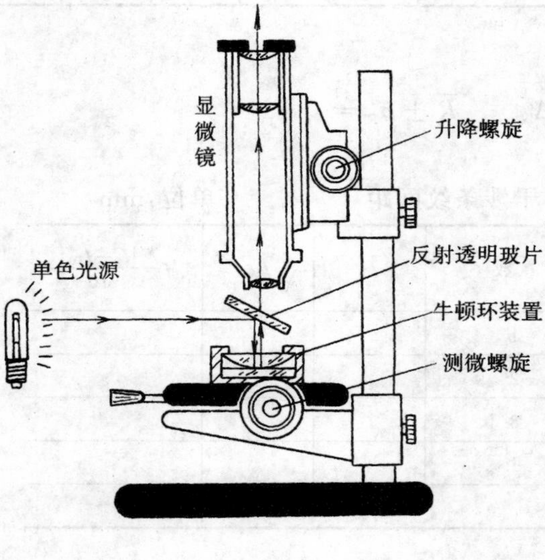

图 4-20 牛顿环实验装置

转动读数鼓轮，使显微镜筒向左移动，同时从中心开始数干涉条纹暗环级次到 20 环以上，然后鼓轮反转，使显微镜筒向右移动，当显微镜叉丝竖线与第 20 个暗环宽度的中心线相切时，记下显微镜标尺读数 $d_{左20}$，继续向右移动，依次读出 $d_{左19}$、$d_{左18}$、$d_{左17}$…、$d_{左11}$，继续沿同一方向移动显微镜筒，越过干涉环圆心，测出同级干涉环另一边的 $d_{右11}$、$d_{右12}$、$d_{右13}$、…、$d_{右20}$，数据记录于表格中，算出从 11 环～20 环的干涉环直径，即 $|d_{左11}-d_{右11}|=D_{11}$，$|d_{左12}-d_{右12}|=D_{12}$，…，D_{19}，D_{20}，用逐差法由公式(4-13)求出曲率半径 R.

由于亮视场暗条纹易分辨，测量是对暗条纹记数.同时考虑牛顿环干涉条纹是中疏边密，所以选择 11～20 环进行测量.

注意：显微镜下降时，应用手托住镜筒，以免螺旋松动时，镜筒下滑损坏仪器.

二、利用劈尖测细丝直径

将夹有金属丝的劈尖置于显微镜载物台上，同(一)调节，使在显微镜中看到干涉直条纹，仔细观察条纹特点.

根据公式(4-14)，测出条纹间距 l，为了测量准确，移动显微镜筒测量条纹数 $N=10$ 的长度：$l_x=|l_0-l_{10}|$，则条纹间距 $l=\frac{l_x}{10}$，反复测量三次以上.

用游标尺测出劈尖棱边到细丝的长度 L，代入公式(4-14)得金属直径为

$$d = \frac{L\lambda}{2l}$$

[**数据记录与计算**]

1. 测曲率半径 R

$m = 5$　　$\lambda = 5.893 \times 10^{-4}$mm　　单位:mm

环数		11	12	13	14	15	16	17	18	19	20
环径	$d_{右}$										
	$d_{左}$										
	D										
$D_{K+m}+D_K$											
$D_{K+m}-D_K$											
R_i											
ΔR_i											

$$\sigma_R = \sqrt{S_R^2 + \Delta_{仪}^2} \qquad \overline{R} \pm \sigma_R =$$

2. 测细丝直径 d

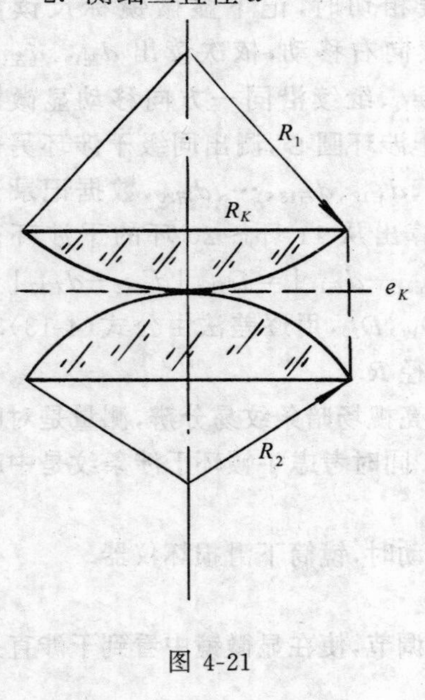

图 4-21

干涉条纹间距　　单位:mm

次数	l_0	l_{10}	$l=\frac{\lvert l_0-l_{10}\rvert}{10}$
1			
2			
3			
⋮			
平均			

劈尖棱边到细丝处的长度　　$L \pm \Delta_{仪} =$

$l \pm \sigma_l$　　$\sigma_l = \sqrt{S_l^2 + \Delta_{仪}^2}$

$d = \frac{\lambda L}{2l}$　　$E_d = \sqrt{\left(\frac{\sigma_L}{L}\right)^2 + \left(\frac{\sigma_l}{l}\right)^2}$

$d \pm \sigma_d$　　$\sigma_d = d \cdot E_d$

[**思考题**]

1. 实验中你所观察到的牛顿环干涉条纹,中心是亮斑还是暗斑?为什么?牛顿环干涉条纹中心是高级次还是低级次?为什么?牛顿环干涉条纹变化(间距)如何?为什么?

2. 若将一平凸透镜的凸面与另一凸透镜的凸面相接触,两凸面间所夹空气层仍可以

形成牛顿环干涉条纹. 如图 4-21 所示几何图形,试用牛顿环干涉原理推证第 K 级干涉环半径为

$$r_K^2 = K\lambda\left(\frac{R_1R_2}{R_1 + R_2}\right)$$

实验二十三　光栅特性及光波波长的测定

衍射光栅是由一组数目很多、排列紧密而均匀的平行狭缝组成. 光栅和棱镜一样是重要的分光元件,复色光入射到光栅上,它能将不同波长的谱线按波长顺序均匀地分开. 利用光栅分光原理制成的"单色仪"和"光谱仪",在研究谱线结构、物质结构和对元素的定性定量分析中,得到了极其广泛的应用.

[学习要求]

1. 了解光通过光栅的衍射干涉原理;
2. 进一步熟悉分光计的使用.

[实验目的]

1. 观察光通过光栅的衍射现象,了解干涉条纹的特点;
2. 用光栅测定汞灯谱线的波长、光栅常数及角色散率等.

[实验仪器]

JJ-Y 型分光计、光栅、汞灯光源.

[实验原理]

图 4-22 中,a 为光栅刻痕宽度,b 为缝宽,$d=a+b$ 为光栅常数,即相邻两狭缝对应点之间的距离. 根据夫琅禾费(Fraunhofer)衍射的原理,光波长为 λ 的平行光束,垂直投射到光栅平面上时,光波将在各个狭缝处发生衍射,所有狭缝的衍射光又彼此发生干涉,干涉条纹定域于无限远. 若在光栅后面用一会聚透镜,则射向它的各方向上的衍射光都将会聚在它的焦平面上,从而得到衍射光的干涉条纹,如图 4-23. 实际测量时,并不用透镜,而是用望远镜.

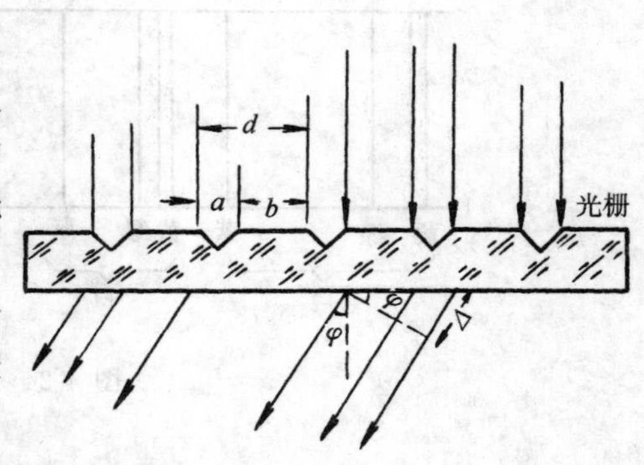

图 4-22　光栅

由图得到,相邻二缝对应点出射的光束之程差为

$$\Delta = (a + b)\sin\varphi = d\sin\varphi$$

式中 φ 称为衍射角,它符合下列条件:

$$d\sin\varphi = K\lambda \quad (K = 0,\ \pm 1,\ \pm 2,\cdots) \tag{4-15}$$

则该衍射角方向上的光将得到加强,叫做主极大,其他方向的衍射光或者完全抵消,或者强度很弱,几乎成暗背景. 把 $K=0,\pm1,\pm2,\cdots$时,所对应的主极大,分别称为中央(0 级)

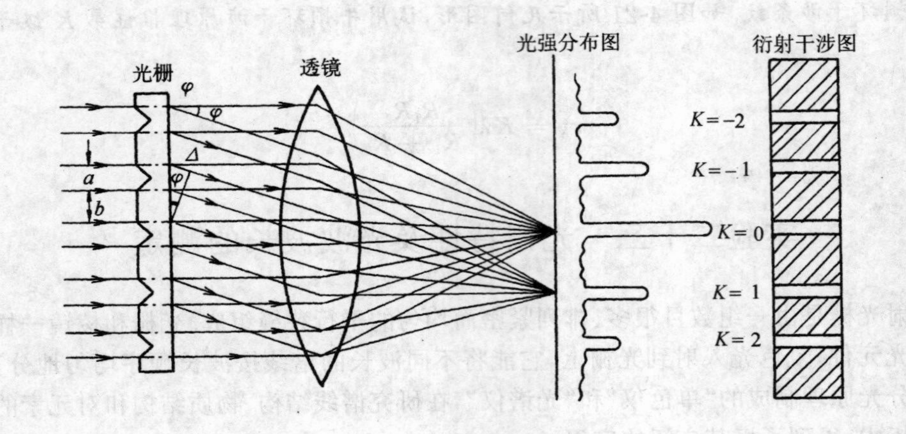

图 4-23　夫琅禾费衍射

极大,正负第一级大……等.

如果光源中,包含几种不同波长的光,对不同波长的光,同一级谱线将有不同的衍射角 φ. 因此,在透镜的焦面上,将出现按波长顺序排列的谱线,称为“光谱”,相同 K 值谱线组成为同一级的光谱,于是就有一级光谱、二级光谱、……之分.

图 4-24 为水银灯的衍射光谱示意图.

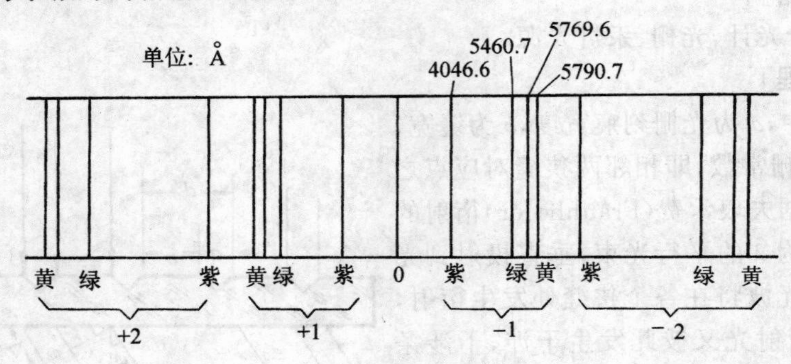

图 4-24　汞灯谱线

衍射光栅的基本特征,可以用它的“分辨本领”和“色散率”来表征.

(1) 分辨本领(又叫分辨率)R,定义为两条刚被分开的谱线的波长差 $\Delta\lambda$ 去除它们的平均波长,即

$$R=\frac{\lambda}{\Delta\lambda} \tag{4-16}$$

按照瑞利条件,两条刚可被分开的谱线规定为:其中第一条谱线的极大正好落在另一条谱线的第一极小处,如图 4-25 所示. 由此条件可以推得(见母国光编的《光学》p. 340)光栅的分辨本领:

$$R=KN \tag{4-17}$$

式中：K 为光谱的级数，N 为光栅有效面积内的总缝(刻线)数.因为光栅的级次一般都不是很高，所以光栅的分辨本领主要取决于总缝数 N. 故增大光栅的使用面积或减小光栅的光栅常数 d，都可以提高分辨本领.

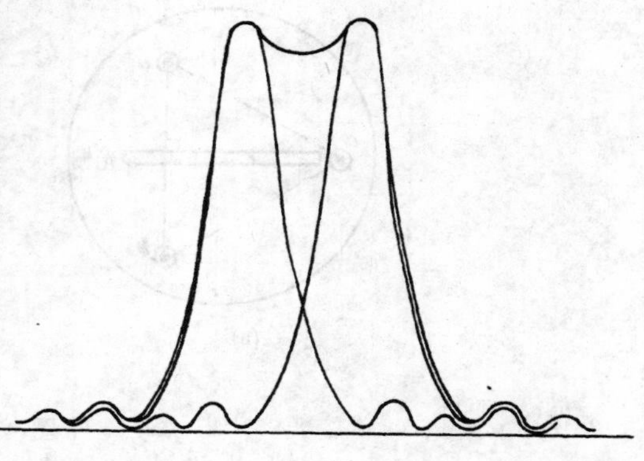

图 4-25　瑞利条件

(2) 角色散率(色散率)

光栅的色散率 D，定义为同级两条谱线衍射角之差 $\Delta\varphi$ 与他们的波长差 $\Delta\lambda$ 之比，即

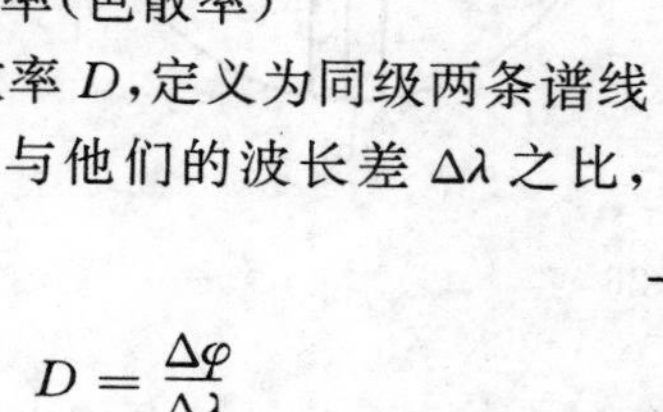

$$D=\frac{\Delta\varphi}{\Delta\lambda}$$

将(4-15)式微分得到 $d\cos\varphi d\varphi=Kd\lambda$，代入 D 的定义式得：

$$D=\frac{\Delta\varphi}{\Delta\lambda}=\frac{K}{d\cos\varphi} \tag{4-18}$$

由上式不难得出光栅光谱的以下特点：

(a) 光栅常数 d 愈小，则光栅的角色散率 D 越大；

(b) 高级次光谱比低级次的光谱有较大的角色散；

(c) 在衍射角 φ 很小时，角色散率 D 可以看作是一个常数，此时衍射角 φ 与光波长 λ 成正比，故光栅光谱称为“匀排光谱”.

［**实验内容**］

测定汞灯光源通过光栅后的各谱线的衍射角

一、分光计和衍射光栅的调节

利用分光计进行光栅的衍射实验，首先应要求调节好分光计，满足：

(1) 望远镜聚焦于无穷远；

(2) 望远镜的光轴与分光计的中心轴垂直；

(3) 平行光管出射平行光.

调节方法与实验 21 相同.

汞灯光源照亮狭缝，狭缝宽调至约 1mm，叉丝竖线与狭缝平行，狭缝中点位于分划板中心叉丝交点位置，消除视差，调好后固定望远镜.

衍射光栅的调节应满足：

(1) 平行光管出射的平行光垂直于光栅面；

(2) 平行光管的狭缝与光栅刻痕平行.

其调节方法：光栅如图 4-26(a)所示置于载物平台上，光栅面垂直于载物台倾斜度调节螺钉 a、b 的连线.望远镜对准狭缝，平行光管和望远镜光轴保持在同一水平线上，紧固望远镜制动螺丝.将载物台绕分光计中心轴转动，目视判断，使光栅面与望远镜光轴基本垂直(可调节 a、b 螺钉)，然后通过望远镜目镜观察，找到由光栅平面反射回来的反射十字像，仔细调节螺钉 a、b 使反射“十”字像位于叉丝上方交点位置，如图 4-26(b)所示，则光栅面与望远镜光轴垂直，同时平行光管出射的平行光与光栅面垂直.

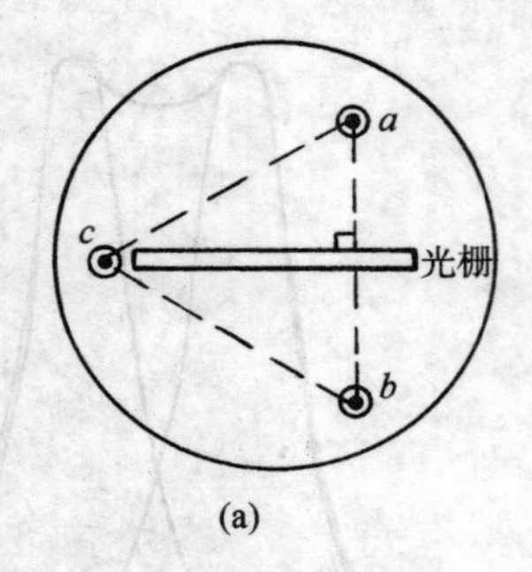

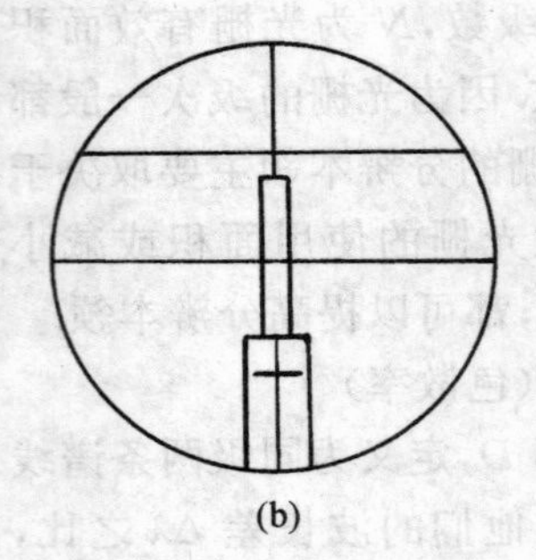

图 4-26

固定载物台，转动望远镜，这时从目镜中可以观察到汞灯的一系列光谱线. 注意观察、判断中心亮条纹左右两侧光谱线的排列方向与望远镜分划板中心叉丝水平线是否平行，若平行，说明狭缝与光栅刻痕平行，否则可调节载物台倾斜度螺丝 c 来实现.

可以用光栅面替代平面镜调整分光计，但光栅面反射光较平面镜弱，当光栅面两面不平行时，则有两个反射十字像.

二、测定光栅常数

转动望远镜，观察水银灯绿线(已知 $\lambda_{绿}=5460.7$ Å)的各级衍射光谱. 让望远镜对准中央零级亮条纹，使叉丝竖线和 0 级亮线中心重合，从两个游标窗口上读得 α_0、β_0，转动望远镜，使叉丝竖线依次对准左右两边 $K=\pm 1$ 的绿线亮条纹，记下相应的 $\alpha_{左1}$，$\alpha_{左2}$，$\beta_{右1}$，$\beta_{右2}$，则

$$\varphi_{左1}=\frac{|\alpha_{左1}-\alpha_0|+|\beta_{左1}-\beta_0|}{2}$$

$$\varphi_{右1}=\frac{|\alpha_{右1}-\alpha_0|+|\beta_{右1}-\beta_0|}{2}$$

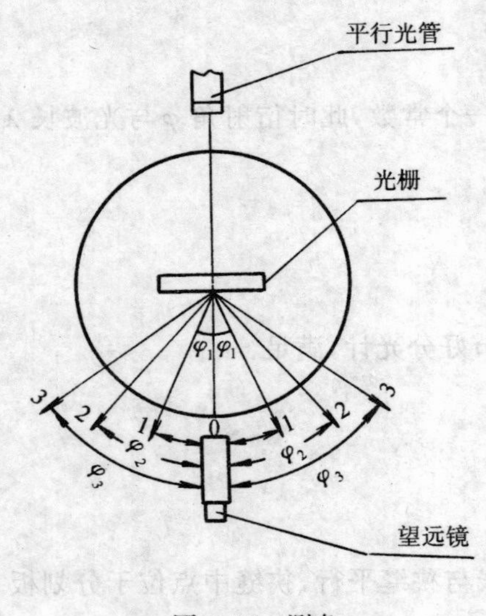

图 4-27　测角

由此得“1”级亮条纹的 $\varphi_1=\frac{1}{2}(\varphi_{左1}+\varphi_{右1})$，如图 4-27. 将 φ_1 代入(4-15)式求得 d_1，用同样方法测出 φ_2、φ_3，求出 d_2、d_3，则所测光栅常数 $d=\frac{1}{3}(d_1+d_2+d_3)$.

三、测定未知光波的波长

转动望远镜，让叉丝竖线依次对准 0 级、左右 $K=\pm 1$、± 2、± 3 的紫色亮条纹，由上述方法，则出其衍射角 $\varphi_{紫1}$、$\varphi_{紫2}$、$\varphi_{紫3}$，已知光栅常数 d，将其代入(4-15)式，则得出 λ_1、λ_2、λ_3，故

$$\lambda=\frac{1}{3}(\lambda_1+\lambda_2+\lambda_3)$$

$\lambda_{紫}=4358$ Å，求出百分偏差.

四、测定光栅的角色散率

转动望远镜让“十”字叉丝依次对准 0 级左右两边 $K=\pm1$, $K=\pm2$ 的黄色亮条纹，按上述相同的方法，测出其衍射角 $\varphi_{黄1}$、$\varphi_{黄2}$，由已知 d，将其代入(4-15)式得出 $\lambda=\dfrac{\lambda_1+\lambda_2}{2}$，按 D 的定义和(4-18)式分别算出角色散率 D.(选作)

［记录与计算］

1. 求光栅常数：$\lambda=5460.7\,\text{Å}$

$d_1=\dfrac{K\lambda}{\sin\varphi_1}=$　　　$(K=1)$　　　$d_2=\dfrac{K\lambda}{\sin\varphi_2}=$　　　$(K=2)$

$d_3=\dfrac{K\lambda}{\sin\varphi_3}=$　　　$(K=3)$　　　$d\pm S_\lambda=$　　　所用光栅为：　　条 /mm

2. 求紫光波长

$\lambda_1=\dfrac{d\sin\varphi_1}{K}=$　　　$(K=1)$　　　$\lambda_2=\dfrac{d\sin\varphi_2}{K}=$　　　$(K=2)$

$\lambda_3=\dfrac{d\sin\varphi_3}{K}=$　　　$(K=3)$　　　$\lambda\pm S_\lambda=$　　　$B=\dfrac{|\lambda_{公}-\lambda|}{\lambda_{公}}\times100\%$

级别 \ 游标读数 \ 谱线		绿光	紫光	衍射角 $\varphi_{绿}$	衍射角 $\varphi_{紫}$
$K=0$	α_0				
	β_0				
$K=1$	$\alpha_{右1}$			$\varphi_{右1}=$ $\varphi_{左1}=$ $\varphi_1=\dfrac{\varphi_{右1}+\varphi_{左1}}{2}$	$\varphi_{右1}=$ $\varphi_{左1}=$ $\varphi_1=$
	$\beta_{右1}$				
	$\alpha_{左1}$				
	$\beta_{左1}$				
$K=2$	$\alpha_{右2}$			$\varphi_{右2}=$ $\varphi_{左2}=$ $\varphi_2=\dfrac{1}{2}(\varphi_{右2}+\varphi_{左2})$	$\varphi_{右2}=$ $\varphi_{左2}=$ $\varphi_2=$
	$\beta_{右2}$				
	$\alpha_{左2}$				
	$\beta_{左2}$				
$K=3$	$\alpha_{右3}$			$\varphi_{右3}=$ $\varphi_{左3}=$ $\varphi_3=\dfrac{1}{2}(\varphi_{右3}+\varphi_{左3})$	$\varphi_{右3}=$ $\varphi_{左3}=$ $\varphi_3=$
	$\beta_{右3}$				
	$\alpha_{左3}$				
	$\beta_{左3}$				

［思考题］

1. 应用公式(4-15)时，应保证什么条件？实验时应如何保证？怎样检查条件是否满足？

2. 用光栅观察自然光，看到什么现象？为什么紫光离中央“0”级最近，红光离中央“0”级最远？

3. 为什么牛顿环实验中用显微镜观察干涉条纹？而在光栅实验中却用望远镜来观察衍射条纹？能否将这两个的观测仪器进行交换？为什么？

实验二十四　光的偏振

光波的电场矢量和磁场矢量的振动方向与波的传播方向相垂直，在通过光的传播方向的不同平面内，横振动相对于传播方向，一般不具有轴对称，这种不对称叫做偏振. 只有横波才具有偏振状态. 光波的偏振现象，证实了光波是横波.

偏振光在国防、科研和生产中有着广泛的应用：海防前线用于瞭望的偏光望远镜、立体电影中的偏光眼镜，分析化学和工业中用的偏振计和量糖计都与偏振光有关. 激光电源是最强的偏振光源，高能物理中同步加速器是最好的 X 射线偏振源. 随着新概念的飞速发展，偏振光成为研究光学晶体、表面物理的重要手段.

［**学习要求**］

了解偏振光的产生和检验.

［**实验目的**］

观察光的偏振现象；掌握产生和检验偏振光的方法.

［**实验仪器**］

JJ-Y 分光计，钠光源，偏振片，$\frac{1}{4}$波片，玻璃片(堆)，硅光电池，光点检流计.

［**实验原理**］

光是一种电磁波，是横波，即光矢量($\boldsymbol{E}$)振动方向垂直于光的传播方向，光的偏振现象是横波所独有的特征.

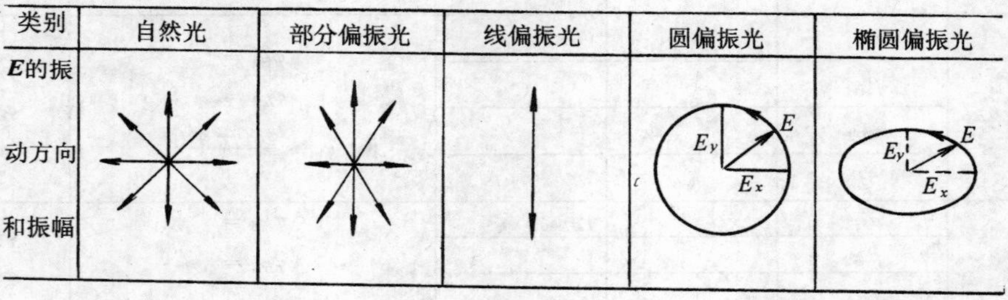

类别	自然光	部分偏振光	线偏振光	圆偏振光	椭圆偏振光
$\boldsymbol{E}$的振动方向和振幅				E E_y E_x	E E_y E_x

图 4-28　偏振光

按 $\boldsymbol{E}$ 的振动状态不同，偏振光可分为五种，如图 4-28 所示. $\boldsymbol{E}$ 沿着一个固定方向振动的光，称为线偏振光，也叫面偏振光. $\boldsymbol{E}$ 的振动方向在垂直于传播方向的平面上有无穷多个，且是均匀分布的等振幅的光，称为自然光. 一个自然光可以当作在垂直于光传播方向平面内的两个任意互相垂直方向上的，没有固定相位关系的，等振幅的线偏振光的组合. $\boldsymbol{E}$ 的振动方向在各向都有，但其振幅有的方向上强，有的方向上弱，它是自然光和偏振光的组合，或是自然光和椭圆偏振光的组合. 以两个不同频率有固定相位差的互相垂直的线偏振光在其相遇点的合成光 $\boldsymbol{E}$ 的末端的轨迹呈椭圆状，这样合成的光称为椭圆偏振光，当这种合成光的 $\boldsymbol{E}$ 的末端的轨迹呈圆状时，称为圆偏振光. 它们在一定条件下可以互相转化，即自然光→线偏振光→椭圆(或圆)偏振光→线偏振光.

1. 偏振光的产生

常见产生偏振光的方法有四种：

(1) 玻片反射产生偏振光.

当自然光以 $\varphi=\mathrm{tg}^{-1}n$ 的入射角入射在折射率为 n 的非金属表面(如玻璃)上时，则反射光为线偏振光，其振动面垂直于入射面，此时的入射角称为布儒斯特角(玻璃的布儒斯特角约为 57°).

(2) 光线穿过玻璃片堆产生偏振光.

当自然光以布儒斯特角 φ 入射到一叠玻璃片堆上时，各层反射光全都是一平面偏振光，而折射光则因逐渐失去垂直于入射面的振动部分而成为部分偏振光，玻璃片越多，则折射透过的光越接近线偏振光. 当玻璃片数接近 8～9 片时，就可近视看成线偏振光. 其振动面与入射面平行.

(3) 由二向色晶体产生偏振光

二向色晶体有选择吸收寻常光或非寻常光之一的性质. 一些矿物和有机化合物具有二向色性. 本实验所采用的硫酸碘奎宁晶体膜具有二向色性的偏振膜，当自然光通过此种偏振膜时即可获得偏振光.

(4) 由双折射产生偏振光

由于各向异性晶体的双折射作用，使入射的自然光折射后成为两条光线，即寻常(o光)和非常光(e 光)，而这两种光都是平面偏振光. 如方解石晶体作成的尼科耳棱镜即为只能让 e 光通过，使入射的自然光变成偏振光.

2. 椭圆偏振光、圆偏振光的产生

当线偏振光垂直射入一块表面平行于光轴的晶片时，其振动面与晶片的光轴成 α 角，将分为 e 光、o 光两部分，它们的传播方向一致，但振动方向平行于光轴的 e 光和振动方向垂直于光轴的 o 光在晶体中传播的速度不同，因而产生了光程差 $\Delta=d(n_e-n_o)$，和它相应的相位差为 $\delta=\dfrac{2\pi}{\lambda}d(n_e-n_o)$ (注：在负晶体中，$\delta<0$，在正晶体中，$\delta>0$)，式中 d 为晶体的厚度.

图 4-29 中，$PA=A$ 代表垂直于纸面前进的偏振光的振幅向量，它以和晶片光轴方向成 α 角的振动方向入射到晶片上，PX 为晶体的光轴方向. 在晶体中形成的 e 光和 o 光在刚刚进入晶体时，此二光的振动可分别表示如下：

$$x_0=a\sin 2\pi\frac{t}{T}$$

$$y_0=b\sin 2\pi\frac{t}{T}$$

当光刚穿过晶体时，二者的振动分别为

$$x=a\sin 2\pi\left(\frac{t}{T}-\frac{n_e d}{\lambda}\right)$$

$$y=b\sin 2\pi\left(\frac{t}{T}-\frac{n_0 d}{\lambda}\right)$$

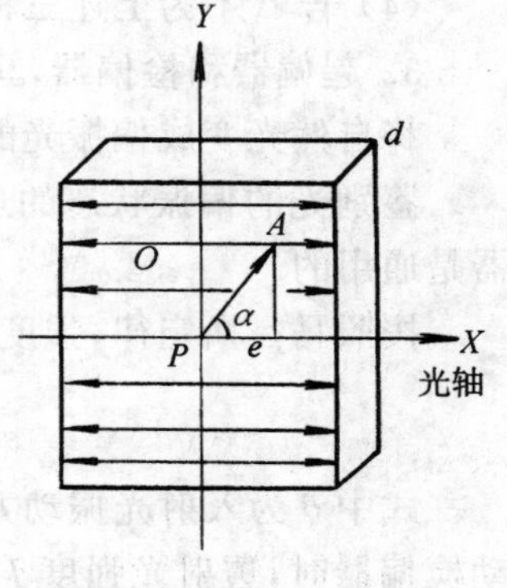

图 4-29　晶片

式中 $a=A\cos\alpha, b=A\sin\alpha$.

设 $\Delta=(n_e-n_o)d$,即 Δ 为二光的光程差,合并二式,消去 t,结果得穿出晶体的合振动:

$$\frac{x^2}{a^2}+\frac{y^2}{b^2}-\frac{2xy\cos\left(2\pi\frac{\Delta}{\lambda}\right)}{ab}=\sin^2\left(\frac{2\pi\Delta}{\lambda}\right)$$

当改变晶体厚度 d 时,光程差 Δ 亦改变.

(1) 当 $\Delta=K\lambda(K=0,1,2,3,\cdots)$时,前式变为$\frac{x}{a}-\frac{y}{b}=0$. 出射光为平面偏振光,与原入射光振动方向相同,满足此条件之晶体片叫全波片. 通过全波片不发生振动状态的变化.

(2) 当 $\Delta=(2K+1)\frac{\lambda}{2}(K=0,1,2,3,\cdots)$时,前式变为:$\frac{x}{a}+\frac{y}{b}=0$. 出射光也是平面偏振光,但与原入射光交角为 2α,满足此条件的晶片叫 1/2 波片,或半波片,平面偏振光通过半波片后,振动面转过 2α 角,若 $\alpha=45°$,则出射光的振动面与入射光的振动面垂直.

(3) 当 $\Delta=(2K+1)\frac{\lambda}{4}(K=0,1,2,3,\cdots)$时,前式变为

$$\frac{x^2}{a^2}+\frac{y^2}{b^2}=1$$

出射光为椭圆偏振光,椭圆的两轴分别与晶体的主截面平行及垂直. 满足此条件的晶片叫 1/4 波片.

若 $a=\pi/4$,于是 $x^2+y^2=a^2$,出射光为圆偏振光.

由于 o 光和 e 光的振幅是 α 的函数,所以通过 1/4 波片后的合成偏振状态也将随角度 α 的变化而不同.

当 $\alpha=0°$,出射光为振动方向平行于 1/4 波片光轴的平面偏振光.

当 $\alpha=\pi/2$ 时,出射光为振动方向垂直于光轴的平面偏振光.

当 $\alpha=\pi/4$ 时,出射光为圆偏振光.

当 α 为其他值时,出射光为椭圆偏振光.

(4) 若 Δ 不为上述三种情况,出射光为某个特定方位的椭圆偏振光.

3. 起偏器和检偏器,马吕斯定律

将自然光变成偏振光的过程称为"起偏",起偏的仪器叫起偏器.

鉴别光的偏振状态的过程称为"检偏",它所用仪器叫检偏器. 实际上,起偏器和检偏器是通用的.

按照马吕斯定律,强度 I_0 的线偏振光通过检偏器后,透射光的强度为

$$I=I_0\cos^2\theta$$

式中 θ 为入射光振动方向与检偏器主截面之间的夹角. 显然,当以光传播方向为轴转动检偏器时,透射光强度 I 将发生周期性变化. 当检偏器旋转 360°时,若入射光是线偏振光,光强变化出现两个极大(0°和 180°的方位)和两个极小(90°和 270°的方位);若入射光是部分偏振或椭圆偏振光,则极小值不为 0;若光强完全不变化,则入射光是自然光或圆偏振光. 这样,根据透射光强度变化的情况,可以将线偏振光与其他自然光和部分偏振光

区别开来.

［**实验内容**］

一、起偏和检偏

鉴别自然光和偏振光：

1. 偏振片 P_2 装在分光计的望远镜的物镜上，光源发出的光通过平行光管射入 P_2，旋转 P_2 一周，观察并描述透过 P_2 的光强变化情况.

2. 以 P_1 作起偏器装在平行光管上，P_2 作检偏器装在望远镜的物镜上，并将它们的 0 刻线均旋到竖直方向即平行. 固定 P_1，旋转 P_2，观察并描述透过 P_2 的光强变化情况，然后与 1 的结果比较，并对上述现象作出解释.

3. 将光电池与光点检流计联接，构成一个简单的光度计. 当光电池未被照射时，接通

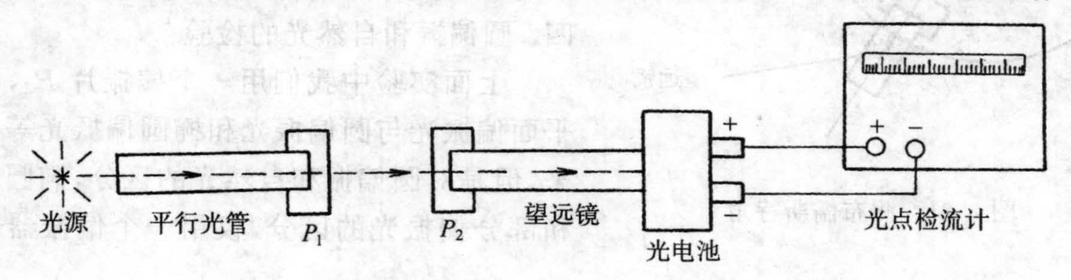

图 4-30 光度计

检流计电流，用零点调节将光点调到零点位置. 将光电池置于望远镜目镜上以接收 P_2 出射的光束，如图 4-30 所示. 因光电池的电动势与光强成正比，通过光点检流计的偏转可定量得出 P_2 转动时光强变化规律，P_2 每转过 10°～15°记录一次相应的光电流 I_P（即检流计示数），直到转动一周为止，在极坐标纸上作出转角 θ 与光电流 I_P 的关系曲线，并将 θ 值代入 $I=I_0\cos^2\theta$ 中，以 $I_0=I_P$ 的极大值，计算出相应的 I，仍在极坐标纸上作出曲线，与实验曲线作比较并进行讨论.

二、测定光在平面玻璃片上的起偏角及玻璃相对于空气的相对折射率

1. 将平玻璃片 A_1 垂直置于分光计的载物台中部，检偏器 P_2 装在望远镜的物镜上，自然光通过平行光管以一定角度射到玻片 A_1 上，将望远镜转到反射光的方位，旋转 P_2，观察其偏振状态有无变化（图 4-31）.

2. 转动 A_1（即转动载物台）改变入射角，至使反射光为线偏振光，此时转动 P_2 出现消光，此入射角就是起偏角，即布儒斯特角 i_p. 读出望远镜所处的方位角 α_1 和 β_1，再将望远镜转至对准平行光管处，读出此处的方位角 α_2 和 β_2，令 $\theta=\frac{1}{2}[|(\alpha_1-\alpha_2)|+|(\beta_1-\beta_2)|]$，即起偏角 i_P 为

$$i_P=(180°-\theta)/2$$

代入公式 $\mathrm{tg}\,i_P=n$，即求出玻璃相对空气的相对折射率 n.

三、椭圆及圆偏振光的产生和观察

1. 按图 4-32 在光路上依次放好钠光灯 S，起偏器 P_1 及检偏器 P_2，并使 P_1 和 P_2 正交，这时应看到消光现象.

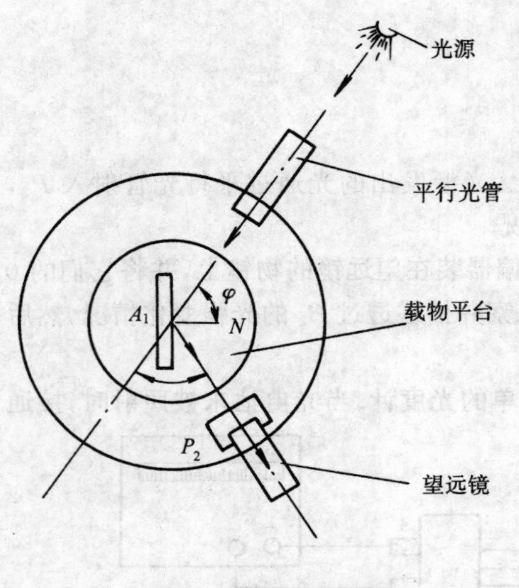

图 4-31 测布儒斯特角

2. 插入 1/4 玻片 C_1，转动 C_1 使处于消光位置.

3. 再将 C_1 转动 15°然后将 P_2 转动 360°，观察到什么现象？此时从 C_1 出射的光的偏振状态如何？

4. 依次将 C_1 转动(由消光位置计)0°、30°、45°、60°、75°、90°，并每次将 P_2 转动 360°，记录所观察到的现象，并说明各次由 C_1 透出光的偏振性质. 当 C_1 处于 45°时取去 P_1，再转动 P_2 观察与有 P_1 时有什么不同？

四、圆偏振和自然光的检验

上面实验中我们用一个偏振片 P_2，可以将平面偏振光与圆偏振光和椭圆偏振光等区别开来，但是对圆偏振和自然光的区分，椭圆偏振光和部分偏振光的区分，仅用一个偏振器就不够

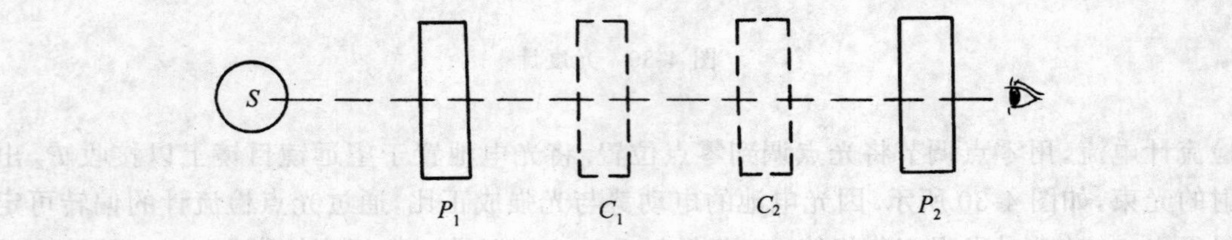

图 4-32 椭圆及圆偏振光的产生和观测

了. 这时就需要再加上一个 1/4 玻片.

1. 按图 4-32 使 P_1、P_2 正交，插入 1/4 玻片 C_1，并使 C_1 由消光位置转动 45°，这时转动 P_2，看到的光强不变.(此时的光的偏振性质如何？)

2. 然后把另一个 1/4 玻片 C_2 插在 C_1 与 P_2 之间，再转 P_2，看到什么结果？记录此时的结果，并说明圆偏振光经过 1/4 玻片以后偏振性质有何变化？

3. 从光路上去掉起偏镜 P_1 和 1/4 玻片 C_1，使来自 S 的自然光通过 C_2，再转动 $P_2$360°，此时观察到什么现象？说明圆偏振光和自然光的鉴别方法.

记录：

1. 圆偏振光、椭圆偏振光的产生

1/4 玻片转角度	P_2 转动 360°	观察到的现象	光的偏振性质
15°			
30°			
45°			
60°			
75°			
90°			

2. 圆偏振光和自然光的检验

	P_2转动360°观察到的现象	到达C_2光的性质	由C_2射出的光的性质
插入C_2以后			
去掉P_1,C_1以后			

[思考题]

1. 求下列情况下理想起偏器、理想检偏器两个光轴之间的夹角为多少？

(1) 透射光是入射自然光强度的1/3.

(2) 透射光是最大透射光强度的1/3.

2. 如果在互相正交的偏振片P_1,P_2中间插入一块1/2玻片，使其光轴跟起偏器P_1的光轴平行，那么，透过检偏器P_2的光斑是亮的还是暗的？将P_2转动90°后，光斑的亮暗是否变化？为什么？

3. 设计一个实验装置，用来区别自然光、圆偏振光、圆偏振光＋自然光、椭圆偏振光＋自然光、线偏振光＋自然光等五种光.

实验二十五　照相技术

照相能够准确、迅速地将各种实物、图像、文字资料记录和保存下来.除日常生活和生产中需要照相外，在科研、测量等领域中还广泛应用.如示波器瞬间摄影、金相分析、光谱分析、X光分析、全息摄影、航空测量及空间技术等.掌握照相技术，不仅仅是人们生活所需要，更是为适应现代高科技发展必须的实验技能.

[学习要求]

1. 了解照相机的构造及成像原理；

2. 学习照相、印相的一般知识和技术.

[实验目的]

照相，印相和放大相片，制作幻灯片.

[实验仪器]

照相机，胶卷，暗室设备，印相箱，放大机，显影定影液，相纸.

[实验原理]

根据成像公式：

$$\frac{1}{u}+\frac{1}{v}=\frac{1}{f}$$

f为透镜焦距，u为物距，v为像距.当$u>2f$时如图4-33所示.

像和物分居在透镜的两侧，并且$f<v<2f$，像为缩小倒立的实像.如果将感光片置于S'位置，并与物镜的光轴垂直，照相机把要拍摄的景物S经过成像物镜成像在感光片上，曝光后则底片感光，生成潜影，经过显影和定影，便得到与该物体黑白度相反的负片.要得到正片，须将底片叠在印相纸上，使光线透过底片照在相纸上曝光，再将曝过光的印相纸

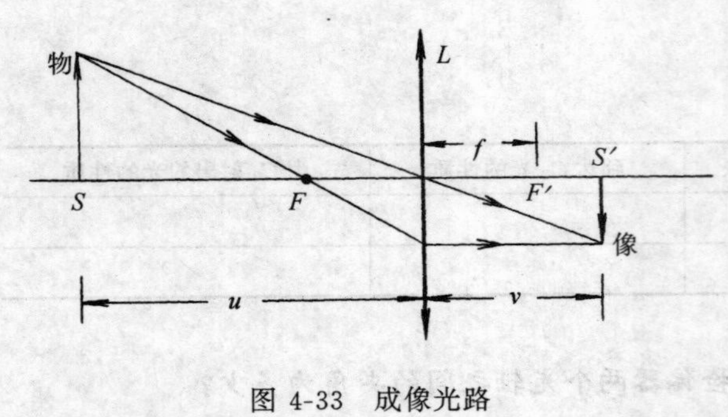

图 4-33 成像光路

进行药物冲洗,即显影、定影,便得到和实物明暗状态一致的相片,这就是黑白照相、印相的全过程.

一、感光片

感光片之所以对光线敏感——感光,主要是它上面有易于感光的物质(主要是卤化银如 AgBr),卤化银乳胶涂在片基上,以玻璃板为基片的感光称为干板;以赛璐璐为基片的称为软片或胶卷,印相纸和放大纸都是以硬纸为基片的.

感光片结构比较复杂,类别繁多,其性能主要有以下标志:

感光速度　它表明感光乳胶光化学作用的快慢,常分为特慢片,慢片,中常速度片,快片,特快片五种,通常用“度”(或 DIN)表示. 国产底片中有 GB18°、GB21°、GB24°. 度数越大,感光速度越快. 度数每增加三度,感光速度就增加一倍,例如 GB21°的胶卷比 GB18°的胶卷感光速度快一倍,但与 GB24°胶卷相比,感光速度却慢一倍.

反差程度　它是反映被拍摄物体各部分亮度间差别的大小,简称反差,是底片(或相片)黑白程度之比. 对同一景物,选用不同的底片,得到的明暗差别是不同的. 高反差的硬底片,得出的图像明暗差别大,而低反差的软底片,得出的图像明暗差别小. 感光速度快的底片往往反差小,分辨率也低;反之感光速度慢的,则具有高的反差和高分辨率.

相纸有两种,一种是印相纸,另一种是放大纸. 每种纸都有软、中、硬之分,都有反差性能不同的型号,用数字表示为 1～4 号四种规格,1 号反差最弱,4 号反差最强.

感色性能　由于感光胶片对不同波长光化灵敏度不同,往往在乳胶中加有机染料来“增感”. 对不同波长的光近似有相同的感色性的感光片叫做全色片,全色片相对地对绿色灵敏度较低,所以全色片可以在暗绿灯下操作,不能在红灯下操作. 只对某单色光灵敏的单色片,如“盲色片”只对蓝紫光灵敏,可以在红灯下操作,普通印相纸和放大纸只要求黑白分明,一般不“增感”可以在红灯下操作.

二、感光片的化学处理

要使曝光后的感光片的潜影显露并固定下来,必须在暗室中进行药物处理. 其工艺过程包括显影、定影、冲洗、晾(或烘)干等,加上印相和放大,统称为暗室技术.

显影　把经过感光的感光片(留有潜影),用显影液(配方见附表)加以处理,使已被感光的感光物质(AgBr)中的银粒还原出来,成为黑色的银粒. 感光多,还原出来的黑色银粒就越多;感光少,还原出来的黑色银粒就少;不感光则没有“显影中心”的粒子存在,所以就没有银粒还原,这样底片就显示出了被摄物体黑白相反的影像,这个过程叫显影.

显影液是对显影中心的溴化银具有选择性的还原剂. 显影液越浓,显影越快. 显影时间的长短很关键,显影时间过长,底片将变黑;显影时间太短,则成像不清晰. 显影液太淡,底片的反差变软弱,另外显影液的温度对成像反差也有强烈影响,一般要求温度在 20℃左右.

停影　底片从显影液中取出后,表面上附着的显影液继续起着作用,同时也为了避免显影液混入定影液使定影液失效,必须进行停影,一般可用清水把底片上附着的显影液冲洗干净即可.

定影　经过显影的底片还不能直接使用,不能用来印、放相片,因为其中未被感光的银盐存在,如果使用,又要进行第二次曝光,这样原来显出的影像将遭到破坏.为此必须将这些未被感光的银盐取掉,使已感光并且经过显影得到的影像固定下来,这样的过程叫定影.定影就是将经过显影的光片,放在定影液中加以处理,使未被还原的银盐全部被大苏打溶解,再经过水洗,可把底片上残留的药液冲洗干净.

晾干　可自然晾干,晾干后方能收藏和使用.

印相　底片与被拍摄景物的黑白状况相反,要得到明暗状况与实际景物相同的相片,有印相和放大两种办法.印相是把底片和感光纸(相纸)的药膜面相对贴在一起,在印相箱上用白光曝光,然后按照底片的处理过程,显影、定影,冲洗完毕后,在上光机上烘干上光,即可得到与底片大小一样的正片(相片).若需放大的相片,则将底片放在放大机底片夹上,将药膜面对着放大纸药面,按所需放大的尺寸进行调焦,对放大纸曝光.无论印相或放大均在暗室的红灯下进行.印相(或放大)前,可以用小块相纸作局部曝光试验,以决定参数,然后正式制片,印相纸的感光速度较放大纸慢,通常只有几秒钟.

幻灯片的制作

制作幻灯片实际上它与加印相片的原理完全一样,唯独不同的是加印、放大照片用的是相纸.而制作幻灯片用的则是感光度较低的感光片——如盲色片(又叫字幕片)、分色片、玻璃感光片等,当然也可以用全色片.用感光片代替相纸,按照印相、放大相片的办法,经过相同的曝光、化学处理过程,就得到幻灯片.

[实验内容]

一、照相、冲卷

(1) 用海鸥4型照相机,装GB21°全色120胶卷底片两张,拍照校景或人像各一张.

(2) 将已拍照完的相机带回暗室(暗室规则见附表).摆好显影盘,定影盘(或用显影罐)并倒好所需的(已配好的)显影和定影液(注意,其温度在20℃左右).上好定时钟,放好安全灯(绿灯),关掉其他电源——在全黑的条件下打开相机,取出胶卷,先过一次冷水,然后进行显影.当显影2~3min(定时闹钟响)后,可打开绿灯,在离灯1m左右的距离观察底片,若显影不够,再继续显影,若显影已适中,即在清水中洗掉显影液后,再进行定影.

(3) 定影5min后可开红灯.继续定影至15min时开白灯.此时取出胶卷,然后放入流水槽中冲洗,15min后,取出抹去水珠,用票夹挂在通风处晾干即成.

二、印放照片

(1) 加印照片:将本次照相实验得到的120底片选择一张,根据其密度的厚薄(即反差的大小)选择适当的相纸,然后在印相机(即曝光箱)上曝光,再将已曝光的相纸经过显影、水洗、定影、水洗、干燥(在上光机上进行)程序后就成为照片.印相时注意问题:(a) 分清底片的正反面(光面是正面,印相时应将它紧贴玻璃);(b) 选择适当的曝光时间(可以通过"纸条试验法"测试).

(2) 放大照片:将本次照相实验得到的120底片再选一张,根据其密度厚薄选择适当的放大纸,然后在放大机上进行曝光;将曝了光的放大纸进行显影、定影、水洗、干燥则得到所需的照片.放大照片时注意的问题:(a) 了解放大机的结构及使用规程;(b) 分清底片正反面,并正确安装它(底片的正面——即光面向着放大机光源一侧);(c) 选择适当的光圈和曝光时间.

三、幻灯片的制作

将本次照相实验翻拍资料得到的 135 底片，选一张用印相的办法，使感光片（我们选"色盲片"）曝光；另一张用放大照片的方法对感光片进行曝光，这样再经过显影、定影、水洗、晾干，则得到了两种可供幻灯机直接放映的幻灯片（正片）了.

记录与计算：

1. 照相

(1) 室外照相（照人物或风景）

照相机型号：　感光片型号：

室外照相条件（天气、温度）：

底片张数	所拍对象	选用光圈	距离(m)	快门速度	显影时间	定影时间
1						
2						

(2) 室内照相（翻拍文献资料）

照相机型号：　感光片型号：

室内照相条件（灯光、器械）：

底片	所拍对象	光圈	距离	快门速度	显影时间	定影时间
1						
2						

2. 冲洗胶卷

冲洗方式（罐中还是盘中显影）

所用显影液型号：

工艺流程	水 洗	显 影	停 影	定 影
时间(s)				

3. 印放照片

显影液型号：　显影液温度：

4. 制作幻灯片

内容	底片反差	感光材料	曝光	显影时间	停影时间	定影时间	水洗时间	干燥时间
加印照片		印相纸 ____号	____秒					烘干
放大照片		放大纸 ____号	光圈 ______秒					烘干
加印幻灯片		色盲片 GB ____	____秒					晾干
放大幻灯片		色盲片 GB ____	____秒					晾干

[**思考题**]

1. 照相机由哪几部分组成？各部分的作用是什么？应如何调节使用？

2. 照相、显影、定影的原理是什么？要得到一张高质量的底片，在照相、显影、定影过程中，要注意些什么问题？

3. 冲洗得到的底片，如过黑（太厚），或者过白（太薄），或者底片上出现乳白斑点、条纹是什么原因？怎样克服？

4. 如果夏日晴天，室外照风景，用 GB21°全色胶卷拍照，光圈选用 11，快门选用1/100 s，得到的底片曝光量正好，那么，在相同的情况下：

(a) 若想拍摄 100m 宽的镜头，应如何选择光圈和曝光时间？如果此时用 1/100 s，光圈该用多少？

(b) 如果此时，改用 GB24°的全色胶卷拍照，光圈和曝光时间又应选择多少？

5. 为什么底片的正面是“光面”，而不是“药面”？在加印和放大照片时底片是怎样安放的？有何异同？

6. 根据底片的密度厚度（或反差的强弱）如何选择相纸的型号？

7. 曝光时间如何估计和确定？（有何简易方法？）

[**附录**]

海鸥 4 型照相机外型与结构，见图 4-34.

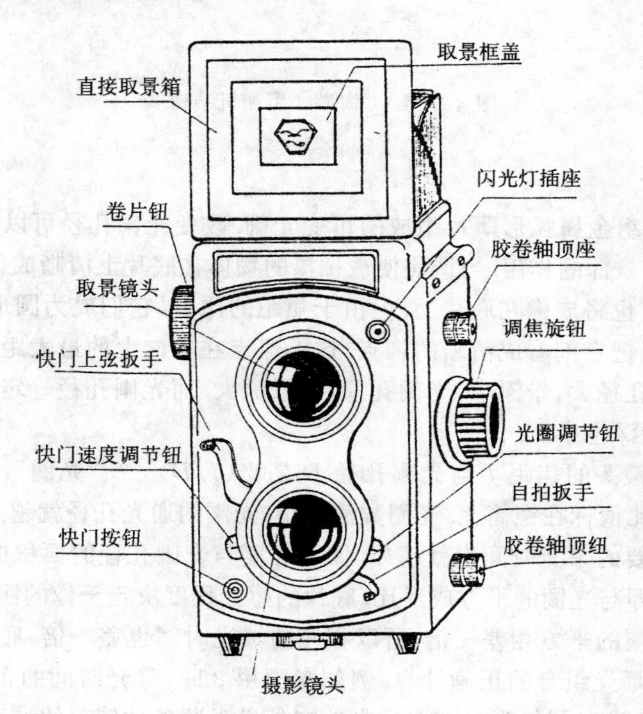

图 4-34(a) 海鸥 4 型相机外型

1. 镜头：照相机的镜头是一个复合会聚透镜. 其焦距值标在镜头的边缘. 它是照相机的最重要的组成部分. 其作用是将被拍摄的景物成像于感光片上. 为了保护好镜头，在使

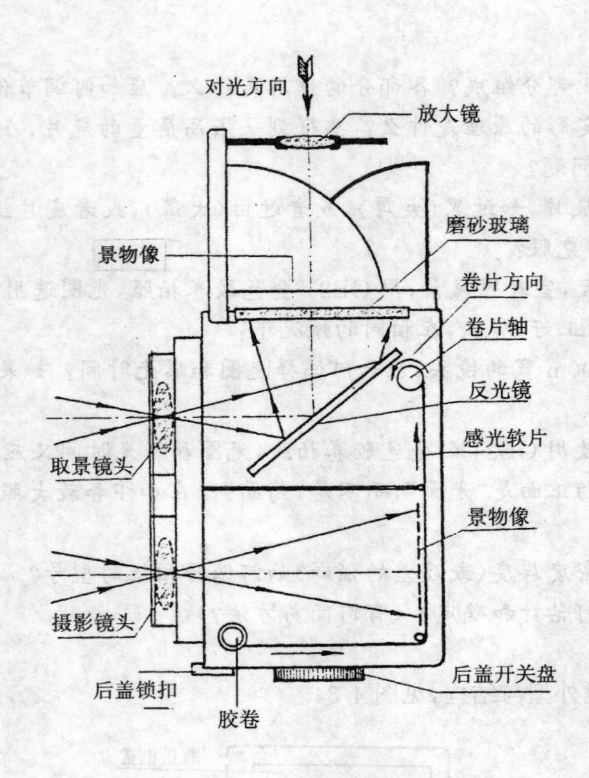

图 4-34(b) 海鸥 4 型相机结构

用时切忌用手触摸.

2. 光圈:是一组金属弧形薄片组成的可变光阑. 改变光阑孔径可以控制进入照相机的光通量兼有调节景深的作用. 当调焦使被拍摄的物体在底片上清晰成像时,物体前后的一些景物的发光点也将成像在底片上. 但由于焦距的原因,它们成为圆形光斑,由于眼睛的分辨率不高而仍把它们看成清晰的像点. 这类斑点在轴向上的最大距离,即所谓景深. 物距一定时,光阑孔径大,景深小,光阑孔径小,景深大. 而光阑孔径一定时,物距大,景深大;反之物距小,景深也小.

实际上,常把镜头的焦距 f 与光阑孔径 D 之比(f/D)——"光圈",用来表示光阑孔径的大小. 把这个比值标在镜筒上. 光圈数值越小,光阑的通光孔径就越大,进入照相机的通量也就越多,需要的曝光时间也就越短. 像的照度与光阑孔径的面积成正比,与物镜焦距的平方成反比,即与光圈的平方成反比. 底片的感光程度决定于像的照度与曝光时间的乘积. 由于相邻光圈的平方相差一倍,所以相应的曝光时间也差一倍,底片的感光程度才会一样,也才便于曝光组合的正确计算. 例如光圈用 8 时,曝光时间的正确值为1/100 s,光圈换成 5.6,则曝光时间仅为 1/200 s,当然在外界光照条件较差的情况下,为了保证底片的正常感光,可以增加曝光时间或减少光圈数.

3. 快门:它是照相机上控制曝光时间的装置. 由许多金属片组成,开启时间一般为一秒至千分之一秒,由弹簧和机械装置控制. 快门上标示的数字是开启时间倒数(单位是秒),若标记指向 50,则快门的开启时间是 1/50 s,另外相机上还有"B 门". 它是按下即开,一放就关.它可以人为地控制曝光时间.

4. 机身:照相机的机身,把以上几部分有机地联系起来.当由镜头把被拍物体的像呈现在感光片上时,机身又起着暗箱作用,保证拍照时不会漏光.

5. 取景器:在照相机的顶端.由取景镜头识到的物像,经一个平面反射镜改变光路方向,投射到照相机顶端的水平毛玻璃上,用调焦钮调节使物像清晰.取景器的范围与感光底片上成像的范围是完全一致的.

[**附表**]

1. 常用显影液配方

药品	D_{19}	D_{72}	D_{76}
蒸馏水(约 50℃)(ml)	500	500	750
米吐尔(g)	2	3	2
无水亚硫酸钠(g)	90	45	100
对苯二酚(g)	8	12	5
无水碳酸钠(g)	48	37	硼砂 2
一水碳酸钠(g)	—	80	—
溴化钾(g)	5	2	—
加蒸馏水到(ml)	1000	1000	1000

2. 定影液配方(F_5 定影液)

蒸馏水(约 50℃)	600ml
硫代硫酸钠	240g
无水亚硫酸钠	15g
冰醋酸	13.5g
(铝)钾矾	15g
加蒸馏水到	1000ml

第五章　综合性和近代物理实验

开设综合性和近代物理实验的目的之一，是希望通过一些有代表性的近代物理实验课题，提高和加深学生对近代物理学中有关概念的理解.本章安排的六个实验，大多是物理学发展过程中有杰出贡献的著名物理学家所进行的实验的重现.从这些著名的实验中，进一步学习物理方法和近代测量技术；也学习科学家从事科学研究刻苦钻研，勇于探索的精神.

迈克耳孙原是一名美国的海军军官，擅长精密光学测量，1880 年提出用光的干涉方法测量“以太”存在的设想.经过几年的研究，1887 年将实验结果公诸于世，从而否定了“以太”的存在.现在利用它进行光谱结构的研究和用光波标定米尺.因而为近代物理和计量技术作出了重要贡献.迈克耳孙-莫雷实验作为先进科学技术的里程碑载入了科学史册.

又如德国科学家弗兰克和他的合作者赫兹在用电子三极管测电离电位的实验基础上，巧妙地于板、栅极间加上一个减速电位差，测出了汞原子的第一激发电位，从而揭示了原子能级图像.

实验二十六　弗兰克-赫兹实验

光谱学的研究证明了原子能级的存在，原子光谱中的每根谱线都相应表示了原子从某一个较高能态向另一个较低能态跃迁时的辐射.然而，原子能级的存在除了可由光谱研究推得外，弗兰克(J. Franck)和赫兹(G. Hertz)用慢电子与稀薄气体原子碰撞的方法，使原子从低能级激发到高能级，通过测量电子和原子碰撞时交换某一定值的能量，直接证明了原子能级的存在.同时，也证明了原子发生跃迁时吸收和发射能量是完全确定的、不连续的.从而获得了 1925 年的诺贝尔物理学奖金.

[学习要求]

1. 学习汞原子激发电位测定方法；
2. 学习处理数据的方法.

[实验目的]

测定汞原子第一激发电位，证实原子能级的存在.

[实验原理]

玻尔提出的原子理论指出：

(1) 原子只能较长久地停留在一些稳定状态(简称为定态)，原子在这些状态时，不发射或吸收能量，各定态有一定的能量，其数值是彼此分隔的.原子的能量不论通过什么方式发生改变，它只能使原子从一个定态跃迁到另一个定态.

(2) 原子从一个定态跃迁到另一个定态而发射或吸收辐射时，辐射频率是一定的.如果用 E_m 和 E_n 代表有关二定态的能量，辐射频率 ν 由如下关系决定：

$$h\nu = E_m - E_n \tag{5-1}$$

式中:普朗克常量 $h=6.63\times10^{-34}\mathrm{J\cdot s}$.

原子从低能级向高能级的跃迁,可以通过具有一定能量的电子与原子相碰撞进行能量交换的办法来实现.

设初速为零的电子在电位差为 U_0 的加速电场作用下,获得能量 eU_0. 当具有这些能量的电子与稀薄气体的原子(比如汞原子)发生碰撞时,就会发生能量交换. 如果汞原子获得从电子传递来的能量恰好为

$$eU_0 = E_2 - E_1 \tag{5-2}$$

式中 E_1 为汞原子的基态能量. E_2 为汞原子的第一激发态的能量. 则汞原子就会从基态跃迁到第一激发态,而相应的电位差 U_0 被称为汞原子的第一激发电位(即汞电子的中肯电位). 测出这个电位差 U_0,就可以根据(5-2)式求出汞原子的基态和第一激发态之间的能量差了(其它气体原子的第一激发电位亦可依此法求得).

弗兰克-赫兹实验的原理如图 5-1.

在充汞的弗兰克-赫兹管中,电子从热阴极发出,阴极 K 和栅极 G 之间的加速电压 U_{GK} 使电子加速. 在板极 A 和栅极 G 之间加有反向拒斥电压 U_{AG}. 管内空间电位分布如图 5-2,当电子通过 KG 空间进入 GA 空间时,如果具有较大的能量($\geqslant eU_{AG}$),就会冲过反向拒斥电场而到达板极,形成板流,由微电流计 P_A 检出. 如果电子在 KG 空间与汞原子碰撞,把自己一部分能量给了汞原子而使后者激发,电子本身所剩余的能量就很小,以致通过栅极后已不足以克服拒斥电场而被折回到栅极. 这时通过电流计 P_A 的电流将显著减小.

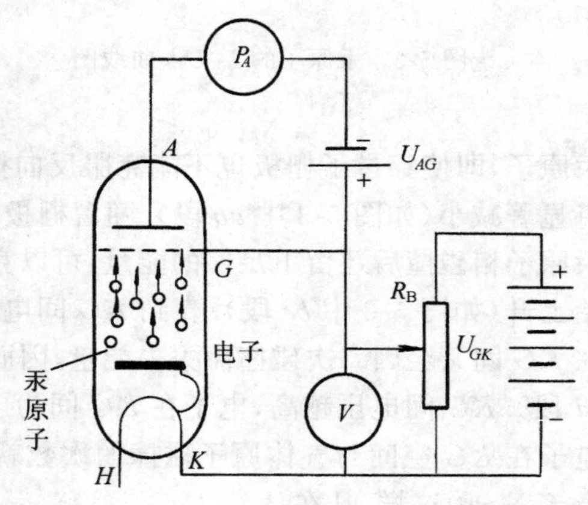

图 5-1 弗兰克-赫兹实验原理图

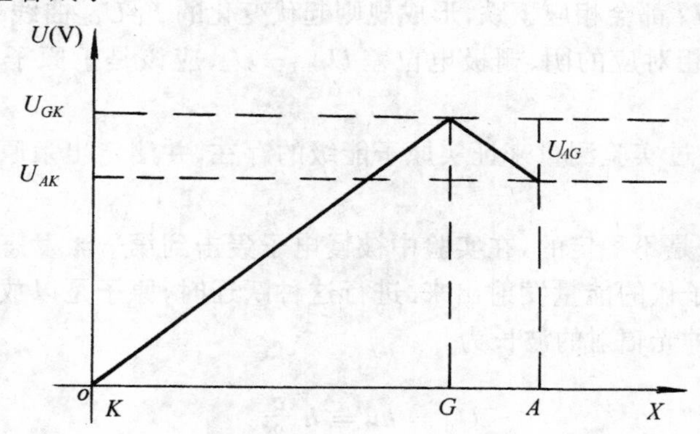

图 5-2 弗兰克-赫兹管内空间电位分布图

实验时,使 U_{GK} 电压逐渐增加,并仔细观察电流计 P_A 的电流指示. 如果原子的能级确

实存在，而且基态与第一激发态之间有确定的能量差的话，就能观察到如图 5-3 所示的 I_A-U_{GK} 规则变化曲线. 图 5-3 所示的曲线反映了汞原子在 KG 空间与电子进行能量交换的情况，当 KG 空间电压逐渐增加时，电子在 KG 空间被加速而取得越来越大的能量. 但起始阶段，由于电压较低，电子的能量较小，即使在运动过程中它与原子相撞也只有微小的能量交换（为弹性碰撞），穿过栅极的电子所形成的板流 I_A 将随栅极电压 U_{GK} 的增加而增大（如图 5-3 中 oa 段）. 当 KG 间的电压达到汞原子的第一激发电位 U_0 时，电子在栅极附近与汞原子相碰撞，将自己从加速电场中获得的能量交给后者，并使后者从基态激发到第一激发态，而电子本身由于把能量给了汞原子，即使穿过了栅极也不能克服反向拒斥电场作用而被折回栅极. 所以，板极电流 I_A 将显著减小（如图 5-3 中 ab 段）. 随着栅极电压 U_{GK} 的增加，电子的能量也随之增加，它与汞原子相碰撞后还留下足够的能量，可以克服反向拒斥电场而达到板极 A. 这时电流又开始上升（如图 5-3 中 bc 段）. 直到 KG 间电压是二倍汞原子的第一激发电位 $2U_0$ 时，电子在 KG 间又会因二次碰撞而失去能量，因而又造成了第二次板极电流的下降（如图 5-3 中 cd 段）. KG 间电压越高，电子在 KG 间为了得到 $>eU_0$ 的能量而加速运动的距离就越短，电子在 KG 空间与气体原子碰撞的次数就越多. 而且碰撞区随 U_{GK} 电压增加越来越往阴极 K 靠近. 这样，凡在

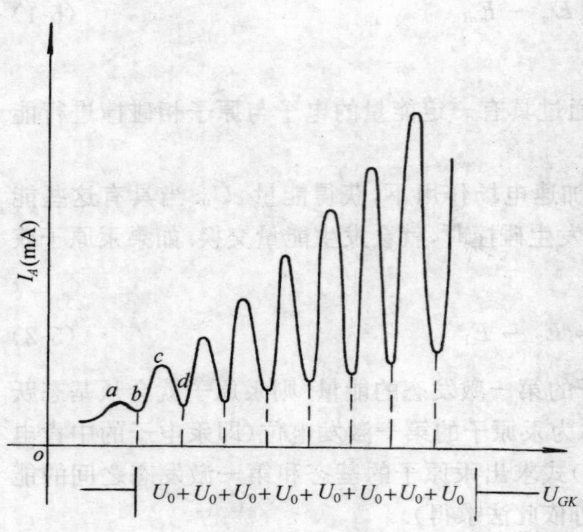

图 5-3　汞原子的 I_A-U_{GK} 曲线图

$$U_{GK} = nU_0 \qquad (n = 1, 2, 3\cdots)$$

这些地方，板极电流 I_A 都会相应下跌，形成规则起伏变化的 I_A-U_{GK} 曲线. 而与各次板极电流 I_A 下跌到最低点相对应的阴、栅极电位差 $U_{n+1}-U_n$，应该是汞原子的第一激发电位 U_0.

本实验就是要通过实验测量来证实原子能级的存在，并测定出汞原子的第一激发电位.

原子处于激发态是不稳定的，在实验中被慢电子轰击到第一激发态的原子要跳回基态，就应该有 eU_0 电子伏的能量发射出来. 进行这种跃迁时，原子是以放出光量子的形式向外辐射能量的. 这种光辐射的波长为

$$eU_0 = h\nu = h\,\frac{c}{\lambda}$$

对于汞 U_0＝4.9V. 从而有

$$\lambda = \frac{hc}{eU_0} = \frac{6.63 \times 10^{-34} \times 3.000 \times 10^{8}}{4.9 \times 1.6 \times 10^{-19}}$$

$$= 2.5 \times 10^3 \text{Å}$$

从光谱学的研究中确实观察到了这一波长为

$$\lambda = 2537 \text{Å} \text{ 的紫外谱线.}$$

如果弗兰克-赫兹管中充以其他元素，则可以得到其他元素的第一激发电位. 如下表所示：

元素	钠(Na)	钾(K)	锂(Li)	镁(Mg)	氖(Ne)	氩(Ar)
U_0(V)	2.12	1.63	1.84	3.2	18.6	13.1
λ(Å)	5890 5896	7664 7699	6707.8	4571	6402.2	8115.3

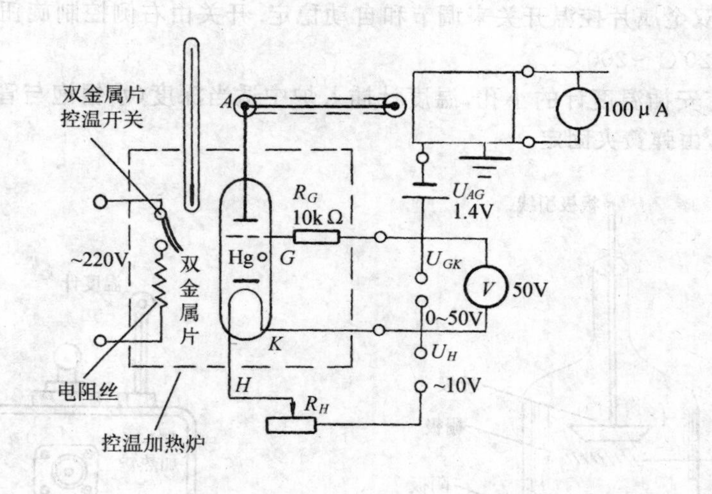

图 5-4　测汞第一激发电位实验方框图

测定汞的第一激发电位的具体实验方框图如图 5-4 所示. 将充有汞滴的弗兰克-赫兹管放在加热炉中加热到一定温度，使汞滴气化后管内达到一定的气压(对于充氦、氖、氩等气体的管子则无需加热，可直接在常温下进行实验). 灯丝接 6.3V 交流或直流电源，以使阴极受热发射电子. 栅极 G 与阴极 K 之间接有 0～50V 可调直流(或慢锯齿波)电源. 板极 A 与栅极 G 之间有 1.4V 左右的反向拒斥电压. I_A 随 V_{GK}变化的情况，可通过微电流测量放大器直接测量观察，也可通过微电流测量放大器，用示波器或 X-Y 函数记录仪自动记录.

［实验仪器］

1. 使用仪器：

(1) FH-1 型弗兰克-赫兹管；

(2) FH-1 型控温加热炉；

(3) FH-1 型微电流测量放大器；

(4) 慢扫描示波器(ST-14)；

(5) X-Y 函数记录仪(LZ3-104)；

(6) 万用电表.

2. 仪器简介：

(1) FH-1 型弗兰克-赫兹管是一种充汞或其它气体(如氖、氩等)的特制三极管.其结构如图 5-5.它是在直径为 34mm、高 120mm 的玻璃管壳中,同轴地安装着平面状的板极 A,网状栅极 G 和间热式氧化物阴极 K.将管内抽至高度真空后,充入高纯汞滴或其它气体.此外,管内还施放有长效消气剂,以吸收管内残余杂质气体.为了保证有较高的碰撞概率,阴极与栅极之间的距离约 9～11mm,这个距离比汞蒸气 180℃时的平均自由程要大,而板极与栅极之间的距离就较这时的平均自由程小.

间热式阴极用 6.3V 的交流或直流电源加热,灯丝电流约 0.63A.

(2) 加热炉如图 5-6.它采用 400W 镍铬电热丝加热镍铬丝嵌入在炉子底部的陶瓷架上,炉温采用双金属片控温开关来调节和自动稳定.开关由右侧控制旋钮从外部调节,控温范围约在 120℃～200℃.

炉顶开有安插温度计的小孔,温度计插入炉中适当深度(水银泡与管子的栅极-阴极中部平齐)后,由弹簧夹固定.

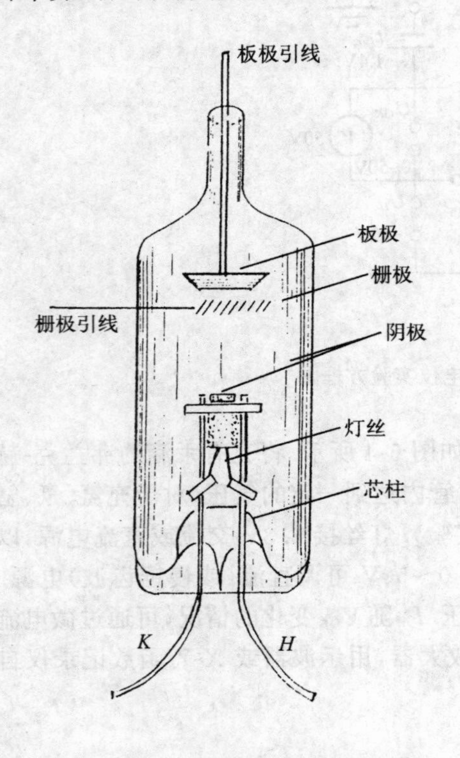

图 5-5 弗兰克-赫兹管外形图

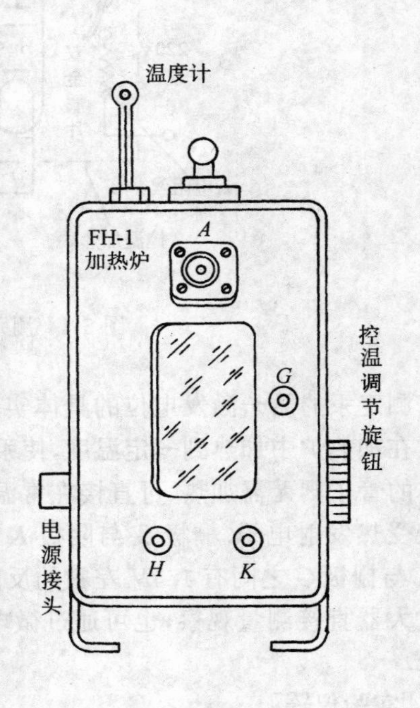

图 5-6 加热炉外型图

(3) 微电流测量放大器如图 5-7,它带有供给弗兰克-赫兹管各电极用的专用电源.其整机方框图如图 5-8 所示.

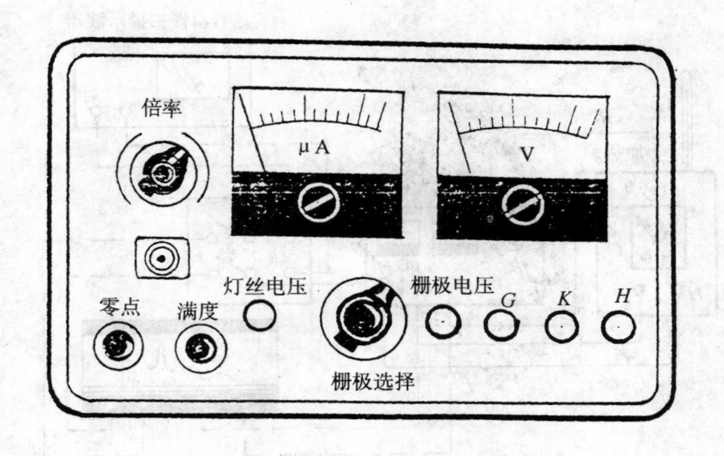

图 5-7　微电流测量仪板面图

(a) 灯丝电源 U_H. 开路时为交流 10V；接入灯丝后，可调范围约 3—8V.

(b) 栅极电源 U_{GK}. 机内可提供 0～15V 的可调直流，供示波器显示或函数记录仪自动记录. 使用时 G、K 输出端切忌短路. 务请注意！

(c) 反向拒斥电源 U_{AG}. 约为 1.4V.

(d) 微电流测量放大器：前级采用 DC-2 静电计管作弱电流直流放大器. 它的输入阻抗极高 $>10^{10}\Omega$，测量范围为 $10^{-5}\sim10^{-13}$A. 此放大器后盖附有供示波器显示和函数仪记录的输出端子及转换开关. I_A 的读数为：表头读数×倍率值×10^{-6}A.

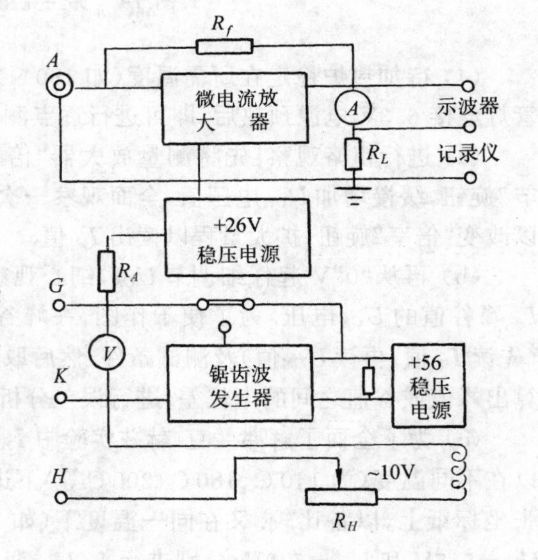

图 5-8　微电流测试仪方框图

［实验内容］

1. 测汞原子的第一激发电位

(1) 将带有充汞弗兰克-赫兹管的加热炉加热升温约 15～30 分钟并适当旋动加热炉右侧的控制旋钮，让炉温达到所需的温度（如，140℃、160℃或 200℃等）.

(2) 在加热炉加热升温的同时，接通微电流测量放大器电源，让其预热. 将仪器“栅压选择”开关拨向“锯齿”. 此时，栅压指示电表会缓慢来回摆动. 预热 20～30 分钟后，进行“零点”和“满度”校准，待仪器正常稳定工作之后，方可连机进行测试.

(3) 将测量放大器“栅压选择”开关拨向“DC”.“栅压调节”旋钮旋至最小.“灯丝电压”旋钮也旋至最小. 按图 5-9 接通测量放大器和加热炉上各对应电极（A、G、K、H）.（注意：千万不能将 G、K、H 接反和短路，以免损坏仪器！）用万用电表检测灯丝电压，并用“灯丝电压”旋钮调至约 6.3V.

测量放大器后盖上的输出端暂不与示波器或记录器相连接.

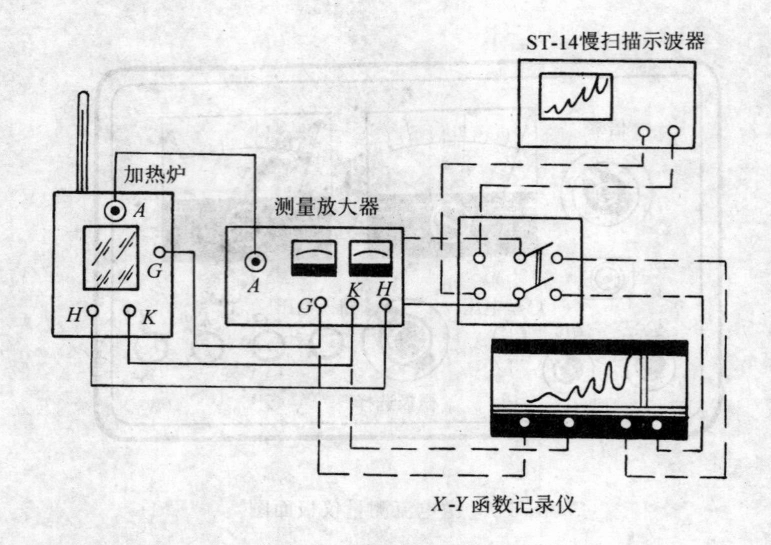

图 5-9　弗兰克-赫兹实验接线图

(4) 待加热炉稳定在所需温度(如 180℃)、微电流测量放大器工作稳定、弗兰克-赫兹管灯丝接 6.3V 电源预热后,即可进行逐点测量.

(a) 进行粗略观察:先将测量放大器“倍率”旋钮拨到$\times 10^{-6}$或$\times 10^{-5}$. 旋动“栅压调节”旋钮,缓慢增加U_{GK}电压值,全面观察一次I_A的起伏变化情况. 当“μA”表至满度时可以改变“倍率”旋钮,扩大量程以读出I_A值.

(b) 再从“0”V 起仔细调节U_{GK},细心观察I_A的变化. 读出I_A的峰、谷值和对应每个I_A峰谷值的U_{GK}电压. 为了便于作图,在峰谷值附近可多测几组I_A和U_{GK}值. 记下读数(先读I_A值,再读U_{GK}值)及测试条件. 然后取适当比例在坐标纸上作I_A-U_{GK}曲线,从而计算出峰值或谷值之间的电位差. 进行误差分析. 得出所测量的第一激发电位U_0值.

(c) 为了全面了解弗兰克-赫兹实验中I_A-U_{GK}变化规律,并准确测出U_0值,本实验可以在不同温度(为 140℃、180℃、200℃等)下进行. 分别详细记录列下表中,并描绘在同一张坐标纸上,以备比较. 又在同一温度下(如$T=180$℃),适当改变灯丝电压U_H值,如取$U_H=5.7$V 和$U_H=7.0$V. 分别进行I_A-U_{GK}变化规律的测量.

测试条件$U_{HK}=$______V, $U_{AG}=1.4$V, $T=$______℃

U_{GK}(V)														
I_A(μA)														

2. 用示波器观察板极电流I_A随栅极电压U_{GK}变化的波形.

(1) 将加热炉的炉温调节在 180℃～200℃.

(2) 如图 5-9 中的虚线所示,将 ST-14 慢扫描示波器的Y轴用专用线接到测量放大器后盖输出端,并将输出选择开关拨向“示波器”一侧. 示波器扫描速度放慢(为 0.1～1s). Y轴增益×1.

(3) “灯丝电压”调至 6.3V. “倍率”拨到$\times 10^{-3}$或10^{-4}.

(4) 将“栅极选择”拨向锯齿.此时示波器屏幕上可以看到一条完整的 I_A-U_{GK}曲线.数一数曲线的峰谷数值,并与同条件下的手控记录情况作比较.

3. 用 X-Y 函数记录仪描绘 I_A-U_{GK}曲线.

(1) 不改变示波器观察时各种条件如炉温 $T=180℃\sim200℃$、灯丝电压 $U_{HK}=6.3V$,“倍率”$\times10^{-3}$或 10^{-4}.将“栅压选择”开关拨回“DC”,“栅压调节”调到最小.

(2) 如图 5-9 所示,将连向示波器 Y 输入端的插头转接到记录仪 Y 轴输入端,测量放大器后盖输出选择开关拨向“记录仪”.将 X 轴连到测量放大器的 G、K 端.(注意:先接好记录仪 X 轴后再接 G、K 端,切忌使 G、K 端短路).

Y 轴量程取 3mV/div 或 10mV/div.

X 轴量程取 5V/div.

(3) 待 X-Y 函数记录仪预热工作后,将测量放大器的“栅压选择”开关拨向“锯齿”,即可在记录纸上描绘出完整的 I_A-U_{GK}曲线.

(4) 用铅笔细心标出各峰值位置,读出峰值(或谷值)之间的距离,再根据锯齿波幅度(或)X 轴量程求出各间隔的电压值.通过误差分析求出 U_0 值,并与手控分点测量值作比较.

[**注意事项**]

1. 加热炉外壳温度很高,操作时注意避免灼伤.

2. 由于加热炉内温度场分布不甚均匀.温度计的水银泡必须插入炉内与管子的栅-阴极中段平齐,且勿与屏蔽网相碰.这样才能较正确地反映管内温度.

3. 双金属片控温开关有热惯性.在所需温度范围内会有±5℃的涨落,但不影响实际测量.

4. 控温时,电热丝会忽亮忽暗,在同一 U_{OK}电压下,电热丝点亮时 I_A 值比熄灭时略大.这是电热丝直接热辐射所致,但不影响曲线峰、谷值的位置.为了取得一致的结果,读数时要注意电热丝的亮暗,可以采取在某一状态下(如点亮时)读数的办法来避免差异.

5. 在管子正常工作时,随 U_{GK}的增加,从炉前玻璃窗口可以观察到栅-阴极之间有淡蓝色的明暗相间的亮暗带,这是正常的局部击穿,而且随着 U_{GK}电压增高亮暗节的数目相应增多,并逐渐移向阴极.用锯齿波扫描时,可以明显地看到周期性的疏密变化.它反映了管内栅-阴极间电子与气体原子碰撞的情况,对应着 I_A-U_{GK}曲线的峰谷点.

当炉温较低,而 U_{GK}电压过高时,整个管内会出现蓝白色的辉光.此时管内全面电离击穿.虽然一再扩大倍率,电表也无法读数.请立即将 U_{GK}电压降低,采用锯齿波扫描时,请将“栅压选择”开关拨往“DC”.以免管子受到多次严重击穿而损坏.

6. 为要测出 I_A-U_{GK}曲线的第一个峰谷点,炉温宜低(约 140℃),并把测量放大器灵敏度提高(倍率$\times10^{-5}$),但此时 U_{GK}电压不能过高.过高容易造成管子全面电离击穿,影响寿命.

7. 进行示波器观察或记录仪自动记录时,炉温尽可能升高(即在 180℃～200℃).否则容易造成管内电离击穿.发现击穿时:(1)请将“栅压选择”开关拨回“DC”;(2)再增高炉温 5℃～10℃.

8. 管子的灯丝电压只能在 5.7～7.0V 之间选用,即不宜超过标准值 6.3V 的±10%.电压过高,阴极发射能力过强,管子易老化;过低会使阴极中毒,都会损伤管子.

9. 弗兰克-赫兹管采用间热式氧化物阴级. 改变灯丝电压会有 1～2 分钟的热滞后.

10. 反向拒斥电压 $U_{GK}=1.4V$，是固定值，由制造厂用数字电压表测定后标明. 它的大小不影响峰谷值的位置，只影响 I_A-U_{GK} 曲线的底部平缓程度.

[**思考题**]

1. 汞的中肯电位是 4.9V，为什么 U_{GK} 要加到 10V 左右才出现第一个峰？

2. 从实验曲线可以看出板极电流 I_A 并不是突然改变的，每个峰和谷都有圆滑的过渡，这是为什么？

3. 分析一下电子与汞原子发生弹性碰撞时电子的能量损失，并与非弹性碰撞时电子的能量损失(中肯电位)进行比较，(汞原子的质量约为电子质量的 37 万倍).

4. 汞原子核外有多少个电子，你能写出汞原子在基态和第一激发态时的电子组态吗？

实验二十七　普朗克常量的测定——光电效应

用光电效应测定普朗克常量是近代物理学中关键性实验之一，学习其基本方法，对于我们了解量子物理学的发展及光的本性认识，都是十分有益的. 普朗克常量 h 是一个重要的物理常量，凡是涉及到普朗克常量的物理现象，都是量子现象.

光电效应是在 19 世纪末，物理学家赫兹用实验验证电磁波的存在时，发现了这一现象. 随后人们对它进行了大量的实验研究，总结出了一系列的实验规律. 但是，这些实验规律都无法用当时人们所熟知的电磁波理论来加以解释.

1905 年，爱因斯坦推广了普朗克的基本假设，提出了"光子"概念，从而成功地解释了光电效应的各项基本规律，使人们对光的本性认识有了一个新的飞跃，建立了有名的爱因斯坦方程式. 1915 年前后，美国物理学家密立根对光电效应进行了全面的研究，用他精心设计的实验完全证明了爱因斯坦方程. 这个理论推断的正确，又推动了量子理论的发展，同时也树立了实验验证科学理论的良好典范.

[**实习要求**]

1. 了解光电效应的基本规律；

2. 学习作曲线拟合练习.

[**实验目的**]

用光电效应法测定普朗克常量.

[**实验原理**]

如图 5-10 所示，具有一定逸出功 W_K 的某金属阴极 K，在光电能量为 $\varepsilon=h\nu$ 的单色光照射下，将逸出具有初动能为 $\frac{1}{2}mv_m^2$ 的光电子. 这个光电子一次性地吸收完一个光子的能量. 据爱因斯坦方程知它们间的关系：

$$\frac{1}{2}mv_m^2 = h\nu - W_k \tag{5-3}$$

其中 m 为光电子质量，v_m 为光电子最大初速度.

具有初动能的光电子向阳极运动便形成光电流 I. 若在阳极(又名收集极)与阴极(光

阴极）之间加一个反向电压 V_{AK}，随 V_{AK} 绝对值的增大，回路中的光电流 I 逐渐减小，即能克服反向电场力作功抵达阳极 A 的光电子数目减少. 当 $V_{AK}=V_S$ 时，光电流下降为零，如图 5-11 的伏安特性曲线所示. 这个遏止光电流的外加反向电压的绝对值 V_S 称为光电效应的遏止电压，由功能原理知：

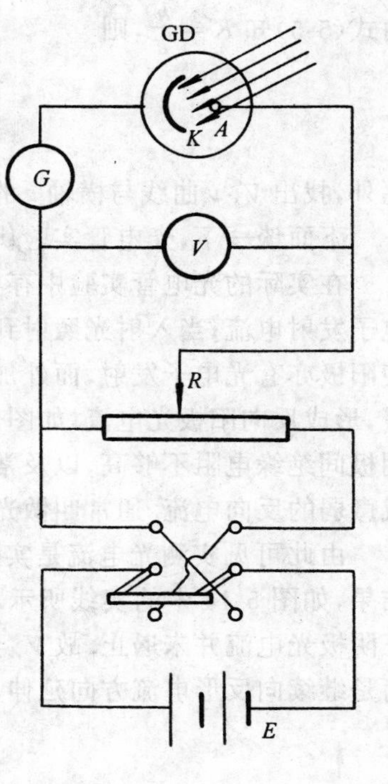

图 5-10

$$eV_s = \frac{1}{2}mv_m^2 \tag{5-4}$$

式中 e 为电子电量，$e=1.602\times10^{-19}$C. 将(5-4)代入(5-3)，消去光电子最大初动能，有

$$eV_s = h\nu - W_K$$

或

$$V_s = \frac{h}{e}\nu - \frac{W_K}{e} \tag{5-5}$$

由式(5-5)知对于不同频率的单色光照射同一光电管（h、e 和 W_K 一定）可得不同的遏止电压. 这从对应的伏安特性曲线亦可看出，如图 5-12 所示. 更确切地说，遏止电压 V_s 是入射单色光频率 ν 的线性函数. 在直角坐标中作 $|V_s-\nu|$ 关系曲线. 若它是一条直线，通过 V_s-ν 曲线求取斜率：

$$K = \frac{\Delta V_s}{\Delta \nu}$$

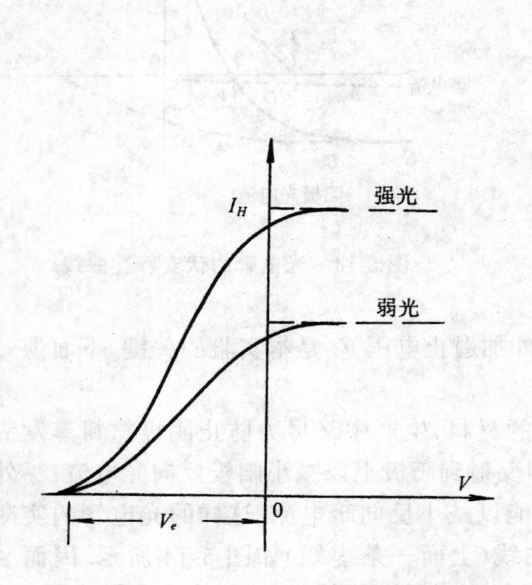

图 5-11　光电管的伏安特性

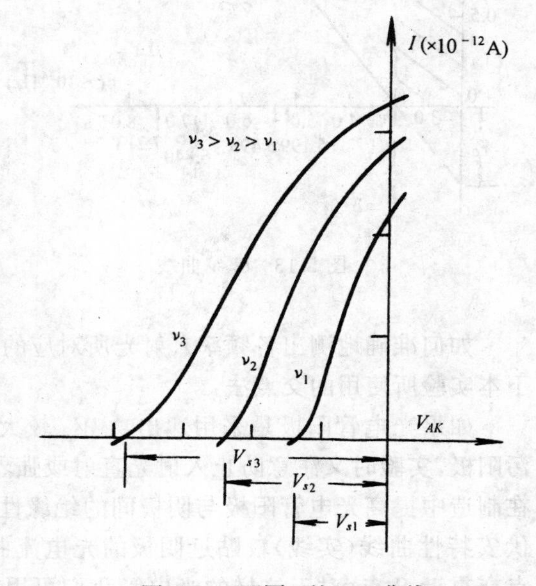

图 5-12　不同 ν 的 I-V 曲线

由式(5-5)知 $K=\frac{h}{e}$,则

$$h=Ke=\frac{\Delta V_s}{\Delta \nu}e$$

另外,找出 V_s-ν 曲线与横轴 ν 的交点,即可从图测得该光电管的频率极阴 ν_0.

下面谈一下,光电管实验伏安特性测绘法.

在实际的光电管实验中存在着附加的两个反向电流.其一:阳极(收集极)A 的反向光电子发射电流;当入射光照射到光阴极 K 上时,一般都会使阳极受到漫反射光的照射,致使阳极亦有光电子发射,而外加电压 V_{AK}对此光电子成为加速电压,使之很容易抵达光阴极,形成反向阳极光电流,如图 5-14 所示.其二:当光电管不受任何光照时,由于阳极与光阴极间绝缘电阻不够高,以及常温下阳极 A 的热电子发射等因素.在外电压 V_{AK}作用下形成微弱的反向电流.通常叫做光电管的暗电流.其伏安曲线近于线性,如图 5-14 所示.

由此可见实测光电流是实际阴极正向光电流、阳极反向光电流和反向暗电流的叠加结果,如图 5-14 中的实线所示.在实线与横轴相交的 A 点处,实测光电流确已为零,但真正阴极光电流并未遏止.故 $V_A \neq V_s$.随着反向外加电压绝对值的增加,伏安曲线并未终止而是继续向反形电流方向延伸,并逐渐趋向饱和.

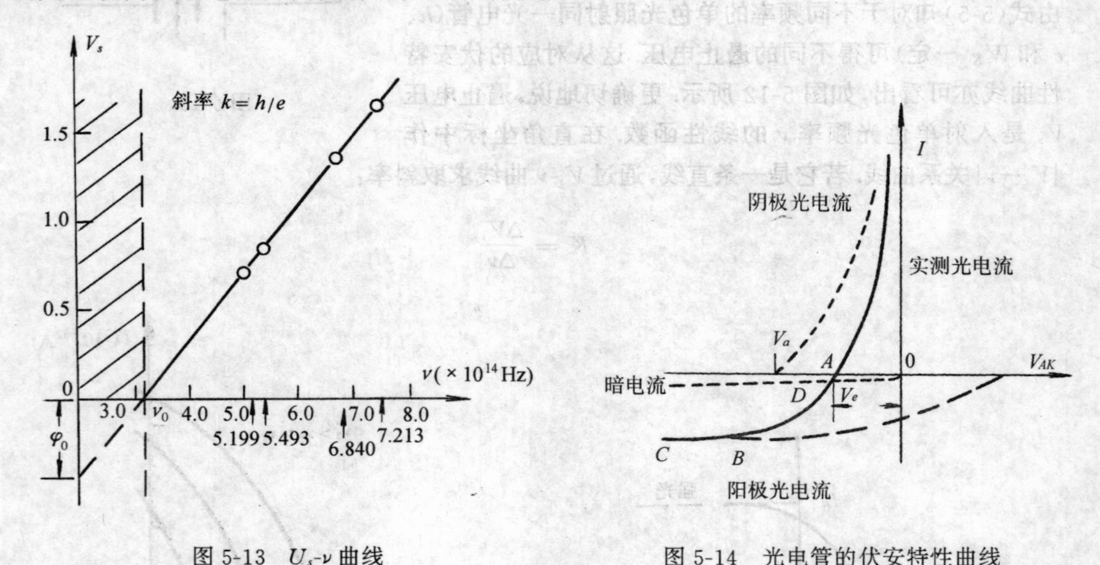

图 5-13 U_s-ν 曲线

图 5-14 光电管的伏安特性曲线

如何准确地测出各频率入射光所对应的外加遏止电压 V_s 是本实验的关键.下面谈一下本实验所使用的交点法:

如果光电管阳极是采用逸出功 W_A 较大的材料,生产中又尽力防止阴极材料蒸发沾污阳极,实验时又注意防止入射光直射或强烈反射到阳极上以减小阳极反向光电流;另外在制造中提高光电管阳极与阴极间的绝缘性能以减小反向暗电流.这样的光电管的实测伏安特性曲线(实线)较贴近阴极的光电流曲线(上面一条虚线)如图 5-14 所示.因而 A 点亦靠近 S 点,对于这样的光电管我们可用实测的伏安特性曲线与横轴的交点值 V_A 来代表阴极光电流的真正遏止电压 V_s.这种用实测截止光电流的外加电压 V_A 作理论遏止

电压 V_s 的方法即为交点法.

[**实验仪器简介**]

本实验采用 PC-Ⅱ型普朗克常量测定仪(浙江大学仪器厂).仪器主要由光源(低压汞灯、光栏、限流器)、接收暗箱(干涉滤波片、成像物镜、光电管等)、微电源放大器(附有供光电管用的精密直流稳压电源)组成.光源与接收暗箱装在带有刻度尺的导轨上,可根据实验需要调节二者的间距.结构原理如图 5-15.

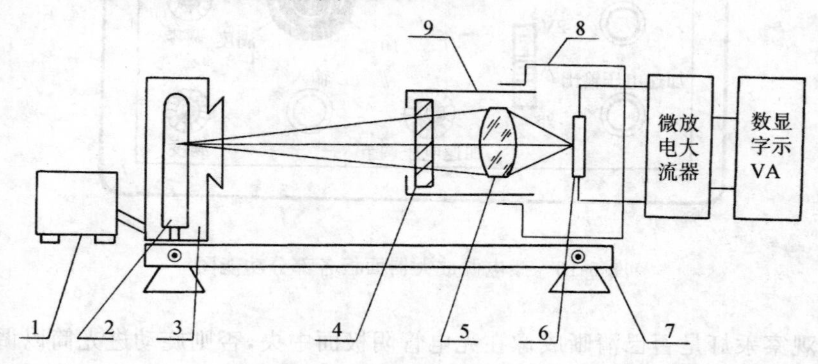

图 5-15 PC-Ⅱ型普朗克常量测定仪结构原理图

1. 汞灯限流器; 2. 汞灯及灯罩; 3. 光栏; 4. 干涉滤光片(不用时遮光孔盖); 5. 成像物镜; 6. 光电管; 7. 带刻度尺导轨; 8. 观察窗盖; 9. 进光筒

说明:

1. 光源:GP-2GHg 低压汞灯,光谱范围 3203Å～8720Å,可用谱线 3650Å、4047Å、4358Å、4916Å、5461Å、5770Å、5790Å,灯罩前面有可变光栏用以调节出射光通量.

2. 干涉滤光片:主要指标是半宽度和透过率.透过某种谱线的干涉滤光片,只允许其附近的谱线透过.仪器配有四种干涉滤光片,透过谱线分别为 4047Å(紫)、4358Å(蓝)、5461Å(绿)、5770Å(黄),使用时将它插入接收暗箱的进光口径内,以得到所需的单色光.

3. 物镜:装在接收暗箱的进光筒上,旋转进光筒,可调节物镜与光电管间的距离,使汞灯成像在光电管阴极面上.

4. 光电管:为普朗克常量 h 值的专用光电管(阴极材料银、氧、钾),光谱响应范围为 3200Å～4700Å,光电管在暗箱中的位置已由教师调节好,不要打开再动!

5. 数字式微电流放大器(包括 $-2V\sim+2V$ 光电管工作电源)是一种数字显示式微电流测试仪,电流测量范围 $10^{-8}\sim10^{-3}$A,分六十进位,电压量程为 $-2V\sim2V$,专供光电管的工作电源,精密连续可调,稳定度 $>0.1\%$,微电流放大器面板各部分功能如图 5-16 所示.

[**实验内容**]

1. 用专用电缆线把微电流测试仪“输入插口”与暗箱的“输出接口”连接起来;将接收暗箱加速电压“输入”端插座与放大器“加速电压输出”端插头连接起来,将汞灯下侧电线与限流器连接好;然后再将微电流计和汞灯限流器均接上电源.打开微电流放大器背后右下侧的电源开关及汞灯限流器开关,分别预热 20 分钟.

2. 将微电流放大器面板上的“测量范围”旋钮转至“短路”位置,揭开遮光孔盖,打开

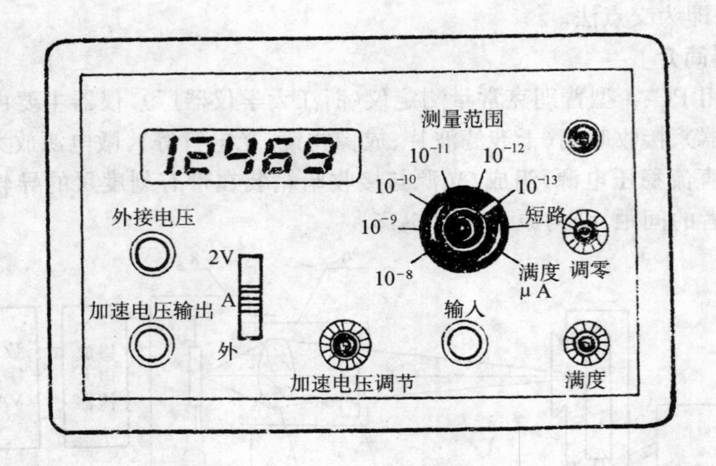

图 5-16　微电源放大器面板各部分功能图

观察窗盖，观察汞灯是否已清晰成像在光电管阴极面中央，否则旋动进光筒以调整物镜与光源间距离进行调焦. 然后盖好遮光孔盖与观察窗盖.

3. 对微电流放大器的电流档进行零点和满度调节，即先将功能旋钮 K_2 拨至电流档“A”、“测量范围”旋钮应放于“短路”位置，转动“调零”旋钮，使测试仪上数码牌显示出短路电流值为“00. 0”；继而把“测量范围”转至满度位置，调节“满度”旋钮，使显示牌显示满度电流值“100. 0”，然后将“测量范围”钮转至所需的测量档.（本实验须用 10^{-12}A 档），再调节“调零”旋钮到“数码牌”再度出现“00. 0”电流值. 若仪器的“短路”及所需用（10^{-12}A）档的零点和“满度”不合要求，则应反复调节，直至两者均正确为止.

4. 观察光电管的暗电流（无光照射时的电流）：即先将功能拨旋 K_2 拨至“2V”档，调节“加速电压”旋钮，使“数码牌”显示出光电管加速电压为“－2V”或接近“－2V”的数字，然后将功能旋钮 K_2 拨到电流档“A”. 观察此电压下的暗电流值. 如法泡制使加速电压从“－2V”→“0. 00”方向，绝对值每减 0. 4V 左右观察一组电压电流值. 不要忘记在“2V”与“A”两档间倒换功能旋钮 K_2. 因本实验所选用的光电管的暗电流值很小，忽略它对实验作图的影响，故暗电流不必记录，不作为有光照射电流的修正值，只作观察要求.

5. 测有光照射时的外加电压及对应的光电流：取下遮光孔盖换上波长为 4047 Å 的滤光片（紫色）如步骤 4，测读出“加速电压”从“2V”左右→“00. 0”方向，绝对值每减小 0. 2V 时的一组电压与电流值. 到光电流显示出“100”$\times 10^{-12}$A 左右时为止，并记录入上表中. 以“加速电压”为横坐标，光电流为纵坐标绘出该入射单色光的 I-V_{AK} 曲线.

6. 依次更换波长为：4358 Å（蓝色）和 5770 Å（黄色）的滤光片. 如步骤 5 分别测出各单色光照射下每隔 0. 2V 的电压、电流值，记录于上表中，再绘三条伏安曲线于前述坐标纸上，如图 5-14 所示.

7. 由上述坐标图中或记录表 2 中查出各单色光频率所对应的遏止电压 V_s，并记录于下表中，绘出 V_s-ν 曲线. 若为直线说明实验与式（5-5）或式（5-3）相符合，从而验证了爱因斯坦方程.

进而由 V_s-ν 图线标出斜率 $K=\dfrac{\Delta V_s}{\Delta \nu}$，并由 $K=\dfrac{h}{e}$ 的关系求出普朗克常量 $h=Ke$，把结

果与公认值比较写出百分偏差，

$$B=\frac{h_{测}-h_{公}}{h_{公}}\times 100\%$$

8. 由 V_s-ν 曲线与横轴交点查出光电管频率红限 $\nu_0=$ $\quad\quad\times 10^{14}$Hz

[**记录**]

1. 不同光频、不同电压值下的光电流值

4047 Å（紫）	V_{AK}(V)	−2.00	−1.80	−1.60					
	$I_{AK}(\times 10^{-12}$A)								（约 100 左右）
4358 Å（蓝）	V_{AK}(V)	−2.00	−1.80						
	$I_{AK}(\times 10^{-12}$A)								（约 100 左右）
5461 Å	V_{AK}(V)	−2.00	−1.80						
	$I_{AK}(\times 10^{-12}$A)								（约 100 左右）
5770 Å	V_{AK}(V)	−2.00	−1.80	−1.60					
	$I_{AK}(\times 10^{-12}$A)								（约 100 左右）

2. 不同波长或光频的遏止电压

入射光波长 λ(Å)	4047(紫)	4358(蓝)	5461(绿)	5770(黄)
频率 $\nu(\times 10^{14}$Hz)	7.413	6.884	5.493	5.199
遏止电压 V_s(V)				

[**注意事项**]

1. 汞灯关闭后不要立即再开，须待汞灯冷却后再开启.

2. 使用光电管时切忌强光直接照射，故在打开遮光孔盖观察汞灯成像以及调焦时最好在进光孔加放一滤光片减弱进光量；在更换滤色片时最好先遮汞灯，然后再换滤色片. 实验后要立即用遮光盖盖住.

3. 使用滤色片时应注意保持清洁，其表面不得用手触摸.

[**思考题**]

1. V_s-ν 曲线与纵轴交点是什么物理量？如何利用此值求光电管阴极材料的逸出功 W_K？

2. 光电效应有哪几点实验规律？从本实验中如何验证这些实验规律？

实验二十八　用密立根油滴法测电子的电荷

美国著名物理学家密立根花了七年功夫测出了微小油滴上所带的电荷，即著名的密立根油滴实验.它不仅证明了电荷的不连续性,所有电荷都是基本电荷 e 的整数倍,而且测得了基本电荷 e 的准确数值($e=1.602\times10^{-19}$C).密立根油滴实验有其巧妙的设想,精确的构思,创造了恰如其分的实验条件和方法,得到精确和稳定的实验结果.这实验对近代物理学的发展具有重大的意义,从而获得了1923年的诺贝尔物理学奖.

［学习要求］

1. 要求学生在做实验时要有坚韧不拔的精神和严谨的科学态度.

2. 使学生了解实验方法、掌握测量技能,学会实验中的数据处理.

［实验目的］

测定电子的电荷值 e,并验证电荷量的不连续性.

［实验原理］

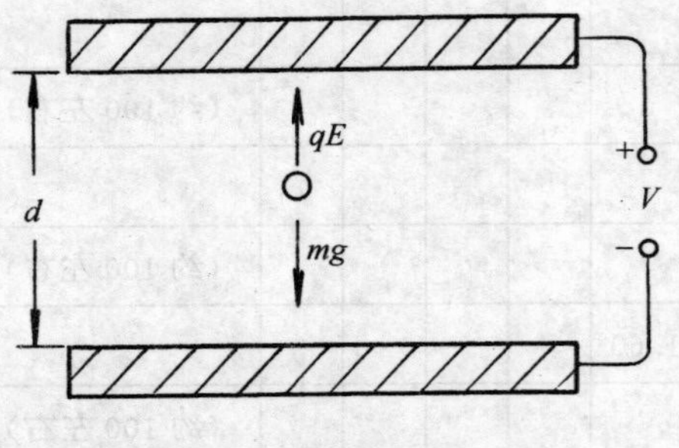

图 5-17　两平行极板之间的带电油滴

用喷雾器将油珠喷入两块相距为 d 的水平放置的平行板之间,如图 5-17 所示.油滴在喷雾时由于摩擦,一般都是带电的.设油滴的质量为 m,所带电量为 q,两极板间的电压为 V,则油滴在平行极板之间同时受到两个力的作用,一个是重力 mg,一个是静电力 $qE=q\frac{V}{d}$.如果调节两极板间的电压 V,可使两力相互抵消而达到动态平衡,这时就有

$$mg = q\frac{V}{d} \tag{5-6}$$

为了测出油滴所带的电量 q,除了测定 V、d 之外,还需测定油滴的质量 m.由于 m 很小,需要用如下的特殊方法来测定.

平行板未加电压时,油滴受重力而加速下降,但空气的粘滞性对油滴所产生的阻力与速度成正比,油滴走一小段距离到达某一速度 v 后与重力平衡(空气浮力忽略不计),油滴将匀速下降.由斯托克斯定律知:

$$f_r = 6\pi r\eta v = mg \tag{5-7}$$

式中 η 是空气的粘滞系数,r 是油滴半径(由于有表面张力的原因,油滴总是呈小球状).设油的密度为 ρ,油滴的质量为 m,又可用下式表示:

$$m = \frac{4}{3}\pi r^3\rho \tag{5-8}$$

合并(5-7)、(5-8)式,得油滴的半径:

$$r = \sqrt{\frac{9\eta v}{2\rho g}} \tag{5-9}$$

对于半径小到 10^{-6}m 的小球,油滴半径近于空气中气隙的大小,空气介质不能再认为是均匀的,而斯氏定律只对均匀介质才正确,因而斯托克斯定律应修正为

$$f_r = \frac{6\pi r\eta v}{1 + \frac{b}{pr}}$$

式中 b 为一修正常量,$b=6.17\times10^{-6}\text{m}\cdot\text{cm Hg}$①,$p$ 为大气压强,单位用 cm Hg,得

$$r = \sqrt{\frac{9\eta v}{2\rho g}\cdot\frac{1}{1+\frac{b}{pr}}} \tag{5-10}$$

上式根号中还包含油滴半径 r,但因它是处于修正项中,不需要十分精确,故它仍可用(5-9)式计算.将(5-10)式代入(5-8)式,得

$$m = \frac{4}{3}\pi\left[\frac{9\eta v}{2\rho g}\cdot\frac{1}{1+\frac{b}{pr}}\right]^{3/2}\rho \tag{5-11}$$

对于油滴匀速下降的速度 v,可用下法测出.当两极板间的电压 $V=0$ 时,设油滴匀速下降距离为 l,时间为 t,则

$$v = \frac{l}{t} \tag{5-12}$$

将(5-12)式代入(5-11)式,(5-11)式代入(5-6)式,得

$$q = \frac{18\pi}{\sqrt{2\rho g}}\left[\frac{\eta l}{t(1+\frac{b}{pr})}\right]^{3/2}\frac{d}{V} \tag{5-13}$$

实验发现,对于同一个油滴,如果我们改变它所带的电量,则能够使油滴达到平衡的电压必须是某些特定的值 V_n,研究这些电压变化的规律,可以发现,它们都满足下列方程

$$q = ne = mg\frac{d}{V_n}$$

式中 $n=\pm1$、±2……,而 e 则是一个不变的值.

对于不同的油滴,可以发现有同样的规律,而且 e 值是共同的常量,这就证明了电荷的不连续性,并存在着最小的电荷单位,即电子的电荷值 e.(5-13)式可写作

$$q = ne = \frac{18\pi}{\sqrt{2\rho g}}\left[\frac{\eta l}{t(1+\frac{b}{pr})}\right]^{3/2}\frac{d}{V_n} \tag{5-14}$$

上式就是本实验的理论公式.

[实验仪器]

密立根油滴实验包括油滴仪,电源,计时器,喷雾器(图 5-18)等.电源同时作为油滴仪的底座.仪器的外观见图 5-19,俯视图见图 5-20.

---

① 1 cm Hg=10 mm Hg=1333.22Pa.

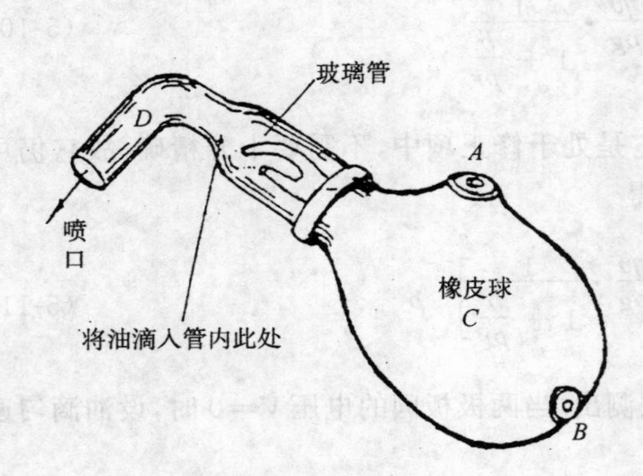

图 5-18 喷雾器

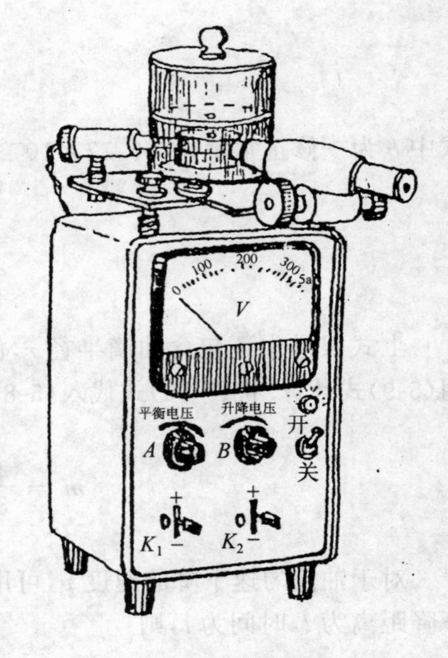

图 5-19 油滴实验仪

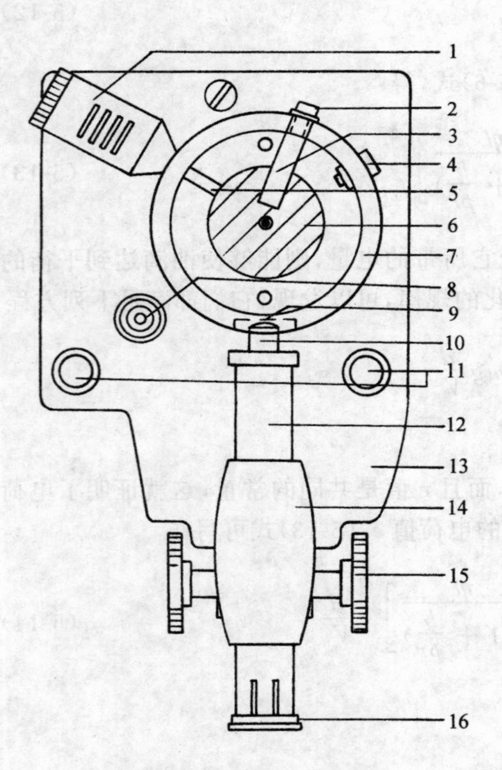

图 5-20 油滴仪俯视图

1. 照明灯室，2. 上电极电源孔，3. 上电极 E，4. 下电极电源孔，5. 导光杆，6. 油滴盒，7. 防风罩，8. 水准仪，9. 观察孔，10. 显微物镜，11. 调平螺丝，12. 显微镜筒，13. 座架底板，14. 显微镜座，15. 调焦手轮，16. 显微目镜

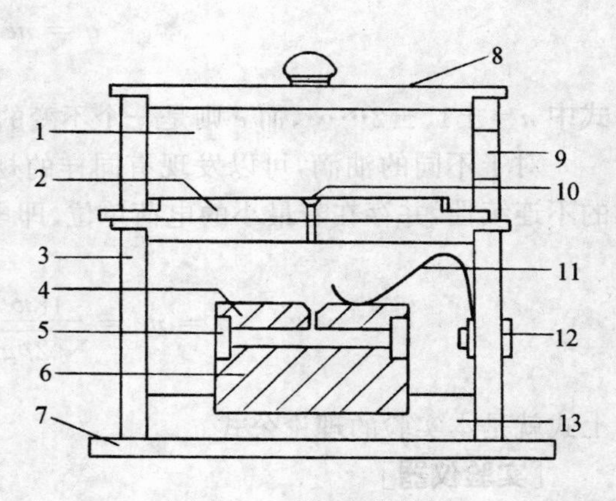

图 5-21 油滴盒结构图

1. 油雾室，2. 油雾孔开关，3. 防风罩，4. 上电极板，5. 油滴盒绝缘环，6. 下电极板，7. 座架底板，8. 上盖板，9. 喷油雾口，10. 油雾孔，11. 上电极压簧，12. 上电极插孔，13. 油滴盒基座

1. 油滴仪:油滴仪包括油滴盒、防风罩、照明装置、显微镜、水准仪等.这些部分都固定在一块底板上,并由三只调节水平的螺丝和电源箱底座连接起来.图 5-21 所示是油滴盒,它由两块经过精磨的平行电极(4)和(6)组成,间距为 $d=0.500\text{cm}$.上电极板(4)中央有一个∅0.4mm 的小孔,以供油滴落入,整个油滴盒装在有机玻璃防风罩(3)中,以防周围空气流动对油滴下落的影响.防风罩上面是油雾室(1).油滴用喷雾器从喷雾口(9)喷入,并经油雾孔(10)落入油滴盒.油雾室底部有油雾孔开关(2),它关闭后油滴不能落入油滴盒.

照明装置包括灯室和导光玻璃棒,灯室内装有 2.2V 聚光小电珠.

显微镜是用来观察和测量油滴运动的.目镜中装有分划板,见图 5-22 所示.共分六格,每格相当于视场中的 0.050cm 即 0.5mm,六格相当于 3mm.分划板是用来测量油滴运动距离 l,以测出油滴运动的速度 v 的.

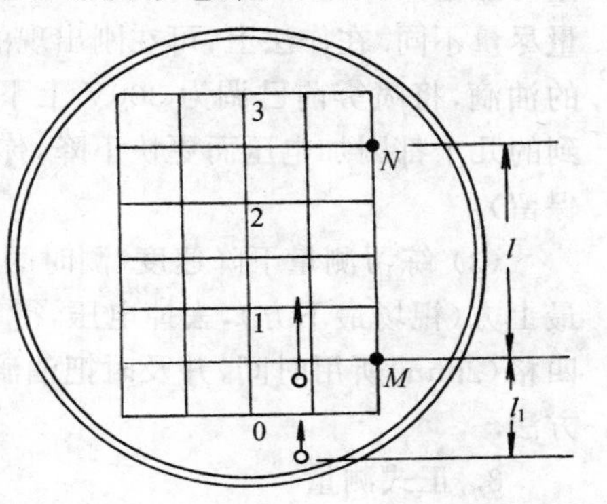

图 5-22　显微镜中的分划板

2. 电源:

(1) 2.2V 交流电压,供聚光灯用.

(2) 500V 直流平衡电压,该电压大小可以连续调节,数值可以从电压表上读到.

平衡电压由标有"平衡电压"的拨动开关 k_1 控制.开关 k_1 拨到中间"0"位置,加在极板上直流电压为"0",同时上下两电极板被短路,并接"零"电位.开关拨在"+"位置时,上极板为"+"下极板为"−".开关拨在"−"位置时,极板电压极性相反.

(3) 250V 左右的直流升降电压:该电压的大小连续可调并可通过标有"升降电压"的拨动开关 k_2 叠加在平衡电压上,由于该电压只起移动在两平行电极极板之间处于平衡静止的油滴的作用,因此并不需要知道它的数值大小,故电压表上没有它的指示读数.

3. 计时器:是一只液晶示数的电子秒表,精度为 0.01s.

[实验内容]

1. 仪器调节

(1) 将油滴盒照明灯接 2.2V 电源,平行极板(接线插孔在有机玻璃防风罩上)接 500V 直流电源(电源插孔都在电源后盖上).

(2) 调节调平螺丝,使水准仪水泡居于中心位置.这样,平行极板处于水平位置,电场方向与重力方向平行.

(3) 使"平衡电压"、"升降电压"二开关均处于"0"位置.把放在油雾室内的调焦针插入上电极板中央的∅0.4mm 小孔内(注意此时上下电极短路,因此一定不能有电压).调节显微镜聚焦,使调焦针清晰可见.若调焦针不在视场中央,可转动上极板,使之位于中央.

(4) 在喷雾器中注油少许(只需数滴),将油从油雾室旁喷口喷一下,随即可以从显微镜看到视场中出现大量油滴,有如夜空繁星.若油滴太暗,可转动照明灯珠使油滴更明亮.微调显微镜,可使油滴更清晰.

2. 测量练习

(1) 练习控制油滴:平行极板加上约 300V 左右的平衡电压("+"或"−"随意),可见到多数油滴很快升降而消失，选择一个因加电压而运动缓慢的油滴. 仔细调节平衡电压使它平衡. 利用升降电压使它上升(看上去是下降)，然后将电压都去掉，让它自由降落(在视场内上升). 如此反复升降，并在发现油滴看去模糊时略调显微镜使之保持清晰. 多次练习，掌握控制和观察油滴的方法.

(2) 练习选择油滴：选择一个大小适当，带电量适中的油滴，是本实验每次测量的关键一环. 油滴太大，自由降落太快，测量时误差大，而且油滴需带电较多才易于平衡，结果不易测准(电量的绝对误差会接近电子电量). 油滴太小，又会因热扰动和布朗运动，使测量时涨落太大. 实践证明油滴所带电量以小为好. 但在多次选择时，又应当使各油滴带电量尽量不同. 在作法上，可在刚出现的"繁星"自由降落时选定几个运动较慢又不过分缓慢的油滴，将喷雾前已调为 300V 上下的平衡电压加上去，设法留住其中一个(如果你选择到的几个都因加电压而更快下降，你可以马上反转平衡电压，使其中运动缓慢的一个设法保留).

(3) 练习测量下降速度(测时间)：利用平衡电压及升降电压，把选中的油滴调到电场最上方(视场最下方)，去掉电压，待它速度稳定并通过某一条刻线时按动秒表，记录降落四格(2mm)所用时间，并及时把油滴控制在视场内不要丢失，反复几次，练习测量时间的方法.

3. 正式测量

由公式(5-14)可知，进行本实验真正要测量的只有二个量. 一个是平衡电压 V_n，另一个是油滴匀速下降一段距离 l 所需要的时间 t.

测量平衡电压必须经过仔细的调节，而且应将油滴悬于分划板上某条横线附近，以便准确判断出这颗油滴是否平衡了.

测量油滴匀速下降一段距离 l 所需要的时间 t 时，为保证油滴下降时速度均匀，应先让下降一段距离 l 后，再测量时间. 选定测量的一段距离，应该在平行极板之间的中央部分，即视场中分划板的中央部分. 若太靠上极板，小孔附近有气流，电场也不均匀，会影响测量结果. 太靠近下极板，测量完时间 t 后，油滴容易丢失，影响重复测量，一般 $l=0.200$cm比较合适.

由于有涨落，对于同一颗油滴必须进行 10 次左右的测量. 同时还应该对不同的油滴(不少于 5 个)进行反复的测量. 这样才能验证不同油滴所带的电荷是否都是基本电荷(即电子电荷)的整数倍.

4. 数据处理

(1) 根据公式(5-14)

$$q = ne = \frac{18\pi}{\sqrt{2\rho g}}\left[\frac{\eta l}{t\left(1+\frac{b}{pr}\right)}\right]^{3/2}\frac{d}{V_n}$$

式中

$$r = \sqrt{\frac{9\eta l}{2\rho g t}}$$

将 r 代入上式，并改写成下式：

$$q=\frac{K_1}{[t(1+K_2\sqrt{t})]^{3/2}}\cdot\frac{1}{V_n} \tag{5-15}$$

式中

$$K_1=\frac{18\pi}{\sqrt{2\rho g}}(\eta l)^{3/2}d \tag{5-16}$$

$$K_2=\frac{b}{p}\sqrt{\frac{2\rho g}{9\eta l}} \tag{5-17}$$

其中油的密度 $\rho=981\text{kg/m}^3$，重力加速度 $g=9.80\text{m/s}^2$，空气粘滞系数 $\eta=1.83\times10^{-5}$ $\text{kg/m}\cdot\text{s}$，油滴匀速下降的距离取 $l=2.00\times10^{-3}\text{m}$，大气压强 $p=76.0\text{cm Hg}$，平行板距离 $d=5.00\times10^{-3}\text{m}$.

将以上数据代入公式(5-16)和(5-17)得

$$K_1=1.43\times10^{-14}\text{kg}\cdot\text{m}^2/\text{s}^{1/2}$$

$$K_2=0.0196/\text{s}^{1/2}$$

将 K_1，K_2 代入(5-15)式得

$$q=\frac{1.43\times10^{-14}}{[t(1+0.02\sqrt{t})]^{3/2}}\cdot\frac{1}{V_n} \tag{5-18}$$

显然，由于油滴的密度 ρ、空气的粘带系数 η 都是温度的函数，重力加速度 g 和大气压强 p 又随实验地点和条件的变化而变化. 因此，上式计算是近似的. 但在一定条件下，由于它引起的误差仅有1%左右，带来的好处是使运算大为简化.

(2) 为了证明电荷的不连续性和所有电荷都是基本电荷 e 的整数倍，并得到基本电荷值，应对实验测得的各个电荷求最大公约数. 这个最大公约数就是基本电荷 e 值，也是电子电荷值. 但是，由于初学者实验技能不熟练，测量误差可能大些，求出这个最大公约数有时比较困难. 因此，可以采用"反过来验证"的办法进行数据处理. 即用公认的电子电荷值 $e=1.602\times10^{-19}\text{C}$ 去除实验测得的电荷值(q)，得到某一个很接近于某一个整数的数值，然后去其小数，取某整数，这个整数就是油滴所带的电荷数 n. 再用这个 n 去除实验测得的电荷值，所得结果即为电子电荷值 e.

(3) 数据表格由同学自行设计，应使其合理而明确地显出测试结果，并加以分析论证.

[**注意事项**]

1. 调焦针插入电极时，电极一定不能有电压.

2. 每次计时之后，即时控制油滴不要丢失，眼睛离开显微镜时，一定使油滴静止(只加平衡电压). 油滴升降运动时，必须不停地注视，以免油滴跑得太高或太低，以致逃出视野而丢失. 若停止观察时间略长，则应把油滴稳定在电场上部(视场下部)，但不可停止观察太久(可不时看一看).

3. 不断校准平衡电压，发现平衡电压有明显改变，则应放弃测量，或作为一颗新电荷重新测量(但在这种情况下极易丢失，而不得不放弃). 若能在电荷改变前后都测满足够数

据，那么，这将是极好的机会，想一想为什么？

4. 为使平衡电压测值准确，应适当延长观察平衡状态的时间.

5. 油滴选定后，应及时关闭电极进油孔，再开始正式测量.

［**思考题**］

1. 一个油滴下落极快，说明了什么？若平衡电压太小，又说明了什么？

2. 为了减少测量误差，希望油滴下落时不要太短，那么是否越慢越好？为什么？

3. 在对一个油滴测量过程中发现平衡电压有显著变化，说明了什么？如果平衡电压需在不大范围内逐渐变小，又说明了什么问题？

4. 观察中发现油滴形象变模糊，是什么问题？为什么会发生？又如何处理？

实验二十九　迈克耳孙干涉仪测 He-Ne 激光的波长

迈克耳孙(Michelson)干涉仪是许多近代干涉仪的原型，它是一种分振幅双光束的干涉仪，用它可以观察光的干涉现象(包括等倾干涉条纹、等厚干涉条纹、白光干涉条纹)，也可以研究许多物理因素(如温度、压强、电场、磁场以及媒质的运动等)对光的传播的影响，同时还可以测定单色光的波长，光源和滤光片的相干长度以及透明介质的折射率等. 当配上法布里-珀罗系统还可以观察多光束的干涉. 因此它是一种用途很广，验证基础理论的好的实验仪器.

［**学习要求**］

1. 了解迈克耳孙干涉仪的结构、原理；

2. 掌握迈克耳孙干涉仪的调节使用方法.

［**实验目的**］

1. 利用迈克耳孙干涉仪观察干涉现象；

2. 利用迈克耳孙干涉仪测定 He-Ne 激光的波长.

［**实验仪器**］

SM-100 型迈克耳孙干涉仪，He-Ne 激光器、扩束镜.

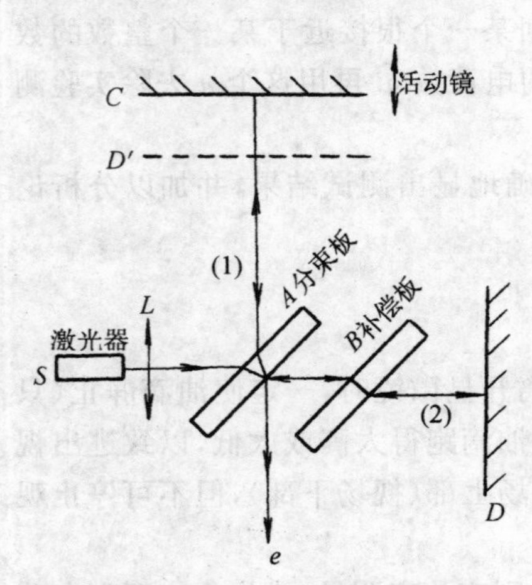

图 5-23　迈克耳孙干涉原理

［**实验原理**］

由于干涉仪的普遍使用，其用途结构出现多种形式.

在图 5-23 中：S 为光源，A 为半镀银板(使照在上面的光线既能反射又能透射，而这两部分光的强度又大致相等)，C、D 为平面反射镜.

光源 S 发出的 He-Ne 激光经会聚透镜 L 扩束后，射向 A 板. 在半镀银面上分成两束光：光束 1 受半镀银面反射折向 C 镜，光束 2 透过半镀银面射向 D 镜. 二束光仍按原路反回射向观察者 e(或接收屏)相遇发生干涉.

B 为补偿板，材料与厚度均与 A 板相同，且与 A 板平行. 加入 B 板后，使 1、2 两束光都经过玻璃三次，其光程差就纯粹是因为 C、D 镜与 A 板的距离不同而引起.

由此可见,这种装置使相干的光束在相干之前分别走了很长的路程,为清楚起见,其光路可简化为如图 5-24 所示. 观察者自 e 处向 A 板看去,除直接看到 C 镜外,还可以看到 D 镜在 A 板的反射像,此虚像以 D' 表示. 对于观察者来说,C、D 镜所引起的干涉,显然与 C、D' 之间的空气层所引起的干涉等效. 因此在考虑干涉时,C、D' 镜之间的空气层就成为仪器的主要部分. 本仪器设计的优点也就在于 D' 不是实物,因而可以任意改变 C、D' 之间的距离——可以使 D' 在 C 镜的前面、后面也可以使它们完全重叠或相交.

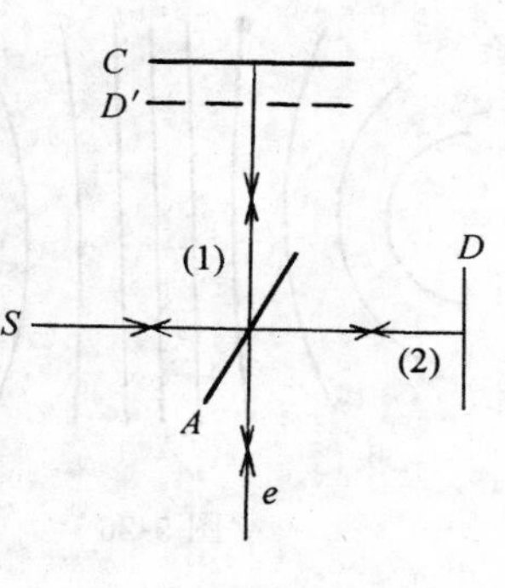

图 5-24

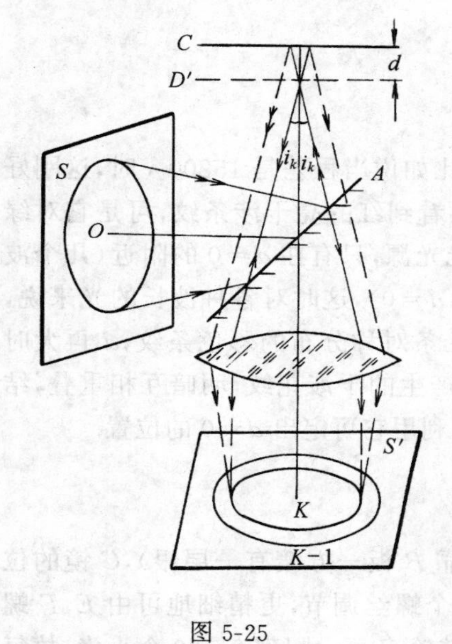

图 5-25

1. 等倾干涉

当 C、D' 完全平行时,将获得等倾干涉,其干涉条纹的形状决定于来自光源平面上的光的入射角 i(如图 5-25),在垂直于观察方向的光源平面 S 上,自以 O 点为中心的圆周上各点发出的光以相同的倾角 i_K,入射到 C、D' 之间的空气层,所以它的干涉图样是同心圆环,其位置取决于光程差 ΔL,从图 5-25 看出:

$$\Delta L = 2d\cos i_K \tag{5-19}$$

当 $2d\cos i_K = K\lambda$ $(K=1,2,3,\cdots)$ 将看到一组亮圆纹;

当眼盯着第 K 级亮纹不放,改变 C 与 D' 的位置,使其间隔 d 增大,但要保持 $2d\cos i_K = K\lambda$ 不变,则必须以减小 $\cos i_K$ 来达到,因此 i_K 必须增大——这就意味着干涉条纹从中心向外"长出"(或"冒出"). 反之当 d 减小,则 $\cos i_K$ 必然增大,这就意味着 i_K 减小,所以相当于干涉圆环一个一个地向中心"吞没"(或"陷入"),因为在圆环中心 $i_K=0$,$\cos i_K=1$,故

$$2d = K\lambda$$

则

$$d = \frac{\lambda}{2}\cdot K \tag{5-20}$$

可见,当 C 与 D' 之间的距离 d 增大(或减小) $\lambda/2$ 时,则干涉条纹就从中心"冒出"(或向中心"吞没")一圈. 如果在迈克耳孙干涉仪上读出始末二态走过的距离 d 以及数出在这期间干涉条纹变化(冒出或吞没)的圈数 K,则可以计算出此时光波的波长 λ.

2. 等厚干涉

如果 C 不垂直于 D,即 C 与 D' 成一很小的交角(交角太大则看不到干涉条纹)则出现等厚条纹.

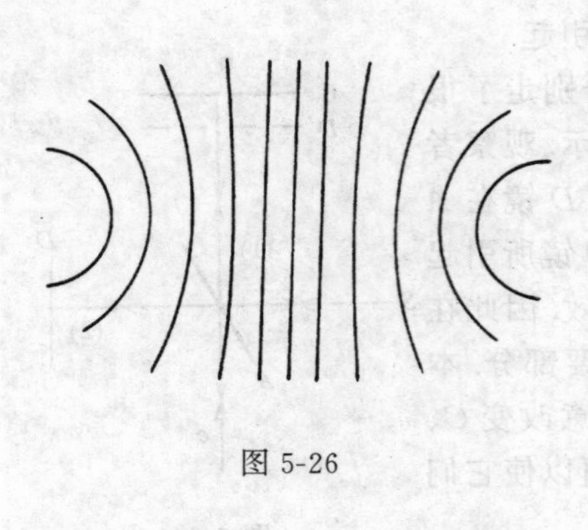

图 5-26

严格地讲只有程差 $\Delta L=0$ 时，所形成的一条直的干涉条纹是等厚条纹. 不过靠近 $\Delta L=0$ 附近的条纹，倾角的影响可略去不计，故也可看成等厚条纹.

随着程差 ΔL 的增大，即楔形空气薄膜的厚度由 0 逐渐增加，则直条纹将逐渐变成双曲线、椭圆等.

随着程差 ΔL 的减小，即空气薄膜的厚度由 0 逐渐向另一方向增大，则直线条纹也将逐渐变成双曲线、椭圆等，只不过曲率要反号如图 5-26. 此外，楔形空气薄膜的夹角 α 变大，条纹的间距 l 变密，它遵从公式

$$\alpha=\frac{\lambda}{2l}$$

3. 白光干涉条纹(彩色条纹)

因为干涉花纹的明暗决定光程差与波长的关系，比如说当程差是 15200Å 时，这刚好是红光(7600Å)的整数倍，满足亮纹的公式(5-19)，可看到红的亮干涉条纹，可是它对绿光(5000Å)就不满足，所以看不到绿色的亮纹. 用白光光源，只有在 $d=0$ 的附近(几个波长范围内)才能看到干涉花纹，在正中央 C、D' 交线处($d=0$)，这时对各种波长的光来说，其光程差均为 0，故中央条纹不是彩色的. 两旁有十几条对称分布的彩色条纹，d 再大时因对各种不同波长的光其满足暗纹的情况也不同，所产生的干涉花纹，明暗互相重叠，结果显不出条纹来. 只有用白光才能判断出中央花纹，而利用它可定出 $d=0$ 的位置.

[仪器介绍]

1. 迈克耳孙干涉仪的结构(如图 5-27 所示)

在仪器中，A、B 二板已固定好(A 板后表面——靠 B 板一方镀有一层银)，C 镜的位置可以在 AC 方向调节. 其 D 镜的倾角可由后面的三个螺丝调节，更精细地可由 E、F 螺丝调节. 鼓轮 G 每转一圈 C 镜在 AB 方向平移 1mm. 鼓轮 G 每一圈刻有 100 个小格，故每走一格平移为(1/100)mm. 而 H 轮每转一圈 G 轮仅走 1 格，H 轮一圈又分刻有 100 个小格. 所以 H 轮每走一格 C 镜移动(1/1000)mm. 因此测 C 镜移动的距离时，若 m 是主尺读数(毫米)，l 是 G 轮读数，n 是 H 轮读数，则有

$$d=m+l\cdot\frac{1}{100}+n\cdot\frac{1}{10000}(\mathrm{mm})$$

2. 迈克耳孙干涉仪的调整

迈克耳孙干涉仪是一种精密、贵重的光学测量仪器，因此必须在熟读讲义，弄清结构，弄懂操作要点后，才能动手调节、使用. 为此特拟出以下几点调整步骤及注意事项.

1. 对照讲义，眼看实物弄清本仪器的结构原理和各个旋钮的作用.

2. 水平调节：用水准仪放在迈克耳孙干涉仪平台上，调节底脚螺丝 I(见图 5-27).

3. 读数系统调节：

(1) 粗调：将“手柄”转向下面“开”的部位(使微动蜗轮与主轴蜗杆离开)，顺时针(或反时针)转动手轮 G，使主尺(标尺)刻度指标于 30mm 左右(因为 D 镜至 A 镜距离大约是

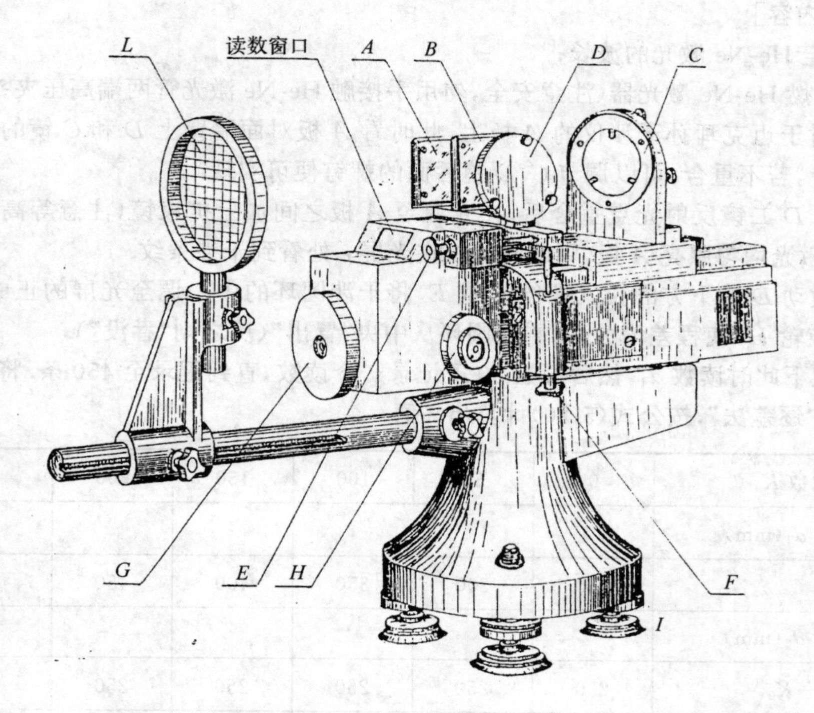

图 5-27　迈克耳孙干涉仪结构

32mm 左右，这样便于以后观察等厚干涉条纹用）.

（2）细调：在测量过程中，只能动微动装置——即鼓轮 H，而不能动手轮 G. 方法是在将手柄由“开”转向“合”的过程，迅速转动鼓轮 H，使鼓轮 H 的蜗轮与粗动手轮的蜗杆啮合，这时 H 轮动，便带动 G 的转动——这可以从读数窗口上直接看到.

（3）调零：为了使读数指示正常，还需“调零”，其方法是：先将鼓轮 H 指示线转到和“0”刻度对准（此时，手轮也跟随转——读数窗口刻度线轴随着变——这没关系）；然后再动手轮，将手轮 G 转到 1/100mm 刻度线的整数线上（此时鼓轮 H 并不跟随转动，即仍指原来“0”位置）这时“调零”过程就完毕.

（4）消除空回误差：目的是使读数准确. 上述三步调节工作完毕后，并不能马上测量，还必须消除空回误差.（所谓“空回误差”，是指如果现在转动鼓轮与原来“调零”时鼓轮的转动方向相反，则在一段时间内，鼓轮虽然在转动，但读数窗口并未计数，因为此时反向后，蜗轮与蜗杆的齿并未啮合靠紧.）方法是：首先认定测量时是使程差增大（顺时针方向转动 H）或是减小（反时针转动 H），然后顺时针方向转动 H 若干周后，再开始记数，测量.

4. 光源的调整

（1）点燃 He-Ne 激光器，将阴极发出的红光，以 45°角入射于迈克耳孙干涉仪的 A 板上（用目测来判断）.

（2）在光源 S 与 A 板之间，安放凸透镜，作“扩束”用（目的是均匀照亮 A 板，便于观看干涉条纹，注意：等高、共轴）.

［**实验内容**］

1. 测定 He-Ne 激光的波长；

(1) 点燃 He-Ne 激光器(注意安全，勿用手接触 He-Ne 激光管两端高压夹头)将其输出红光入射于迈克耳孙干涉仪的 A 板上，此时看 A 板对面墙壁上 D 和 C 镜的两个反射点是否重合，若不重合，可以调节 C、D 镜后面的螺钉便可实现.

(2) C、D 二镜反射光点重合后，在光源至 A 板之间加上扩束镜(注意等高、共轴)使其 He-Ne 激光均匀照亮 A 板，则此时可以在光屏 e 处看到干涉条纹.

(3) 微动 D 镜下方的拉紧螺丝 F 或 E，将干涉圆环的中心调至光屏的正中，此时顺时针转动鼓轮 H(使程差增大)则看到圆环从中央"冒出"(反之则"吞没").

(4) 记下此时读数 d_1，然后每数 50 条记录一个读数，直到记录至 450 条. 将数据填入下表中，用"逐差法"，按公式(5-20)计算出 λ 值.

条纹移动数 K_1	0	50	100	150	200	
C 镜位置 d_1(mm)						
K_1	250	300	350	400	450	
C 镜位置 d_2(mm)						
$\Delta K=K_2-K_1$	250	250	250	250	250	
$\Delta d=d_2-d_1$(mm)						平均
$\lambda=\frac{2\Delta d}{\Delta K}$						
$\Delta\lambda$						

$$\lambda=\lambda\pm\sigma_\lambda \qquad \sigma_\lambda=\sqrt{S_\lambda^2+\Delta_{仪}^2}$$

$$\lambda_{标}=6328.1\,\text{Å} \qquad \beta_\lambda=\frac{\lambda-\lambda_{称}}{\lambda_{标}}\times 100\%=$$

2. 观察等厚干涉的变化

在利用等倾干涉条纹测定 He-Ne 激光波长的基础上，继续增大或减少程差，使 $d\to 0$ (即转动鼓轮 H，使 C 镜背离或接近 A 镜时，使 C、A 镜的距离逐渐等于 D、A 镜之间的距离)，则逐渐可以看到等倾干涉条纹的曲率由大变小(条纹慢慢变直)再由小变大(条纹反向弯曲又成等倾条纹)的全过程(见图 5-26).

3. 观察白光彩色条纹

在观察等厚干涉过程中，当程差 $d=0$ 时出现等厚干涉，此时关闭 He-Ne 激光器，利用白光(手电筒的光)代替，慢慢转动鼓轮 H，则可以在光屏上慢慢看到彩色条纹(如图 5-28 所示)，其中间一条呈黑(或亮)色，两旁视见度由强到弱地等距离地分布有十多条由"紫→红"等的彩带.

注意问题

1. 实验前应明确以下几点：

(1) 各透镜、平板、平面镜的作用如何？半镀银面的位置在哪儿？

(2) 调节使用干涉仪特别要注意的是哪几点？

(3) 为什么有时叉丝及其反射像重合了条纹还不出现？怎么办？

(4) 数干涉条纹是密些好？还是稀些好？当程差由大变小时，环形条纹是往中心收还是往外冒？

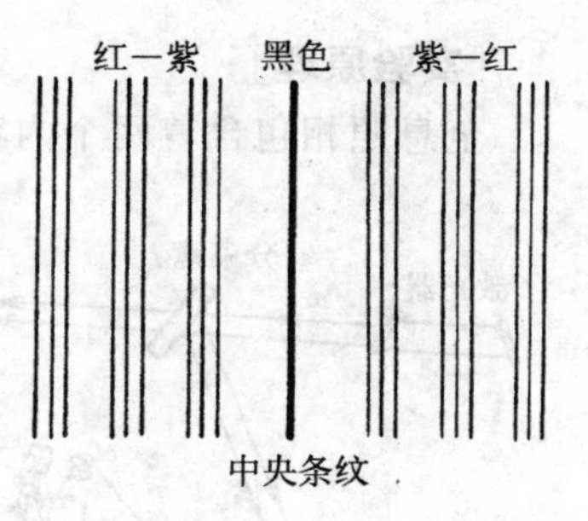

图 5-28

2. 实验中应特别注意的问题：

(1) 实验前必须细读讲义，了解仪器的结构. 特别注意：粗动轮须先将开合手柄转到“开”上，然后才能转动粗动手轮，(否则会损坏蜗轮杆)；若要微动，则必须在转动开合手柄于“合”的位置的过程中，迅速转动鼓轮 H，以使蜗杆平稳地与蜗轮啮合.

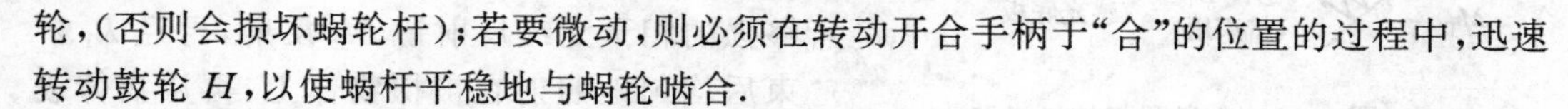

(2) 切勿用手或硬物(包括毛由纸屑等)触摸仪器上各种光学元件的表面，若有异物，必须请教老师用专门毛笔或高级镜头纸等清除.

(3) 爱护导轨丝杆. 仪器搬动时，应托住底盘以防轨道变形.

(4) 防止振动，耐心操作，严禁强扳硬旋.

[思考题]

1. 观察等倾和等厚干涉的先决条件是什么？为什么在观察到等倾干涉后，在不改变 C、D 镜倾角的前提下(保持原来方位不变)，继续改变光程差，使 $d=0$，会出现等厚干涉条纹？这两者是否矛盾？

2. 试解释等厚干涉条纹变化(即图 5-26)的原因？

3. 试解释白光彩色条纹为什么呈图 5-28 的分布状态？

实验三十　全息照相

光学全息照相是利用光的干涉现象，以干涉条纹的形式把被摄物表面光波的振幅和相位信息记录下来，它是记录光波全部信息的一种有效手段. 这种物理思想，早在 1948 年伽柏(D. Gabor)即已提出，但直到 1960 年，随着激光的出现，获得了单色性和相干性极好的光源，才使光学全息照相技术的研究和应用得到迅速发展. 光学全息照相在精密计量，无损检测，遥感测控，生物医学等方面应用日益广泛，全息照相技术已成为科学发展的一个新的领域.

[学习要求]

1. 了解全息照相的基本原理及主要特点；

2. 掌握全息照相的基本要求及拍摄技术.

[实验目的]

拍摄漫反射三维全息照片，观察再现全息图.

[实验仪器]

全息台，He-Ne 激光器及电源，分束镜，全反射镜，扩束镜，全息感光底板.

［实验原理］

全息照相包含着两个内容，波前记录与波前再现．波前记录由物体反射（或透射）的光波（物光波）与另一参考光波相干涉，用感光底片将干涉条纹记录下来，形成全息图．波前再现，用一个与参考光波相似的光波照射全息图，光通过全息图产生衍射现象，衍射光波呈现出物体的再现象．

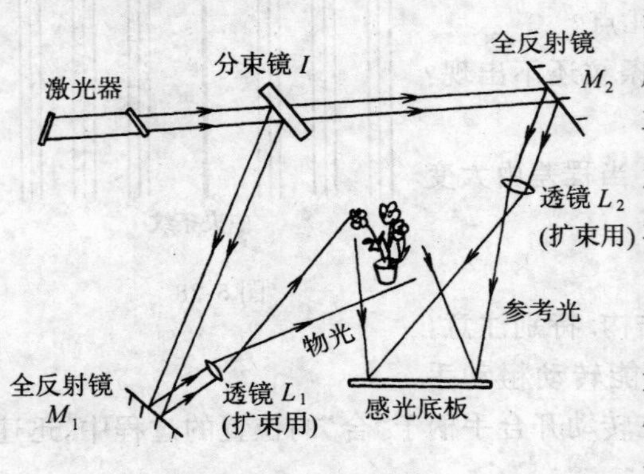

图 5-29　全息照相拍摄光路

1．波前记录（全息照片的获得）

拍摄全息照片的光路如图 5-29 所示，激光束经过分束镜后，分成两束相干光，一束足够强的相干光经反射镜 M_1 反射，再经 L_1 扩束后均匀地照射在被摄物体上，再从物体表面反射到感光板上，这束光称为物光．同时另一束相干光通过反射镜 M_2 反射及扩束镜 L_2 后直接投射到感光底板上，这束光称为参考光．物光与参考光在感光底板上叠加，发生干涉，形成许多明暗不同、疏密不同的条纹、小环、斑点等干涉图像．感光底板经过曝光将这种图像记录下来，显影定影处理后就是一张全息照相的"照片"，干涉图像的形状反映了物光与参考光束间的相位关系，而其明暗对比程度（称为反差）则反映了光波的强度（振幅的平方）关系，光束越强，明暗变化越显著，反差越大．由于物光的振幅和相位与物体表面各点的分布和漫射性质有关，从不同物点来的物光光程（相位）不同，所以干涉图像与被摄物有一一对应关系，因这种"照片"把物光波的全部信息都记录下来，故称为全息照相．

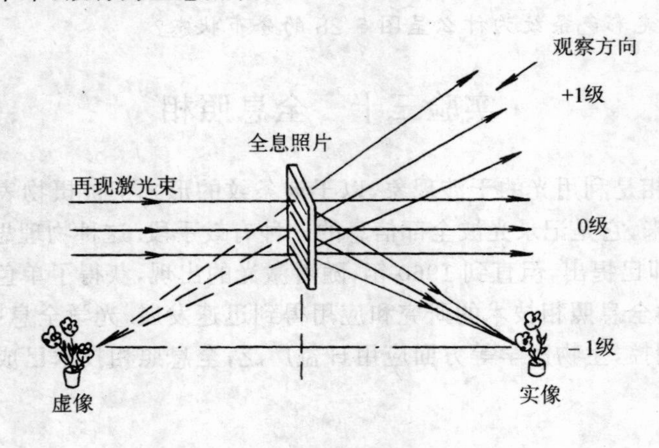

图 5-30　全息照片再现的原理光路图

2．波前再现（物体形象的再现）

由于全息照相在感光底板上记录的不是物体的直观形象，而是无数组干涉条纹复杂的组合，所以观察全息照片记录的物像时，必须用与原来参考光完全相同的光束去照射，这束光称为再现光．再现光观察时所用光路如图 5-30 所示：用一束被扩束的相干光从特定方向照射到全息照片上，对于这束再现光，全息照片相当于一块反差不同，间距不等，弯弯曲曲、透过率不均匀的复杂"光栅",再现光被照片上的干涉图像衍射,在照片后面出现一系列衍射光波有0级、1级、2级等,0级波可看成是入射相干光经衰减后形成的光束,图5-30画出了±1级衍射波,它们构成了物体的两个再现像.再现的形象与原来物体的形象完全一样.

3. 全息照相的特点

(1) 由于全息照片记录了物光的全部信息,所以再现的物体是一个非常逼真的三维立体像.

(2) 因为任意小部分全息图记录的干涉图像是由物体所有点漫射来的光与参考光相干涉而成的,所以全息照片的每一部分,不论多大(或分割成小片)都能再现出原来物体的整体图像.

(3) 由于不同景物采用不同角度入射的参考光束,所以在同一张全息感光板上,改变角度可多次重复曝光.

(4) 全息图的亮度随入射光强弱而变化,再现光愈强、像的亮度愈大,反之就暗.

(5) 全息照片容易复制.如用接触法复制出的全息照片,原来透明的部分变成不透明的,原来不透明的部分变成透明的,再现出来的像仍和原来照片的像完全一样.

4. 全息照相的基本条件(实验要求)

(1) 相干性好的光源

本实验采用的是He-Ne激光器作相干光源,它输出激光束的波长为6328Å,若谱线宽度为0.02Å,则相干长度为20cm,能获得较好的全息图像.

(2) 合理的光路

图5-29是拍摄漫反射全息照片的光路,对光路的一般要求有:尽量减少物光和参考光的光程差,一般控制在几厘米以内,参考光与物光的光强比一般选取在2∶1～10∶1范围,为此需选取合适的分束镜,另外,选用光学元件数越少越好,可减少光损失及干扰.

(3) 高分辨率的感光片

记录全息图像,需要采用分辨率、灵敏度等性能良好的感光底板,因一般全息干涉条纹都是非常密集的,故要采用每毫米大于1000条的感光底板.分辨率的提高使感光度下降,所以曝光时间比普通照片长,且与激光强度、被摄物大小和反光性能有关,一般需几秒、几十秒,甚至更长,用于He-Ne激光的全息底板对红光最敏感,所以全息照相的全部操作可在暗绿灯下进行,曝光后,显影、定影等化学处理与普通感光底板相同.

(4) 良好的防震装置

拍摄全息照片必须在防震性能良好的全息台上进行,以保证光学系统各元件有良好的机械稳定性,拍摄时每一光学元件都不能有任何微小移动或振动.轻微的振动或气流扰动只要使光程差发生波长数量级的变化,条纹都会模糊不清,被摄物体,各光学元件及全息底板必须严格固定.

[实验内容]

1. 拍摄静物的全息照片

(1) 调整光路:按图5-29所示光路布置光学元件,使物光与参考光夹角约为30°,分束器为透过率96%的平板,以满足参、物光比为1∶1～10∶1.具体调节分以下两步.

调节光学元件的螺钉,使光束基本同高,调节扩束镜L_1的位置,使扩束后的光均匀照亮被摄物体.但光斑不能太大,以免浪费能量,在底片夹上放一张白纸,调节底片夹位置,使白纸上出现物体漫反射来的最强光,挡住物光,调节全反射镜 L_2,使参考光与物光中心反射到底片的光之间的夹角为30°,并经扩束镜 L_2 后,最强的光均匀地照亮底片夹上的白纸.

调整光程差Δ等于零或近似为零,调节参考光的全反射镜 M_2,尽量使物光与参考光等光程,即用软质米尺(或细麻绳)从分束器量起,使物光光程:分束镜→M_1→L_1→物体→感光底板等于参考光程:分束镜→M_2→L_2→底片板.

(2) 曝光:调好光路后,打开曝光定时器,选择预定曝光时间,一般用1～2mW的激光管,定20秒左右的曝光时间,让曝光定时器遮光,在全黑条件,取下底片夹白纸,装上干板(药面向被摄物体),让环境稳定2～3分钟后,打开曝光定时器进行曝光(千万注意:此时切勿走动或高声谈话等).

(3) 冲洗干板,将已曝光的干板取下(切忌手指触底片中间位置),在全黑条件下,于D-19显影液中显影,待显至需要的时间,一般约5分种(在暗绿色安全灯下观看,底片曝光部分呈现黑色斑纹即可),取出干板,经水洗、定影、再水洗即可得到所需的漫反射三维全息照片.

定影时间为5～10分钟

D-19显影液显影,F-5定影液定影.显、定影时间也可由实验室提供.干板冲洗、晾干后即可观察干涉图样和再现像.

2. 观察全息照片的再现物像

将全息照片架在支架上,用参考光束作为照明光束照明全息照片,则可以观察到衍射的三维虚像,而且利用全息图上任何部分都能再现原物的整体像,尤如从窗口观察窗外的影物一样不论从那个角度往窗外观看都可以看到原物的整体.

观察虚像后,将全息片绕铅直轴180°仍放在支架上,这时照明光束从全息图的背面照射,在全息图的前方用一白纸屏可看到物体的再现实像.

[**注意事项**]

1. 勿用手、手帕、纸屑等物擦试光学元件.
2. 曝光时切勿触及全息台,不要随意走动,防止实验室内有过大的气流流动.
3. 不能用眼睛直视未扩束的激光束,手切勿触激光管高压端.
4. 全息底板是玻璃片基,注意轻放以免弄碎.

[**思考题**]

1. 为什么要求光路中物光和参考光的光程尽量相等?
2. 为什么光学元件安置不牢,将导致拍摄失败?
3. 如何判断所观察到的再现像是虚像还是实像?

实验三十一　不良导体导热系数的测定

研究材料的导热性质,在科学研究和工程应用中是一个重要课题,凡联系到新型材料的开发,设备及装置的热设计等方面都离不开它,对于不同材料的不同性质(非金属不良导体、金属良导体),可采用不同的测试研究方法.以下将学习如何保证稳定状态实验条件及如何在该条件下来测试不良导体的导热系数.

[学习要求]

1. 了解如何测定不良导体导热系数;

2. 掌握用电测法测非电量的原理.

[实验目的]

测定不良导体(橡胶板)的导热系数.

[实验仪器]

不良导体导热系数实验装置一套,装冰的杜瓦瓶一个,0.5kVA 的调压器一个,数字电压表一个,已标定并求出热电势率的热电偶两支,双刀双掷开关一个(此开关附在绝热支架的底座上).

[实验原理]

在物体内部,垂直于导热方向的两个平行面 M、N,相距为 h,温度分别为 T_1、T_2,其面积为 S,在 Δt 秒内从 M 面传到 N 的热量为 ΔQ,单位时间内传导的热量 $\Delta Q/\Delta t$ 称为传热速率,与物体的厚度 h 成反比,与物体的横截面积 S,两面的温度差 (T_1-T_2) 成正比. 即

$$\frac{\Delta Q}{\Delta t}=-\lambda S\frac{T_1-T_2}{h} \tag{5-21}$$

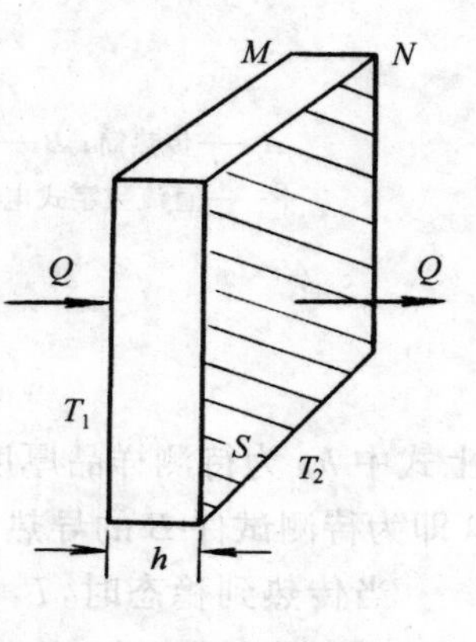

图 5-31

这就是著名的傅里叶热传导方程. 方程中的比例系数 λ 就是导热系数. 它是表征物质热传导性能的一个重要的物理量. 它的数值大小随材料的不同而异,研究测试出它的准确数值,对研究材料的物理性质具有重要的意义.

λ 的数值等于相距为单位长度的二平行平面,当温度相差为一个单位时,在单位时间内通过单位面积的热量,其单位用 W/(m·K)来表示,λ 前的负号表示传热的方向始终和温度梯度的方向相反,通过实验发现,凡金属材料的 λ 都很大,这类材料称为良导体,而非金属材料的 λ 都很小,称为不良导体.

测试导热系数的方法有很多种,要针对不同的测试对象,作不同的实验设计,对不良导体绝热材料的导热系数测定,一般有两种方法:一是稳态法,二是非稳态法,本实验采用稳态法,测试导热系数的实验装置如图 5-32.

A 为由红外线加热灯 L 所照明加热的传热筒,热量通过厚底黄铜盘传向被测试件 B,这里 B 是橡胶板,C 为接收经橡胶板传递过来的热量的黄铜盘,A、C 里面分别插有上、下热电偶,E_1、E_2 通过双刀双掷开关 K(此开关附在绝热支架 D 的底座上)转接到数字电压表 F 上,用来分别测量 A、C 相对于冷端 H 的温差电动势,如果实验前已将热电偶进行标定,求出了热电偶的热电势率,就可很方便的测出试件上下表面的温度 T_1、T_2,G 为调压变压器,用来调节输出电压的大小,控制红外加热灯的加热快慢.

将上述传热公式(5-21)用于本实验装置时,由于加热面、试件、散热面均为圆形,故通过待测样品 B 板的传热速率可写成

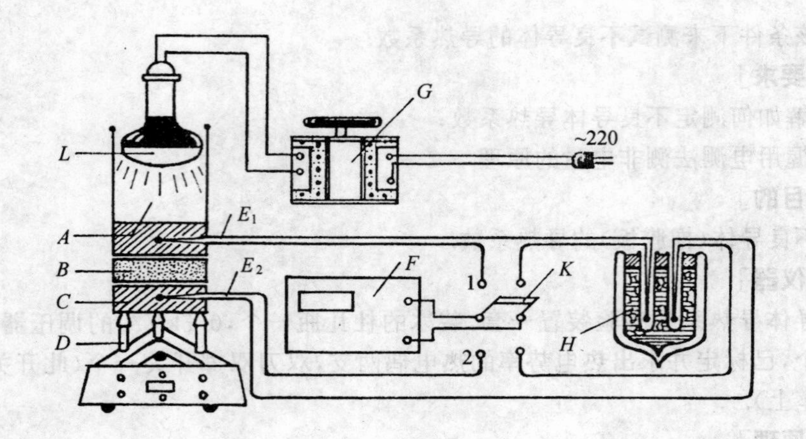

图 5-32　导热系数测试装置

A——传热筒；B——待测样品；C——黄铜盘；D——绝热支架；E_1、E_2——上下热电偶；

F——直流数字式电压表；G——调压器；H——杜瓦瓶；K——双刀双掷开关

$$\frac{\Delta Q}{\Delta t} = -\lambda \frac{T_1 - T_2}{h_B} \pi R_B^2 \tag{5-22}$$

上式中 h_B 为待测样品厚度，R_B 为样品圆板的半径，T_1、T_2 分别为圆板上、下表面的温度，λ 即为待测试件 B 的导热系数.

当传热到稳态时，T_1 和 T_2 的温度值稳定不变，热源通过 B 板的传热率与黄铜盘 C 向周围环境的散热速率完全相等，因而可以通过黄铜盘 C 在稳定温度 T_2 时的散热率来求出 $\frac{\Delta Q}{\Delta t}$. 直接测散热速率是很困难的，但黄铜盘 C 在 T_2 附近的冷却速率确比较容易测得. 所谓冷却速率即单位时间内黄铜盘 C 在 T_2 附近温度降低的数值，用 $\frac{\Delta Q}{\Delta t}$ 来表示. 如果已知黄铜盘 C 的质量为 m，它的比热为 c，则黄铜盘 C 在 T_2 时的散热速率为

$$\text{即：} \frac{\Delta Q}{\Delta t} = mc \frac{\Delta T}{\Delta t} \tag{5-23}$$

但由此求出的冷却速率 $\frac{\Delta T}{\Delta t}$，应是黄铜盘 C 全部表面暴露于空气中时的数值，即散热总面积应为 $S_{总} = 2\pi R_c^2 + 2\pi R_c \cdot h_c$，式中 R_c 为下黄铜盘 C 的半径，h_c 为黄铜盘的厚度，而实际实验中，C 盘的上表面是被样品所覆盖，考虑到物体的冷却速率与它的表面积成正比，此时的散热面积仅为

$$S' = \pi R_c^2 + 2\pi R_c \cdot h_c$$

因此冷却速率应修改为

$$\frac{\Delta T}{\Delta t} \cdot \frac{S}{S_{总}} = \frac{\Delta T}{\Delta t} \cdot \frac{(\pi R_c^2 + 2\pi R_c \cdot h_c)}{(2\pi R_c^2 + 2\pi R_c \cdot h_c)} \tag{5-24}$$

将(5-24)，(5-23)式代入(5-22)式中得：

$$|\lambda| = mc\frac{\Delta T}{\Delta t}\frac{(R_c + 2h_c)}{(2R_c + 2h_c)}\cdot\frac{h_B}{(T_1 - T_2)}\cdot\frac{1}{\pi R_B^2} \tag{5-25}$$

据上式就可以很方便的求出待则试样的导热系数.

[实验内容]

1. 用游标尺测量试件 B、黄铜盘 C 的厚度和半径即 R_B、R_C、h_B、h_C，C 的质量 m 用台秤称得(数据由实验室给出的,不必再测).

2. 测量稳态时,试件 B 上下表面的恒定温度 T_1、T_2. 由于本实验是稳态法测量导热系数,要使温度稳定约要一个多小时,为缩短达到稳定的时间,照图 5-32 接好线,可先将调压器电压调到 180～220V 左右,然后接通电源,红外线灯照亮,约 20 分钟后再降到 120V,而不再改变. 在整个升温并达到稳态的过程中,每隔两分钟读一次数字电压表的相应示数,若在 10 分钟内,样品圆盘 B 上下表面温度 T_1、T_2 示值都不变时,此时,热源面传导过来的热量 Q 和黄铜盘 C 散失的热量刚好相等,即可认为达到稳定状态,将开关 K 扳向 1,测出 T_1 温度,再扳向 2,测出 T_2 温度.

3. 测量圆铜盘 C 的散热速度,此时抽去试件 B,使圆筒 A 与铜盘 C 直接接触加热,当圆铜盘 C 温度上升 10℃左右后,再移去加热筒 A,让 C 盘在空气中作自然冷却,然后每隔 30 秒读一次 B 盘温度的示值. 由其中邻近 T_2 的温度值求出冷却速率$\frac{\Delta T}{\Delta t}$,铜块 C 的比热为常数,将以上各测值代入公式(5-25)中即可求出待测试件的导热系数 λ.

[实验注意事项]

1. 圆筒 A 底盘的侧面和黄铜盘 C 的侧面,都有能安插热电偶的小孔,安置圆筒、圆盘时要注意使小孔皆与杜瓦瓶、数字电压表在同一侧. 热电偶端插入小孔时要插到底部并保证与之接触良好,参考冷端最好浸入 0℃的冰水中.

2. 在测试 C 的散热速率取走试样 B 之前,一定要先关掉电源,然后再让圆筒与圆盘 C 接触,同时绝不能用手去碰触圆筒和圆盘,否则会出事故,带来严重烫伤后果.

3. 在接通电源加热过程中,调压器的电压不要超过 200V,加热时间不要超过 20 分钟,不然会损坏仪器.

[思考题]

1. 用(5-25)式测 λ 要求哪些实验条件？ 在实验中如何保证？

2. 比较总结测金属导热系数与测不良导体导热系数方法的异同点？

3. 如果用作图法测冷却速率$\frac{\Delta T}{\Delta t}$,应该取哪一点的斜率？ 为什么？

4. 什么是传热速率、散热速率、冷却速率、这三者在稳态测量时有何内在联系？

第六章　设计性实验

设计性实验是在学生学完一定基础实验之后，完成指定题目的实验任务．这是实验技能的具体应用，学生进行设计性实验，在教师指导下一般独立完成，它包括根据实验任务确定实验方案、选择实验仪器，拟定实验程序，安装、调试，观察记录，数据处理，写出科学论文(报告)．完成设计性实验，不仅需要一定的理论知识，实验技能，而且在完成任务的过程中，通过查阅资料，综合分析，推理判断，自行处理实验过程中的一切问题，使实验能力得到全面发挥．从事设计性实验可以使学生开拓视野，提高学习的自信心和努力进取的精神，最大限度地培养和造就独立进行科学实验的本领．

设计性实验有一定难度，方法灵活，要求学生要有学习的主动性和高度的自觉性．完成实验的过程，就是进一步开发智力、培养能力的过程．

实验一　弹簧振子的运动

[实验目的]

测定弹簧振子的倔强系数和等效质量；检验弹簧振子振动周期与质量的关系．

[实验要求]

在弹性限度以内，弹簧的伸长 x 与所受力 F 成正比．这就是胡克定律：$F=Kx$，K 为弹簧的倔强系数．

一个质量为 m 的物体系在弹簧的一端，在弹簧的弹性回复力作用下(忽略阻力)，物体作简谐振动，其振动周期：

$$T = 2\pi\sqrt{\frac{m + m_0}{K}}$$

式中，m 为物体质量，m_0 为弹簧的有效质量．

[给定仪器]

焦利弹簧秤、砝码、停表．

1．用伸长法测定弹簧的倔强系数．

调好焦利弹簧秤，依次加 1g、2g……ng 砝码，记录相应的读数，用逐差法求出 K．再用坐标作图法求出倔强系数 K．

2．检验振子周期与 m 的关系．

焦利弹簧的倔强系数小，加小的力，伸长较大，故弹簧自身质量 m_0 不能忽略．

$$T^2 = \frac{4\pi^2}{K}(m_{砝} + m_{杆} + m_{盘} + m_0)$$

测出加不同砝码 $m_{砝}$ 下对应的周期 T_i，多次测量．

(1) 用逐差法，求出 K．

(2) 用作图法，由 T_i^2-m_i 图线的斜率，能否证明 $T=2\pi\sqrt{\frac{m+m_0}{K}}$ 成立.

3. 求弹簧的有效质量 m，用计算和作图求出 m.

实验二　多量程电表

[实验目的]

1. 设计 3mA，30mA，300mA 量程的电流表；
2. 设计 3V，30V，300V 量程的电压表；
3. 试作万用表.

[实验要求]

1. 测定待改装表头的灵敏度 I_g.
2. 用三种不同的方法测定表头的内阻 R_g.
3. 设计出多量程电流表（3mA，30mA，300mA 三档）的线路图，并计算出各档的分流电阻 R_n.
4. 设计多量程电压表（3V，30V，300V 三档）的线路图，并计算出各档的降压电阻 R_i.
5. 根据表头参数 I_g 和 R_g，选定一节干电池作电源，确定出欧姆表的串联电阻 $R=(R_{位}+R_{固})$，绘制出欧姆表标尺刻度.
6. 将电流表、电压表、欧姆表组装成万用电表.
7. 分别校正电流表、电压表.

实验三　热电偶的校准

[实验目的]

校准镍铬-镍铝热电偶.

[实验要求]

若已知热电势-温度对应值，测定热电势就能确定其接点的温度. 热电偶长期使用后，其表中热电势与温度的关系会有差异，在精密测量中要求对热电偶作出校准，即由已知温度值，测出相应的热电势，求出该热电偶的电偶常数.

1. 设计出校准热电偶的实验线路，并校准.

2. 选定定点温度：

水的沸点：$t=100+0.03678(p-760)-0.000022(p-760)^2$

（在成都，水的沸点不是 100℃），p 为当时的气压值.

铅凝固点：329.30℃

锡凝固点：231.99℃

锌凝固点：419.58℃

注意：怎样测定该凝固点温度，选熔解，还是凝固？

3. 根据测得的电偶常数 C，测定某状态的温度.

实验四　测绘伏安特性曲线

[**实验目的**]

测绘给定元件的伏安特性曲线.

[**实验要求**]

通过元件的电流随外加电压的变化关系曲线,称为伏安特性曲线,伏安特性曲线为一直线的元件称为线性元件,伏安特性曲线为曲线的元件为非线性元件.

1. 测绘金属膜电阻的伏安特性曲线.

2. 测绘晶体二极管的伏安特性曲线.

3. 测绘 12V,15W 的钨丝灯泡 $I=K\,\overline{V}n$ 的伏安特性曲线,并确定出 K、n 常数值.

选定实验方案,确定所需仪器、写出完整的报告,从绘出的图线中说明元件的电阻性质.

4. 如何用示波器显示出伏安特性曲线.

实验五　单缝衍射的研究

[**实验目的**]

研究单缝衍射的特点,测定其光强分布.

[**实验要求**]

根据夫琅禾费衍射条件,平行光经单缝的衍射光位于无穷远处(平行光),其衍射图像的光强分布为

$$I = I_0\,\frac{\sin^2 u}{u^2} \qquad u = \frac{\pi\alpha\sin\varphi}{\lambda}$$

其中 α 为单缝的宽度,φ 为衍射光的衍射角.

提供实验仪器:激光光源一套、准直系统(倒置望远镜),可调单缝、测量显微镜、硅光电池、光点检流计.

1. 布置和调整各光学仪器,使满足夫琅禾费衍射要求,观察并记录衍射图像位置. 调节单缝宽度,观察并记录衍射图像的变化规律. 选定单缝宽窄的最佳值.

2. 固定光电池到单缝的距离 L,逐点测量单缝衍射光强分布值. 将光电流数据归一化,取相对比值 I/I_0-x 相对光强分布的曲线. 变缝宽,作出两条分布曲线,进行对应比较.

3. 由测量结果确定:

(1) 各级暗条纹的位置 x_K 及暗纹对应的衍射角 φ_K.

(2) 由公式 $\varphi = \dfrac{k\lambda}{a}$ 求出单缝宽 a,并与实测比较.

(3) 各级次极大的位置和相对光强值.

4. 将光强分布曲线所得值与理论公式计算值比较,并总结出单缝衍射图像的分布规律和特点.

实验六　全息光栅

［**实验目的**］

制作不同常数的全息光栅.

［**实验要求**］

在全息干板上记录两列有一定夹角的平面波的干涉条纹，经化学处理后就得到全息光栅.

拍制全息光栅应在全息实验台上进行，利用马赫-曾德尔干涉仪光路，化学处理过程在暗室中进行.

1. 在全息实验台上布置和调整马赫-曾德尔干涉仪光路，使屏上获得所需的等距直条纹.

2. 将全息干板放在干涉场中，经曝光、显影、定影等处理制作不同常数的光栅.

3. 光栅常数的控制

当入射到记录介质（干板）上的两束光满足对称入射时，且当会聚角很小时，有

$$d=\frac{\lambda}{2\sin\dfrac{\theta}{2}}=\frac{\lambda}{\theta}$$

设会聚透镜焦距为 f_0，则两束光经透镜的两光点间距离为 x_0. 其 $\theta=\dfrac{x_0}{f_0}$，$d=\dfrac{f_0\lambda}{x_0}$，其空间频率 $\nu=\dfrac{1}{d}=\dfrac{x_0}{f_0\lambda}$ He-Ne 激光波长一定（$\lambda=6328\,\text{Å}$），根据制作不同光栅常数的光栅，调整光路，使光亮点间距离为对应的 x_0，分别拍制空频约为 10 线对/mm，20 线对/mm，50 线对/mm 的光栅.

4. 观察激光、白光通过全息光栅的衍射图像.

5. 实测全息光栅的空间频率 ν，并与设计要求比较.

附　表

表 1　国际单位制(SI)

	物理量名称	单位名称	单位符号		用其它 SI 单位表示式
			中文	国标	
基本单位	长度	米	米	m	
	质量	千克(公斤)	千克(公斤)	kg	
	时间	秒	秒	s	
	电流	安培	安	A	
	热力学温标	开尔文	开	K	
	物质的量	摩尔	摩	mol	
	光强度	坎德拉	坎	cd	
辅助单位	平面角	弧度	弧度	rad	
	立体角	球面度	球面度	sr	
导出单位	面积	平方米	米^2	m^2	
	速度	米每秒	米/秒	m/s	
	加速度	米每秒平方	米/秒^2	m/s^2	
	密度	千克每立方米	千克/米^3	kg/m^3	
	频率	赫兹	赫	Hz	s^{-1}
	力	牛顿	牛	N	$m \cdot kg \cdot s^{-2}$
	压力、压强、应力	帕斯卡	帕	Pa	N/m^2
	功、能量、热量	焦尔	焦	J	N·m
	功率、辐射通量	瓦特	瓦	W	J/s
	电量、电荷	库仑	库	C	s·A
	电位、电压、电动势	伏特	伏	V	W/A
	电容	法拉	法	F	C/V
	电阻	欧姆	欧	Ω	V/A
	磁通量	韦伯	韦	Wb	V·s
	磁感应强度	特斯拉	特	T	Wb/m^2
	电感	亨利	亨	H	Wb/A
	光通量	流明	流	lm	
	光照度	勒克斯	勒	lx	lm/m^2
	粘度	帕斯卡秒	帕·秒	Pa·s	
	表面张力	牛顿每米	牛/米	N/m	
	比热容	焦尔每千克开尔文	焦/(千克·开)	J/(kg·K)	
	热导率	瓦特每米开尔文	瓦/(米·开)	W/(m·K)	
	电容率(介电常量)	法拉每米	法/米	F/m	
	磁导率	亨利每米	亨/米	H/m	

表 2　基本物理常量

真空中的光速	$c=2.99792458\times10^{8}$m/s
电子的电荷	$e=1.6021892\times10^{-19}$C
普朗克常量	$h=1.626176\times10^{-34}$J·s
阿伏伽德罗常量	$N_0=6.022045\times10^{23}$mol^{-1}
原子质量单位	u$=1.6605655\times10^{-27}$kg
电子的静止质量	$m_c=9.109534\times10^{-31}$kg
电子的荷质比	$e/m_e=1.7588047\times10^{-11}$C/kg
法拉第常量	$F=9.64856\times10^{4}$C/mol
氢原子里德伯常量	$R_{\mathrm{H}}=1.096776\times10^{7}$m^{-1}
摩尔气体常量	$R=8.31441$J/(mol·K)
玻尔兹曼常量	$k=1.380622\times10^{-23}$J/K
洛施密特常量	$n=2.68719\times10^{25}$m^{-3}
万有引力常量	$G=6.6720\times10^{-11}$N·m^2/kg^2
标准大气压	$P_0=101325$Pa
冰点的绝对温度	$T_0=273.15$K
标准状态下声音在空气中速度	$v=331.46$m/s
干燥空气的密度(标准状态下)	$\rho_{空气}=1.293$kg/m^3
水银的密度(标准状态下)	$\rho_{水银}=13595.04$kg/m^3
理想气体的摩尔体积(标准状态下)	$V_m=22.41383\times10^{-3}$m^3/mol
真空中介电常量(电容率)	$\varepsilon_0=8.854188\times10^{-12}$F/m
真空中磁导率	$\mu_0=12.566371\times10^{-7}$H/m
钠光谱中的黄线的波长	$D=589.3\times10^{-9}$m
镉光谱中红线的波长(15℃,101325Pa)	$\lambda_{cd}=643.8496\times10^{-9}$m

表 3　20 ℃时常见固体和液体的密度

物　质	密　度 $\rho(\mathrm{kg/m^3})$	物　质	密　度 $\rho(\mathrm{kg/m^3})$
铝	2698.9	窗玻璃	2400～2700
铜	8960	冰(0℃)	800～920
铁	7874	石蜡	792
银	10500	有机玻璃	1200～1500
金	19320	甲醇	792
钨	19300	乙醇	789.4
铂	21450	乙醚	714
锡	11350	汽油	710～720
水银	7298	弗利昂-12	1329
钢	13546.2	变压器油	840～890
石英	7600～7900	甘油	1260
水晶玻璃	2500～2800 2900～3000	食盐	2140

表 4　标准大气压下不同温度的纯水密度

温　度 t(℃)	密　度 $\rho(\mathrm{kg/m^3})$	温　度 t(℃)	密　度 $\rho(\mathrm{kg/m^3})$	温　度 t(℃)	密　度 $\rho(\mathrm{kg/m^3})$
0	999.841	17.0	998.774	34.0	994.371
1.0	999.900	18.0	998.595	35.0	994.031
2.0	999.941	19.0	998.405	36.0	993.68
3.0	999.965	20.0	998.203	37.0	993.33
4.0	999.973	21.0	997.992	38.0	992.96
5.0	999.965	22.0	997.770	39.0	992.59
6.0	999.941	23.0	997.538	40.0	992.21
7.0	999.902	24.0	997.296	41.0	991.83
8.0	999.849	25.0	997.044	42.0	991.44
9.0	999.781	26.0	996.783		
10.0	999.700	27.0	996.512	50.0	998.04
11.0	999.605	28.0	996.232	60.0	983.21
12.0	999.498	29.0	995.944	70.0	977.78
13.0	999.377	30.0	995.646	80.0	971.80
14.0	999.244	31.0	995.340	90.0	965.31
15.0	999.099	32.0	995.025	100.0	958.35
16.0	998.943	33.0	994.702		

表 5　在海平面上不同纬度处的重力加速度*

纬 度 φ(度)	$g(m/s^2)$	纬 度 φ(度)	$g(m/s^2)$
0	9.7849	50	9.81079
5	9.78088	55	9.81515
10	9.78204	60	9.81924
15	9.78394	65	9.82249
20	9.78652	70	9.82614
25	9.78969	75	9.82873
30	9.79338	80	9.83065
35	9.79740	85	9.83182
40	9.80818	90	9.83221
45	9.80629		

* 表中列出数值根据公式：$g=9.78049(1+0.005288\sin^2\phi-0.000006\sin^2\phi)$
式中 ϕ 为纬度.

表 6　在 20℃ 时部分金属的杨氏弹性模量*

金属名称	杨氏模量 E	
	(GPa)	$(\times 10^2 kg/mm^2)$
铝	69～70	70～71
钨	407	415
铁	186～206	190～210
铜	103～127	105～130
金	77	79
银	69～80	70～82
锌	78	80
镍	203	205
铬	235～245	240～250
合金钢	206～216	210～220
碳钢	169～206	200～210
康钢	160	163

* 杨氏模量值尚与材料结构、化学成份、加工方法关系密切. 实际材料可能与表列数值不尽相同.

表 7　部分固体的线膨胀系数

固体材料	适用温度或温度范围	$\alpha(\times10^{-6}K^{-1})$
铝	0～100	23.8
铜	0～100	17.1
铁	0～100	12.2
金	0～100	14.3
银	0～100	19.6
钢(0.05%碳)	0～100	12.0
康铜	0～100	15.2
铅	0～100	29.2
锌	0～100	32
铂	0～100	9.1
钨	0～100	4.5
石英玻璃	20～200	0.56
窗玻璃	20～200	9.5
花岗石	20	6～9
瓷器	20～270	3.4～4.1

表 8　部分物质、材料制品的导热系数

名　　称	容　重 (kg/m^3)	导热系数 $(J\cdot s^{-1}\cdot m^{-1}\cdot K^{-1})$
空气(0℃)		2.4×10^{-2}
氢气(0℃)		1.410^{-1}
铝		2.0×10^{2}
铜		3.9×10^{2}
钢		4.6×10
钢筋混凝土	2400	1.55
碎石混凝土	2000	1.16
粉煤灰矿渣混凝土	1930	0.70
大理石、花岗石、玄武石	2800	3.49
砂石、石英岩	2400	2.03
重石灰岩	2000	1.16
矿渣砖	1400	5.8×10^{-1}
砂(湿度<1%)	1600	8.1×10^{-1}
胶合板	600	1.7×10^{-1}
软木板	180	5.6×10^{-2}
沥青油毡	600	1.7×10
石棉板	300	4.7×10^{-2}
聚氯乙烯(泡沫塑料)	18.0	3.0×10^{-2}
聚氨脂	32.4	2.0×10^{-2}

表 9　部分固体和液体的比热

物　质	适用温度（℃）	比　热（kJ·kg⁻¹·K⁻¹）
铁（钢）	20	0.46
铜		0.39
铝		0.88
铅		0.13
银		0.23
水银		0.14
玻璃		0.84
砂石		0.92
乙醇	0	2.30
	20	2.47
甲醇	0	2.43
	20	2.47
乙醚	20	2.34
水	0	4.220
	20	4.182
汽油	10	1.42
	50	2.09
变压器油	0～100	1.88
弗里昂-12	20	0.84

表 10　部分液体同空气接触面的表面张力系数

液　体	温　度（℃）	表面张力系数 $\sigma(10^{-3}N/m)$	液　体	温　度（℃）	表面张力系数 $\sigma(10^{-3}N/m)$
航空汽油	10	21	甘油	20	63
石油	20	30	水银	20	513
煤油	20	24	甲醇	20	22.6
松节油	20	28.8		0	24.5
水	20	72.75	乙醇	20	22.0
肥皂溶液	20	40		0	24.1
				60	18.4
弗里昂-12	9.0		橄榄油	20	32
蓖麻油	20	36.4	苯	15	29

表 11　部分液体的粘滞系数

液　体	温　度（℃）	$\eta(10^{-4}Pa\cdot s)$	液　体	温　度（℃）	$\eta(10^{-4}Pa\cdot s)$
汽油	0	1788	甘油	−20	134×10^6
	18	530		0	121×10^5
甲醇	0	817		20	1499×10^3
	20	584		100	12945
乙醇	−20	2780	蜂蜜	20	650×10^4
	0	1780		80	100×10^3
	20	1190	鱼肝油	20	45600
乙醚	0	296		80	4600
	20	243	水银	−20	1855
变压器油	20	19800		0	1685
蓖麻油	10	242×10^4		20	1544
葵花子油	20	50000		100	1224

表 12　水的粘滞系数和同空气接触面的表面张力系数

温度（℃）	表面张力系数（$\times10^{-3}$N/m）	粘滞系数 η（$\times10^{-4}$Pa·s）	粘滞系数 η（$\times10^{-6}$kg·s·m^{-2}）	温度（℃）	表面张力系数（$\times10^{-3}$N/m）	粘滞系数 η（$\times10^{-4}$Pa·s）	粘滞系数 η（$\times10^{-6}$kg·s·m^{-2}）
0	75.62	1787.8	182.3	19	72.89		
5	74.90			20	72.75	1004.2	102.4
6	74.76			22	72.44		
8	74.48			24	72.12		
10	74.20	1305.3	133.0	25	71.96		
11	74.07			30	71.15	801.2	81.7
12	73.92			40	69.55	653.1	66.6
13	73.78			50	67.90	549.2	56.0
14	73.64			60	66.17	469.7	47.9
15	73.48			70	64.41	406.0	41.4
16	73.34			80	62.60	355.0	36.2
17	73.20			90	60.74	314.8	32.1
18	73.05			100	58.84	282.5	28.8

表 13 部分金属合金的电阻率及温度系数*

金属或合金	电阻率 ($10^{-6}\Omega\cdot m$)	温度系数 (1/℃)	金属或合金	电阻率 ($10^{-6}\Omega\cdot m$)	温度系数 (1/℃)
铝	0.028	42×10^{-4}	锡	0.12	44×10^{-4}
铜	0.0172	43×10^{-4}	水银	0.958	10×10^{-4}
银	0.016	40×10^{-4}	伍德合金	0.52	37×10^{-4}
金	0.024	40×10^{-4}			
铁	0.098	60×10^{-4}	钢		
铅	0.205	37×10^{-4}	(碳 0.10%～0.15%)	0.10～0.14	6×10^{-3}
铂	0.105	39×10^{-4}	康铜	0.47～0.51	-0.4×10^{-4}～0.1×10^{-4}
钨	0.055	48×10^{-4}	铜锰镍合金	0.34～1.00	0.3×10^{-4}～0.2×10^{-4}
锌	0.059	42×10^{-4}	镍铬合金	0.98～1.10	0.3×10^{-4}～4×10^{-4}

* 电阻率与金属中杂质有关,表列数据为 20℃时平均值.

表 14 部分电介质的相对电常数

电介质	相对介电常数 ε_1	电介质	相对介电常数 ε_1
真空	1	乙醇(无水)	25.7
空气(1 个大气压)	1.0005	石蜡	2.0～2.3
氢(1 个大气压)	1.00027	硫磺	4.2
氧(1 个大气压)	1.00053	云母	6～8
氮(1 个大气压)	1.00053	硬橡胶	4.3
二氧化碳(1 个大气压)	1.00098	绝缘陶瓷	560～6.5
氦(1 个大气压)	1.00070	玻璃	4～11
纯水	81.5	聚氯乙烯	3.1～3.5

表 15　部分金属、合金与铂(化学纯)构成热电偶的热电动势*

金属或合金	热电动势 ($V\cdot{}^{\circ}C^{-1}$)	使用的最高温度(℃)	
		连续使用	短暂使用
钨	$+7.9\times10^{-5}$	2000	2500
铜(导线用)	$+7.5\times10^{-6}$	350	500
镍	-15×10^{-6}	1000	1100
铁	$+18.7\times10^{-6}$	600	800
银	$+7.2\times10^{-6}$	600	700
康铜(60%Cu+40%Ni)	-35×10^{-6}	600	800
康铜(56%Cu+44%Ni)	-40×1^{-6}	600	800
镍铝(95%Ni+5%Al)	-13.8×10^{-6}	1000	1250
镍铬(80%Ni+5%Al)	$+25\times10^{-6}$	1000	1100
镍铬(90%Ni+10%Cr)	$+27.1\times10^{-6}$	1000	1250
铂铱(90%Pt+10%Ir)	$+13\times10^{-6}$	1000	1200
铂铑(90%Pt+10%Rh)	$+64\times10^{-5}$	1300	1600

* 1. 表中"+"和"−"表热电动势正负.即热电动势为正时,热电偶冷端(0℃)电流由金属(或合金)流向铂.

2. 任意组配热电偶电动势,可按与铂组配热电动势的差值计算,如铜-康铜热电偶热电动势为 40.75−(−3.5)=44.25(mV).

表 16　常温下某些物质相对于空气的光折射率

物质 \ 光波长	H_{α}线 (656.3nm)	D线 (589.3nm)	H_{β}线 (486.1nm)
水(18℃)	1.3314	1.3332	1.3373
乙醇(18℃)	1.3609	1.3625	1.3665
二硫化碳(18℃)	1.6199	1.6291	1.6541
冕玻璃(轻)	1.5127	1.5253	1.5214
燧石玻璃(轻)	1.6038	1.6085	1.6200
燧石玻璃(重)	1.7434	1.7515	1.7723
方解石(非常光)	1.4846	1.4864	1.4908
方解石(寻常光)	1.6545	1.6585	1.6679
水晶(非常光)	1.5509	1.5535	1.5589
水晶(寻常光)	1.5418	1.5442	1.5496

表 17　常用光源的谱线波长表(单位:nm)

一、H	447.15 蓝	589.995 (D_1) 黄
656.28 红	402.62 蓝紫	588.995 (D_2) 黄
484.13 绿蓝	388.87 蓝紫	五、He-Ne 激光
434.05 蓝	三、Ne	632.8 橙
410.17 蓝紫	650.65	六、Hg
397.01 蓝紫	640.23 橙	623.44 橙
二、He	638.30 橙	579.07 黄
706.52 红	626.65 橙	576.96 黄
667.82 红	621.73 橙	546.07 绿
587.56(D_3) 黄	614.31 橙	491.60 绿蓝
501.51 绿	588.91 黄	435.83 蓝
492.19 绿蓝	585.25 黄	407.78 蓝紫
471.31 蓝	四、Na	404.66 蓝

(O-1054.0110)

ISBN 978-7-03-006985-6

定 价: 23.00 元